移动互联网开发技术丛书

Python 游戏
超详细实战攻略
微课视频版

夏敏捷 宋宝卫 著

清华大学出版社
北京

内 容 简 介

本书以 Python 3.7 为编程环境,从基本的程序设计思想入手,逐步展开 Python 语言教学,是一本面向广大编程学习者的程序设计类图书。基础篇主要讲解 Python 的基础语法知识、控制语句、函数、文件、面向对象编程基础、Tkinter 图形界面设计、网络编程和多线程、Python 数据库应用等知识,并以小游戏案例作为各章的阶段性任务;实战篇和提高篇综合应用基础篇讲解的知识,开发经典的、大家耳熟能详的游戏,如连连看、推箱子、两人麻将、扫雷、中国象棋、飞机大战和 Flappy Bird 等。本书最大的特色在于以游戏开发案例为导向,使枯燥的 Python 语言学习充满乐趣。通过本书,读者将学会 Python 编程技术和技巧,学会面向对象的设计技术,了解程序设计的相关内容。书中不仅列出了完整的代码,同时对所有的源代码进行了非常详细的解释,通俗易懂,图文并茂。

本书适用于 Python 语言学习者、程序设计人员和游戏编程爱好者。

本书封面贴有清华大学出版社防伪标签,无标签者不得销售。
版权所有,侵权必究。举报: 010-62782989, beiqinquan@tup.tsinghua.edu.cn。

图书在版编目(CIP)数据

Python 游戏超详细实战攻略: 微课视频版/夏敏捷,宋宝卫著. —北京: 清华大学出版社,2022.3
(移动互联网开发技术丛书)
ISBN 978-7-302-59075-0

Ⅰ. ①P… Ⅱ. ①夏… ②宋… Ⅲ. ①游戏程序-程序设计-高等学校-教材 Ⅳ. ①TP317.6

中国版本图书馆 CIP 数据核字(2021)第 181043 号

责任编辑: 付弘宇
封面设计: 刘 键
责任校对: 刘玉霞
责任印制: 丛怀宇

出版发行: 清华大学出版社
　　　　　网　　址: http://www.tup.com.cn, http://www.wqbook.com
　　　　　地　　址: 北京清华大学学研大厦 A 座　　邮　　编: 100084
　　　　　社 总 机: 010-83470000　　邮　　购: 010-62786544
　　　　　投稿与读者服务: 010-62776969, c-service@tup.tsinghua.edu.cn
　　　　　质量反馈: 010-62772015, zhiliang@tup.tsinghua.edu.cn
　　　　　课件下载: http://www.tup.com.cn, 010-83470236
印 装 者: 三河市君旺印务有限公司
经　　销: 全国新华书店
开　　本: 185mm×260mm　　印　张: 21.75　　字　数: 531 千字
版　　次: 2022 年 5 月第 1 版　　　　　　　　　印　次: 2022 年 5 月第 1 次印刷
印　　数: 1~2000
定　　价: 89.80 元

产品编号: 083967-01

前 言
FOREWORD

　　自从 20 世纪 90 年代初 Python 语言诞生至今，它逐渐被广泛应用于处理系统管理任务和科学计算，是最受欢迎的程序设计语言之一。

　　学习编程是工程专业学生教育的重要部分。除了直接的应用，学习编程是了解计算机科学本质的方法。计算机科学对现代社会产生了毋庸置疑的影响。Python 是新兴程序设计语言，是一种解释型、面向对象、动态数据类型的高级程序设计语言。由于 Python 语言的简洁、易读以及可扩展性，许多高校纷纷开设 Python 程序设计课程。

　　本书作者长期从事程序设计语言教学与应用开发，在长期的教学实践中，积累了丰富的经验和教训，能够了解在学习编程的时候需要什么样的书才能提高 Python 开发能力，以最少的时间投入得到最快的实际应用。本书以游戏案例驱动，在游戏设计开发过程中，读者可以不知不觉地学会这些"枯燥"的技术。

　　本书内容如下：基础篇包括第 1~9 章，主要讲解 Python 的基础知识、面向对象编程基础、Tkinter 图形界面设计、网络编程和多线程、Python 数据库应用、图像处理等知识，每章最后都有应用本章知识点的游戏案例。实战篇包括第 10~18 章，综合应用前面技术，开发经典的、大家耳熟能详的游戏，如连连看、推箱子、两人麻将、贪吃蛇、人机对战、黑白棋、扫雷、中国象棋、21 点扑克牌、华容道等。提高篇包括第 19 章和第 20 章，讲解基于 Pygame 游戏设计的基本知识，并应用 Pygame 开发贪吃蛇、飞机大战、黑白棋和 Flappy Bird（又称笨鸟先飞）等游戏案例。

　　本书特点如下：

　　(1) Python 程序设计涉及的范围非常广泛，本书内容编排并不求全、求深，而是考虑零基础读者的接受能力，语言语法介绍以够用、实用和应用为原则，选择 Python 中必备、实用的知识进行讲解，强化程序思维能力培养。

　　(2) 选取的游戏案例贴近生活，有助于提高读者的学习兴趣。

　　(3) 实战篇中每款游戏案例均提供详细的设计思路、关键技术分析以及具体的解决步骤方案，每一个游戏实例都是生动的、实用的 Python 编程实例。

　　本书由夏敏捷(中原工学院)和宋宝卫(郑州轻工业大学)主持编写，陈雪艳(郑州轻工业大学)编写第 1~3 章，张喆(郑州轻工业大学)编写第 4~8 章，宋宝卫(郑州轻工业大学)编写第9～12章，刘伟华(郑州轻工业大学)编写第16～19章，其余章节由夏敏捷编写。在本书的编写过程中，为确保内容的正确性，编者参阅了很多资料，并且得到了资深Web程序员的支持，在此谨向他们表示衷心的感谢。由于编者水平有限，书中难免有不足之处，敬请广大读者批评指正，在此表示感谢。

本书配套近800分钟微课视频，提供书中全部实例的Python源代码，读者扫描封底的"文泉课堂"二维码，绑定微信账号，即可直接观看视频和下载源代码。关于本书使用和资源下载中的问题，请联系404905510@qq.com。

夏敏捷

2021年12月

目 录

CONTENTS

基 础 篇

第 1 章 Python 基础知识 ··· 3
- 1.1 Python 语言概述 ··· 3
  - 1.1.1 Python 语言简介 ··· 3
  - 1.1.2 安装 Python ··· 5
  - 1.1.3 Python 开发环境 IDLE 的启动 ··· 6
  - 1.1.4 利用 IDLE 创建 Python 程序 ··· 7
  - 1.1.5 在 IDLE 中运行和调试 Python 程序 ··· 7
  - 1.1.6 Python 基本输入 ··· 9
  - 1.1.7 Python 基本输出 ··· 10
  - 1.1.8 Python 代码规范 ··· 10
  - 1.1.9 Python 帮助 ··· 12
- 1.2 Python 语法基础 ··· 13
  - 1.2.1 Python 数据类型 ··· 13
  - 1.2.2 序列数据结构 ··· 14
  - 1.2.3 Python 控制语句 ··· 23
  - 1.2.4 Python 函数与模块 ··· 29
- 1.3 Python 文件的使用 ··· 35
  - 1.3.1 打开（建立）文件 ··· 35
  - 1.3.2 读取文本文件 ··· 37
  - 1.3.3 写文本文件 ··· 38
  - 1.3.4 文件内移动 ··· 40
  - 1.3.5 文件的关闭 ··· 41
  - 1.3.6 文件应用案例——游戏地图存储 ··· 42
- 1.4 Python 的第三方库 ··· 43
- 思考与练习 ··· 44

第 2 章 序列应用——猜单词游戏 ... 47

2.1 猜单词游戏功能介绍 ... 47
2.2 程序设计的思路 ... 47
2.3 random 模块 ... 48
2.4 程序设计的步骤 ... 51
2.5 拓展练习——人机对战井字棋游戏 ... 53
2.5.1 人机对战井字棋游戏功能介绍 ... 53
2.5.2 人机对战井字棋游戏设计思想 ... 53
2.5.3 人机对战井字棋游戏设计步骤 ... 54
思考与练习 ... 57

第 3 章 面向对象设计应用——发牌游戏 ... 59

3.1 发牌游戏功能介绍 ... 59
3.2 Python 面向对象设计 ... 60
3.2.1 定义和使用类 ... 60
3.2.2 构造函数 ... 61
3.2.3 析构函数 ... 61
3.2.4 实例属性和类属性 ... 62
3.2.5 私有成员和公有成员 ... 63
3.2.6 方法 ... 64
3.2.7 类的继承 ... 65
3.2.8 多态 ... 67
3.3 扑克牌发牌程序设计的步骤 ... 69
3.3.1 设计类 ... 69
3.3.2 主程序 ... 71
3.4 拓展练习——斗牛扑克牌游戏 ... 72
3.4.1 斗牛游戏功能介绍 ... 72
3.4.2 程序设计的思路 ... 73
3.4.3 程序设计的步骤 ... 74
思考与练习 ... 77

第 4 章 Python 图形界面设计——猜数字游戏 ... 78

4.1 使用 Tkinter 开发猜数字游戏功能介绍 ... 78
4.2 Python 图形界面设计 ... 78
4.2.1 创建 Windows 窗口 ... 79
4.2.2 几何布局管理器 ... 80
4.2.3 Tkinter 组件 ... 83
4.2.4 Tkinter 字体 ... 94

  4.2.5　Python 事件处理 ················· 95
 4.3　猜数字游戏程序设计的步骤 ············ 100
 思考与练习 ··································· 102

第 5 章　Tkinter 图形绘制——图形版发牌程序　103

 5.1　扑克牌发牌窗体程序功能介绍 ·········· 103
 5.2　程序设计的思路 ························· 104
 5.3　Canvas 图形绘制技术 ··················· 104
  5.3.1　Canvas 画布组件 ················· 104
  5.3.2　Canvas 上的图形对象 ············ 105
 5.4　图形版发牌程序设计的步骤 ············ 113
 5.5　拓展练习——弹球小游戏 ··············· 115
 5.6　图形界面应用案例——关灯游戏 ······ 118
 思考与练习 ··································· 120

第 6 章　数据库应用——智力问答游戏　121

 6.1　智力问答游戏功能介绍 ·················· 121
 6.2　程序设计的思路 ························· 122
 6.3　数据库访问技术 ························· 122
  6.3.1　访问数据库的步骤 ··············· 122
  6.3.2　创建数据库和表 ················· 124
  6.3.3　数据库的插入、更新和删除操作 ··· 124
  6.3.4　数据库表的查询操作 ············ 125
  6.3.5　数据库使用实例——学生通讯录 ··· 125
 6.4　智力问答游戏程序设计的步骤 ·········· 128
  6.4.1　生成试题库 ······················· 128
  6.4.2　读取试题信息 ···················· 129
  6.4.3　界面和逻辑设计 ················· 129
 思考与练习 ··································· 130

第 7 章　多线程技术——俄罗斯方块游戏　132

 7.1　俄罗斯方块游戏介绍 ····················· 132
 7.2　程序设计的思路 ························· 133
  7.2.1　俄罗斯方块形状设计 ············ 133
  7.2.2　俄罗斯方块游戏面板屏幕 ······ 134
  7.2.3　俄罗斯方块游戏运行流程 ······ 135
 7.3　多线程技术 ······························· 135
  7.3.1　进程和线程 ······················· 135
  7.3.2　创建线程 ························· 136
  7.3.3　线程同步 ························· 139

7.3.4　定时器 Timer ……………………………… 141
7.4　程序设计的步骤 …………………………………… 141
思考与练习 ………………………………………… 149

第 8 章　网络编程应用——网络五子棋游戏 …………… 150

8.1　网络五子棋游戏简介 …………………………… 150
8.2　网络编程基础 ……………………………………… 151
  8.2.1　互联网 TCP/IP 协议 ……………………… 151
  8.2.2　IP 协议 ……………………………………… 151
  8.2.3　TCP 和 UDP 协议 ………………………… 152
  8.2.4　HTTP 和 HTTPS 协议 …………………… 152
  8.2.5　端口 ………………………………………… 153
  8.2.6　Socket ……………………………………… 153
8.3　TCP 编程 …………………………………………… 156
  8.3.1　TCP 客户端编程 …………………………… 156
  8.3.2　TCP 服务器端编程 ………………………… 159
8.4　UDP 编程 …………………………………………… 162
8.5　网络五子棋游戏设计步骤 ……………………… 163
  8.5.1　数据通信协议和算法 ……………………… 164
  8.5.2　服务器端程序设计 ………………………… 167
  8.5.3　客户端程序设计 …………………………… 172
思考与练习 ………………………………………… 175

第 9 章　Python 图像处理——人物拼图游戏 …………… 176

9.1　人物拼图游戏介绍 ……………………………… 176
9.2　程序设计的思路 ………………………………… 176
9.3　Python 图像处理 ………………………………… 177
  9.3.1　Python 图像处理类库（PIL） ……………… 177
  9.3.2　复制和粘贴图像区域 ……………………… 179
  9.3.3　调整尺寸和旋转 …………………………… 180
  9.3.4　转换成灰度图像 …………………………… 180
  9.3.5　对像素进行操作 …………………………… 181
9.4　程序设计的步骤 ………………………………… 181
  9.4.1　Python 处理图片切割 ……………………… 181
  9.4.2　游戏逻辑实现 ……………………………… 183
思考与练习 ………………………………………… 186

实　战　篇

第 10 章　连连看游戏 ……………………………………… 189

10.1　连连看游戏介绍 ………………………………… 189

| | 10.2 | 程序设计的思路 | 190 |
| | 10.3 | 程序设计的步骤 | 198 |

第 11 章 推箱子游戏 204

    11.1 推箱子游戏介绍 204
    11.2 程序设计的思路 205
    11.3 关键技术 206
    11.4 程序设计的步骤 207

第 12 章 两人麻将游戏 212

    12.1 麻将游戏介绍 212
    12.2 两人麻将游戏设计的思路 213
        12.2.1 素材图片 213
        12.2.2 游戏逻辑实现 214
        12.2.3 碰吃牌判断 214
        12.2.4 胡牌算法 215
        12.2.5 实现计算机智能出牌 218
    12.3 关键技术 220
        12.3.1 声音播放 220
        12.3.2 返回对应位置的组件 221
        12.3.3 对保存麻将牌的列表排序 221
    12.4 两人麻将游戏设计的步骤 223
        12.4.1 麻将牌类设计 223
        12.4.2 设计游戏主程序 225

第 13 章 贪吃蛇游戏 234

    13.1 贪吃蛇游戏介绍 234
    13.2 程序设计的思路 235
    13.3 程序设计的步骤 235
        13.3.1 Grid 类(场地类) 235
        13.3.2 Food 类(豆类) 236
        13.3.3 Snake 类(蛇类) 236
        13.3.4 SnakeGame(游戏逻辑类) 237

第 14 章 人机对战黑白棋游戏 239

    14.1 黑白棋游戏介绍 239
    14.2 黑白棋游戏设计的思路 240
    14.3 游戏逻辑实现 240

第 15 章 扫雷游戏 ... 247

- 15.1 游戏介绍 ... 247
- 15.2 程序设计的思路 ... 248
- 15.3 关键技术 ... 248
- 15.4 程序设计的步骤 ... 250

第 16 章 中国象棋 ... 255

- 16.1 中国象棋介绍 ... 255
- 16.2 关键技术 ... 256
- 16.3 中国象棋设计思路 ... 258
- 16.4 中国象棋实现的步骤 ... 261

第 17 章 21 点扑克牌游戏 ... 270

- 17.1 21 点扑克牌游戏介绍 ... 270
- 17.2 关键技术 ... 271
- 17.3 程序设计的步骤 ... 272

第 18 章 华容道游戏 ... 277

- 18.1 华容道游戏介绍 ... 277
- 18.2 华容道游戏设计思路 ... 278
- 18.3 程序设计的步骤 ... 278

提 高 篇

第 19 章 基于 Pygame 游戏设计 ... 287

- 19.1 Pygame 基础知识 ... 287
  - 19.1.1 安装 Pygame 库 ... 287
  - 19.1.2 Pygame 的模块 ... 287
- 19.2 Pygame 的使用 ... 290
  - 19.2.1 Pygame 开发游戏的主要流程 ... 290
  - 19.2.2 Pygame 的图像图形绘制 ... 292
  - 19.2.3 Pygame 的键盘和鼠标事件的处理 ... 295
  - 19.2.4 Pygame 的字体使用 ... 300
  - 19.2.5 Pygame 的声音播放 ... 301
  - 19.2.6 Pygame 的精灵使用 ... 302
- 19.3 基于 Pygame 设计贪吃蛇游戏 ... 307
- 19.4 基于 Pygame 设计飞机大战游戏 ... 314
  - 19.4.1 游戏角色 ... 315

	19.4.2　游戏界面显示 ································ 316
	19.4.3　游戏逻辑实现 ································ 319
19.5	基于 Pygame 设计黑白棋游戏 ·························· 322

第 20 章　Flappy Bird 游戏 ································ 329

- 20.1　Flappy Bird 游戏介绍 ································ 329
- 20.2　Flappy Bird 游戏设计的思路 ·························· 330
  - 20.2.1　游戏素材 ································ 330
  - 20.2.2　地图滚动的原理实现 ·························· 330
  - 20.2.3　小鸟和管道的实现 ··························· 330
- 20.3　Flappy Bird 游戏设计的步骤 ·························· 330
  - 20.3.1　Bird 类 ································ 331
  - 20.3.2　Pipeline 类 ································ 331
  - 20.3.3　主程序 ································ 332

参考文献 ·· 335

基 础 篇

第 1 章

Python基础知识

Python是一门跨平台、开源、免费的解释型高级动态编程语言，Python作为动态语言更适合初学编程者。Python可以让初学者把精力集中在编程对象和思维方法上，而不用担心语法、类型等外在因素。Python易于学习，拥有大量的库，可以高效地开发各种应用程序。本章介绍Python语言优缺点，安装Python和Python开发环境IDLE的使用，以及进行Python程序设计的基础内容。

1.1 Python语言概述

1.1.1 Python语言简介

Python语言是1989年由荷兰人吉多范罗·苏姆(Guido van Rossum)开发的一种编程语言，被广泛应用于处理系统管理任务和科学计算，是最受欢迎的程序设计语言之一。自从2004年以后，Python的使用率呈线性增长，2011年1月，Python被TIOBE编程语言排行榜评为2010年度语言。在TIOBE公布的2019年编程语言指数排行榜中，Python排名处于第三位(前两位是Java和C)。2019年9月，根据IEEE Spectrum发布的研究报告显示，Python已经成为世界上最受欢迎的语言之一。

Python支持命令式编程、函数式编程，完全支持面向对象程序设计，语法简洁清晰，并且拥有大量的、几乎支持所有领域应用开发的成熟扩展库。

众多开源的科学计算软件包都提供了Python的调用接口，例如著名的计算机视觉库OpenCV、三维可视化库VTK和医学图像处理库ITK。Python专用的科学计算扩展库更多，例如三个十分经典的科学计算扩展库NumPy、SciPy和Matplotlib，分别为Python提供了快速数组处理、数值运算及绘图功能。因此，Python语言及其众多的扩展库所构成的开发环境十分适合工程技术、科研人员处理实验数据，制作图表，甚至开发科学计算应用程序。

Python提供了非常完善的基础代码库,覆盖了网络、文件、GUI、数据库、文本等大量内容。用Python开发程序,许多功能不必从零编写,直接使用现成的即可。除了内置的库,Python还有大量的第三方库,可直接使用其中的文件。当然,如果开发的程序进行了很好的封装,也可以作为第三方库供别人使用。Python就像胶水一样,可以把多种用不同语言编写的程序融合到一起,实现无缝拼接,更好地发挥不同语言和工具的优势,满足不同应用领域的需求。

Python同时也支持伪编译,可将Python源程序转换为字节码来优化程序和提高运行速度,也可以在没有安装Python解释器和相关依赖包的平台上运行Python程序。

Python语言除了其强大的功能及广泛的应用范围,也存在以下缺点。

(1)运行速度慢。同C程序相比,Python运行速度非常慢,因为Python是解释型语言,代码在执行时会一行一行地翻译成CPU能理解的机器码,翻译过程非常耗时,所以很慢。而C程序是运行前直接编译成CPU能执行的机器码,所以非常快。

(2)代码不能加密。如果要发布Python程序,实际上就是发布源代码,这一点跟C程序不同。C程序不用发布源代码,只需要把编译后的机器码(也就是在Windows上常见的×××.exe文件)发布出去。要从机器码反推出C程序源代码是不可能的,所以,凡是编译型的语言,都不存在泄露源代码的问题;而解释型的语言,则必须把源代码发布出去。

(3)用缩进来区分语句关系的方式给很多初学者带来困惑。即使很有经验的Python程序员也可能出现理解错误的情况。最常见的情况是Tab和空格的混用会导致错误。

Python语言的应用领域主要有:

(1)Web开发。Python语言支持网站开发,比较流行的开发框架有web2py、Django等。许多大型网站就是用Python开发的,例如YouTube、Instagram等。很多大公司,如Google、Yahoo等,甚至NASA(美国航空航天局)都大量地使用Python。

(2)网络编程。Python语言提供了socket模块,对Socket接口进行了两次封装,支持Socket接口的访问;还提供了urllib、httplib、scrapy等大量模块,用于对网页内容进行读取和处理,结合多线程编程以及其他有关模块可以快速开发网页爬虫之类的应用程序;可以使用Python语言编写CGI程序,也可以把Python程序嵌入到网页中运行。

(3)科学计算与数据可视化。Python中用于科学计算与数据可视化的模块很多,如NumPy、SciPy、Matplotlib、Traits、TVTK、Mayavi、VPython、OpenCV等,涉及的应用领域包括数值计算、符号计算、二维图表、三维数据可视化、三维动画演示、图像处理以及界面设计等。

(4)数据库应用。Python数据库模块有很多,例如可以通过内置的sqlite3模块访问SQLite数据库;使用pywin32模块访问Access数据库;使用pymysql模块访问MySQL数据库;使用pywin32和pymysql模块访问SQL Server数据库。

(5)多媒体开发。PyMedia模块可以对WAV、MP3、AVI等多媒体格式文件进行编码、解码和播放;PyOpenGL模块封装了OpenGL应用程序编程接口,通过该模块可在Python程序中集成二维或三维图形;PIL(Python Imaging Library,Python图形库)为Python提供了强大的图像处理功能,并提供广泛的图像文件格式支持。

(6)电子游戏应用。Pygame是用来开发电子游戏软件的Python模块。使用Pygame模块,可以在Python程序中创建功能丰富的游戏和多媒体程序。

Python 有大量的第三方库,可以说需要什么应用就能找到什么 Python 库。

目前,Python 有两个系列版本,一个是 2.x 版,一个是 3.x 版,这两个版本是不兼容的。由于 3.x 版越来越普及,本书将以最新的 Python 3.7 版本为基础进行讲解。

1.1.2 安装 Python

学习 Python 编程,首先要安装 Python 软件,安装后会得到 Python 解释器(负责运行 Python 程序)、一个命令行交互环境,以及一个简单的集成开发环境。

用户在 Windows 上安装 Python,首先需要根据 Windows 版本(64 位或 32 位)从 Python 的官方网站(https://www.python.org/downloads/windows/)下载 Python 3.7 对应的安装程序,然后,运行下载的 EXE 安装包。安装界面如图 1-1 所示。

图 1-1　Windows 上安装 Python3.7 界面

特别要注意在图 1-1 中选中 Add Python 3.7 to PATH,然后单击 Install Now 即可完成安装。

安装成功后,输入"cmd",会出现图 1-2 的命令提示符窗口。输入"python"后,在窗口中看到 Python 的版本信息的画面,就说明 Python 安装成功。

提示符">>>"表示已经在 Python 交互式环境中了,可以输入任何 Python 代码,按 Enter 键后会立刻得到执行结果。现在,输入"exit()"并按 Enter 键,就可以退出 Python 交互式环境(直接关掉命令行窗口也可以)。

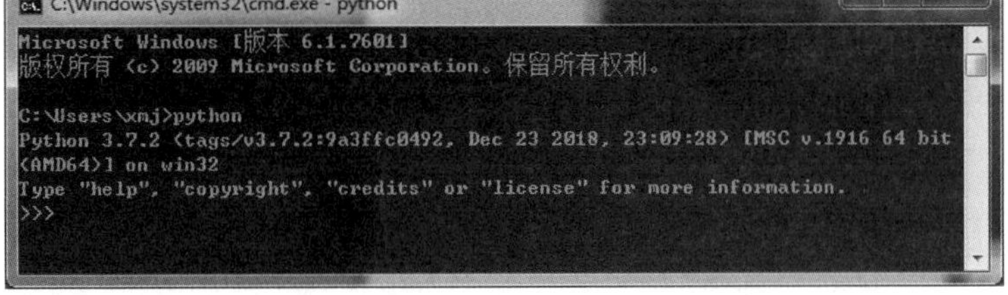

图 1-2　命令提示符窗口

假如得到错误"python 不是内部或外部命令,也不是可运行的程序或批处理文件",这是因为 Windows 会根据 Path 环境变量设定的路径去查找 python.exe,如果没找到,就会报错。如果在安装时漏掉选中"Add Python 3.7 to PATH",那就要把 python.exe 所在的路径添加到 Path 环境变量中。如果不知道怎么修改环境变量,建议把 Python 安装程序重新运行一遍,务必记住选中"Add Python 3.7 to PATH"。

1.1.3 Python 开发环境 IDLE 的启动

安装 Python 后,可选择"开始"→"所有程序"→Python 3.7→IDLE(Python 3.7)来启动 IDLE。IDLE 启动后的初始窗口如图 1-3 所示。

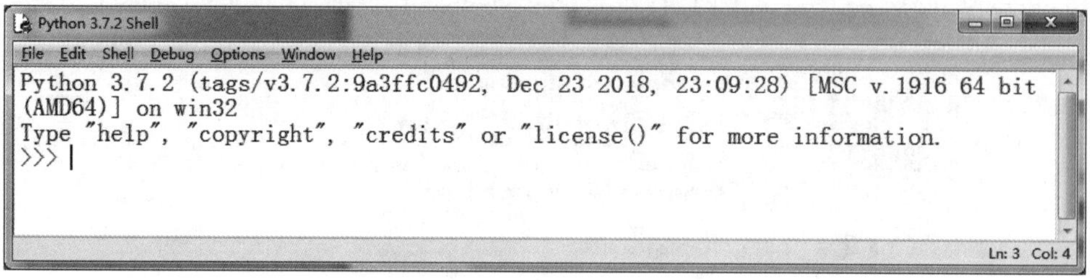

图 1-3 IDLE 的交互式编程模式(Python shell)

启动 IDLE 后进入 IDLE 的交互式编程模式(Python shell),可以使用这种编程模式来执行 Python 命令。

如果使用交互式编程模式,那么直接在 IDLE 提示符">>>"后面输入相应的命令并按 Enter 键执行即可,如果执行顺利的话,马上就可以看到执行结果,否则会抛出异常。

例如,查看已安装版本的方法(在所启动的 IDLE 界面标题栏也可以直接看到):

```
>>> import sys
>>> sys.version
'3.7.2 (tags/v3.7.2:9a3ffc0492, Dec 23 2018, 23:09:28) [MSC v.1916 64 bit (AMD64)]'
```

或者进行计算:

```
>>> 3 + 4
7
>>> 5/0
Traceback (most recent call last):
  File "<pyshell#3>", line 1, in <module>
    5/0
ZeroDivisionError: division by zero
```

除此之外,IDLE 还带有一个编辑器,用来编辑 Python 程序(或者脚本)文件;有一个调试器来调试 Python 脚本。下面从 IDLE 的编辑器开始介绍。

可在 IDLE 界面中选择 File→New File 命令启动编辑器(图 1-4 所示)来创建一个程序文件,输入代码并保存为文件(务必要保证扩展名为".py")。

1.1.4 利用 IDLE 创建 Python 程序

IDLE 为开发人员提供了许多有用的特性，如自动缩进、语法高亮显示、单词自动完成以及命令历史等，在这些功能的帮助下，能够有效地提高开发效率。下面通过一个实例对这些特性分别加以介绍，示例程序的源代码如下。

```
#示例一
p = input("Please input your password:\n")
if p!="123":
    print("password error!")
```

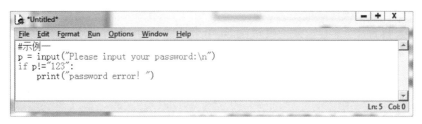

图 1-4 IDLE 的编辑器

由图 1-4 可见，不同部分颜色不同（本书中显示为灰度不同），所谓语法高亮显示就是对代码中不同的元素使用不同的颜色进行显示。默认时，关键字（如 if）显示为橘红色，注释（如#示例一）显示为红色，字符串（如"Please input your password:\n"和"password error!"）为绿色，解释器的输出显示为蓝色。在键入代码时，会自动应用这些颜色突出显示。语法高亮显示的好处是可以更容易区分不同的语法元素，从而提高可读性；与此同时，语法高亮显示还降低了出错的可能性。例如，如果输入的变量名显示为橘红色，就说明该名称与预留的关键字冲突，必须给变量更换名称。

当用户输入单词的一部分后，选择 Edit→Expand Word 命令，或者直接按 Alt+/组合键可自动完成该单词。

当在 if 关键字所在行的冒号后面按 Enter 键之后，IDLE 自动进行缩进。一般情况下，IDLE 将代码缩进一级，即 4 个空格。如果想改变这个默认的缩进量，可以选择 Format→New Indent Width 命令进行修改。对初学者来说，需要注意的是尽管自动缩进功能非常方便，但是不能完全依赖它，因为有时自动缩进未必能完全满足要求，所以还需要仔细检查一下。

创建好程序之后，选择 File→Save 命令保存程序。如果是新文件，会弹出"另存为"对话框，可以在该对话框中指定文件名和保存的位置。保存后，文件名会自动显示在顶部的蓝色标题栏中。如果文件中存在尚未存盘的内容，标题栏的文件名前后会有星号"*"出现。

1.1.5 在 IDLE 中运行和调试 Python 程序

1. 运行 Python 程序

在 IDLE 中运行程序，可以选择 Run→Run Module 命令（或按 F5 键），该命令的功能是运行当前文件。对于示例程序,运行界面如图1-5所示。

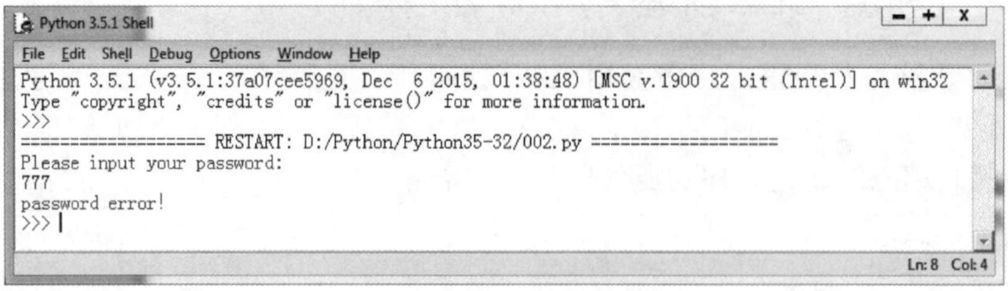

图 1-5 运行界面

用户输入的密码是"777",由于密码错误,系统输出"password error!"。

2. 使用 IDLE 的调试器

软件开发过程中,免不了会出现错误,其中有语法方面的,也有逻辑方面的。对于语法错误,Python 解释器能很容易地检测出来,这时它会停止程序的运行并给出错误提示;对于逻辑错误,解释器则无能为力,程序会一直执行下去,但是得到的运行结果却是错误的。所以,需要对程序进行调试。

最简单的调试方法是直接显示程序数据,例如,可以在某些关键位置用 print 语句显示出变量的值,从而确定有无出错。但是,这个办法比较麻烦,因为开发人员必须在所有可疑的地方都插入打印语句。等程序调试完后,必须将这些打印语句全部清除。

除此之外,还可以使用调试器进行调试。利用调试器,可以分析被调试程序的数据,并监视程序的执行流程。调试器的功能包括暂停程序执行、检查和修改变量,调用方法而不更改程序代码等。IDLE 也提供了一个调试器,可帮助开发人员查找逻辑错误。

下面简单介绍 IDLE 的调试器的使用方法。在 Python Shell 窗口中选择 Debug→Debugger 命令,就可以启动 IDLE 的交互式调试器。这时,IDLE 会打开如图 1-6 所示的 Debug Control 调试窗口,并在图 1-5 所示的 Python Shell 窗口中输出"[DEBUG ON]"并

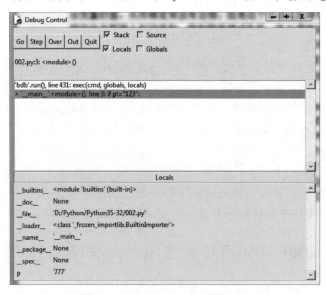

图 1-6 Debug Control 调试窗口

后跟一个">>>"提示符。这样,就能像平时那样使用这个 Python Shell 窗口,只不过现在输入的任何命令都允许在调试器下。

可以在 Debug Control 窗口查看局部变量和全局变量等有关内容。如果要退出调试器,可以再次选择 Debug→Debugger 命令,IDLE 会关闭 Debug Control 窗口,并在 Python Shell 窗口中输出"[DEBUG OFF]"。

1.1.6 Python 基本输入

用 Python 进行程序设计,输入是通过 input()函数实现的,input()的一般格式为:

```
x = input('提示:')
```

该函数返回输入的对象,可输入数字、字符串和其他任意类型对象。

Python 2.7 和 Python 3.x 尽管形式一样,但它们对该函数的解释略有不同。在 Python 2.7 中,该函数返回结果的类型由输入值时所使用的界定符来决定,例如下面的 Python 2.7 代码。

```
>>> x = input("Please input:")
Please input:3                    #没有界定符,整数
>>> print type(x)
<type 'int'>
>>> x = input("Please input:")
Please input:'3'                  #单引号,字符串
>>> print type(x)
<type 'str'>
```

在 Python 2.7 中,还有另外一个内置函数 raw_input()也可以用来接收用户输入的值。与 input()函数不同的是,raw_input()函数返回结果的类型一律为字符串,而不管用户使用什么界定符。

在 Python 3.x 中,不存在 raw_input()函数,只提供了 input()函数用来接收用户的输入。无论用户输入数据时使用什么界定符,input()函数的返回结果都是字符串,需要将其转换为相应的类型再处理,相当于 Python 2.7 中的 raw_input()函数。例如下面的 Python 3.x 代码。

```
>>> x = input('Please input:')
Please input:3
>>> print(type(x))
<class 'str'>
>>> x = input('Please input:')
Please input:'1'
>>> print(type(x))
<class 'str'>
>>> x = input('Please input:')
Please input:[1,2,3]
>>> print(type(x))
<class 'str'>
```

1.1.7　Python 基本输出

Python 2.7 和 Python 3.x 的输出方法也不完全一致。在 Python 2.7 中,使用 print 语句进行输出,而 Python 3.x 中使用 print()函数进行输出。

另外一个重要的不同是,对于 Python 2.7 而言,在 print 语句之后加上逗号",",表示输出内容之后不换行,例如:

```
for i in range(10):
    print i,
0 1 2 3 4 5 6 7 8 9
```

在 Python 3.x 中,为了实现上述功能则需要使用下面的方法:

```
for i in range(10,20):
    print(i, end = ' ')      #不换行,输出结束时输出空格
10 11 12 13 14 15 16 17 18 19
```

print()函数基本格式如下:

```
print(value, ..., sep = ' ', end = '\n', file = sys.stdout, flush = False)
```

print()函数输出时,由 sep 参数将多个输出对象 value 分隔,输出结束时输出 end 参数。sep 的默认值是空,end 默认值是换行,file 的默认值是标准输出流,flush 的默认值是非。如果想要自定义 sep、end 和 file,就必须对这几个关键词进行赋值。例如:

```
>>> print(123,'abc',45,'book',sep = '#')      #指定用'#'作为输出分隔符
123#abc#45#book
>>> print('price');print(100)      #默认以回车换行符作为输出结束符号,即在输出最后会换行
price
100
>>> print('price', end = '=');print(100)      #指定用'='作为输出结束符号,所以输出在一行
price = 100
```

1.1.8　Python 代码规范

(1) 缩进。Python 程序是依靠代码块的缩进来体现代码之间的逻辑关系的,缩进结束就表示一个代码块结束了。对于类定义、函数定义、选择结构和循环结构,行尾的冒号表示缩进的开始。同一个级别的代码块的缩进量必须相同。

例如:

```
for i in range(10):              #循环输出 0 到 9 数字
    print (i, end = ' ')
```

一般而言,以 4 个空格为基本缩进单位,而不要使用制表符 tab。可以在 IDLE 开发环

境中通过选择 Fortmat→Indent Region/Dedent Region 命令进行代码块的缩进和反缩进。

（2）注释。一个好的、可读性强的程序一般包含 20% 以上的注释。常用的注释方式主要有两种。

- 方法一：以 # 开始，表示本行 # 之后的内容为注释。例如：

```
# 循环输出 0 到 9 数字
for i in range(10):
    print (i, end = ' ')
```

- 方法二：包含在一对三引号（'''...'''或"""..."""）之间且不属于任何语句的内容将被解释器认为是注释。例如：

```
'''循环输出 0 到 9 数字,可以多行文字'''
for i in range(10):
    print (i, end = ' ')
```

在 IDLE 开发环境中，可以通过选择 Format→Comment Out Region/Uncomment Region 命令，快速注释/解除注释大段内容。

（3）每个 import 只导入一个模块。而不要一次导入多个模块。例如：

```
>>> import math              # 导入 math 数学模块
>>> math.sin(0.5)            # 求 0.5 的正弦
>>> import random            # 导入 random 随机模块
>>> x = random.random()      # 获得[0,1)区间内的随机小数
>>> y = random.random()
>>> n = random.randint(1,100) # 获得[1,100]区间内的随机整数
```

import math，random 一次导入多个模块，语法上可以但不提倡。

import 的次序为先 import Python 内置模块，再 import 第三方模块，最后 import 自己开发的项目中的其他模块。

不要使用 from module import *，除非是 import 常量定义模块或其他可以确保不会出现命名空间冲突的模块。

（4）如果一行语句太长，可以在行尾加上反斜杠"\"来换行分成多行，但是更建议使用括号来包含多行内容，如：

```
x = '这是一个非常长非常长非常长非常长 \
    非常长非常长非常长非常长非常长的字符串'       #"\"来换行
x = ('这是一个非常长非常长非常长非常长 
    '非常长非常长非常长非常长非常长的字符串')    # 圆括号中的行会连接起来
```

又如：

```
if (width == 0 and height == 0 and
    color == 'red' and emphasis == 'strong'):   # 圆括号中的行会连接起来
    y = '正确'
```

```
else:
    y = '错误'
```

(5) 必要的空格与空行。运算符两侧、函数参数之间和逗号两侧建议使用空格分开。不同功能的代码块之间和不同的函数定义之间建议增加一个空行以增加可读性。

(6) 常量名所有字母大写,由下画线连接各个单词,类名首字母大写。如:

```
WHITE = 0XFFFFFF
THIS_IS_A_CONSTANT = 1
```

1.1.9 Python 帮助

使用 Python 的帮助对学习和开发都是很重要的。在 Python 中可以使用 help()方法来获取帮助信息。使用格式如下:

```
help(对象)
```

1. 查看内置函数和类型的帮助信息

例如:

```
>>> help(max)       #可以获取内置函数 max 帮助信息
>>> help(list)      #可以获取 list 列表类型的成员方法
>>> help(tuple)     #可以获取 tuple 元组类型的成员方法
```

2. 查看模块中的成员函数信息

例如:

```
>>> import os
>>> help(os.fdopen)
```

上例查看 os 模块中的 fdopen 成员函数信息,则得到如下提示:

```
Help on function fdopen in module os:
fdopen(fd, *args, **kwargs)
    #Supply os.fdopen()
```

3. 查看整个模块的信息

使用 help(模块名)就能查看整个模块的帮助信息,注意先 import 导入该模块。例如查看 math 模块方法:

```
>>> import math
>>> help(math)
```

查看 Python 中所有的 modules:

```
>>> help("modules")
```

1.2 Python 语法基础

1.2.1 Python 数据类型

计算机理所当然地可以处理各种数值,而且计算机能处理的远不止数值,还可以处理文本、图形、音频、视频、网页等各种各样的数据,不同的数据需要定义不同的数据类型。

1. 数值类型

Python 数值类型用于存储数值。Python 支持以下数值类型。

(1) 整型(int):通常被称为整型或整数,是正或负整数,不带小数点。在 Python 3.x 里,只有一种整数类型 int,没有 Python 2.x 中的 Long。

(2) 浮点型(float):浮点型由整数部分与小数部分组成,也可以使用科学计数法表示 (2.78e2 就是 $2.78 \times 10^2 = 278$)。

(3) 复数(complex):复数由实数部分和虚数部分构成,可以用 a+bj 或者 complex(a,b) 表示,复数的虚部以字母 j 或 J 结尾,如:2+3j。

数据类型是不允许改变的,这就意味着如果改变某数所属的数据类型,将重新分配内存空间。

2. 字符串

字符串是 Python 中最常用的数据类型,可以使用引号来创建字符串。Python 不支持字符类型,单字符在 Python 也是作为一个字符串使用。Python 使用单引号和双引号来表示字符串是一样的。

3. 布尔类型

Python 支持布尔类型的数据,布尔类型只有 True 和 False 两种值,但是布尔类型有以下几种运算。

(1) and 与运算:只有两个布尔值都为 True 时,计算结果才为 True。

```
True and True        # 结果是 True
True and False       # 结果是 False
False and True       # 结果是 False
False and False      # 结果是 False
```

(2) or 或运算:只要有一个布尔值为 True,计算结果就是 True。

```
True or True         # 结果是 True
True or False        # 结果是 True
False or True        # 结果是 True
False or False       # 结果是 False
```

(3) not 非运算：把 True 变为 False，或者把 False 变为 True。

```
not True         #结果是 False
not False        #结果是 True
```

布尔运算在计算机中用来做条件判断，根据计算结果为 True 或者 False，计算机可以自动执行不同的后续代码。

在 Python 中，布尔类型还可以与其他数据类型进行 and、or 和 not 运算，这时下面的几种情况会被认为是 False：为 0 的数字，包括 0 和 0.0；空字符串' '或""；表示空值的 None；空集合，包括空元组()、空序列[]和空字典{}；其他的值都为 True。例如：

```
a = 'python'
print (a and True)      #结果是 True
b = ''
print (b or False)      #结果是 False
```

4. 空值

空值是 Python 里一个特殊的值，用 None 表示。它不支持任何运算，也没有任何内置函数方法。None 和任何其他的数据类型比较永远返回 False。在 Python 中未指定返回值的函数会自动返回 None。

1.2.2 序列数据结构

数据结构是计算机存储、组织数据的方式。序列是 Python 中最基本的数据结构。序列中的每个元素都分配一个数字，即它的位置或索引，第一个索引是 0，第二个索引是 1，以此类推。也可以使用负数索引值访问元素，−1 表示最后一个元素，−2 表示倒数第二个元素。序列可以进行的操作包括索引、截取（切片）、加、乘和成员检查。此外，Python 已经内置确定序列的长度以及确定最大和最小元素的方法。Python 最常见的内置序列类型是列表、元组和字符串。另外，Python 提供了字典和集合这样的数据结构，它们属于无顺序的数据集合体，不能通过位置索引来访问数据元素。

1. 列表

列表(list)是最常用的 Python 数据类型，列表的数据项不需要具有相同的类型。列表类似其他语言的数组，但功能比数组强大得多。

创建一个列表，只要把逗号分隔的、不同的数据项使用方括号括起来即可。实例如下：

```
list1 = ['中国', '美国', 1997, 2000]
list2 = [1, 2, 3, 4, 5]
list3 = ["a", "b", "c", "d"]
```

列表索引从 0 开始。列表可以进行截取(切片)、组合等操作。

1) 访问列表中的值

使用下标索引来访问列表中的值，同样也可以使用方括号切片的形式截取，实例如下：

```
list1 = ['中国', '美国', 1997, 2000]
list2 = [1, 2, 3, 4, 5, 6, 7 ]
print ("list1[0]: ", list1[0] )
print("list2[1:5]: ", list2[1:5] )
```

以上实例输出结果：

```
list1[0]:  中国
list2[1:5]:  [2, 3, 4, 5]
```

2）更新列表

可以对列表的数据项进行修改或更新，实例如下：

```
list = ['中国', 'chemistry', 1997, 2000]
print ( "Value available at index 2: ")
print (list[2] )
list[2] = 2001
print ( "New value available at index 2: ")
print (list[2] )
```

以上实例输出结果：

```
Value available at index 2:
1997
New value available at index 2:
2001
```

3）删除列表元素

(1) 方法一：使用 del 语句来删除列表的元素，实例如下：

```
list1 = ['中国', '美国', 1997, 2000]
print (list1)
del list1[2]
print ("After deleting value at index 2: ")
print (list1)
```

以上实例输出结果：

```
['中国', '美国', 1997, 2000]
After deleting value at index 2:
['中国', '美国', 2000]
```

(2) 方法二：使用 remove()方法来删除列表的元素，实例如下：

```
list1 = ['中国', '美国', 1997, 2000]
list1.remove(1997)
list1.remove('美国')
print (list1)
```

以上实例输出结果：

```
['中国', 2000]
```

（3）方法三：使用 pop()方法来删除列表的指定位置的元素,无参数时删除最后一个元素,实例如下：

```
list1 = ['中国', '美国', 1997,2000]
list1.pop(2)                    #删除位置 2 元素 1997
list1.pop()                     #删除最后一个元素 2000
print (list1)
```

以上实例输出结果：

```
['中国', '美国']
```

4）添加列表元素

可以使用 append()方法在列表末尾添加元素,实例如下：

```
list1 = ['中国', '美国', 1997, 2000]
list1.append(2003)
print(list1)
```

以上实例输出结果：

```
['中国', '美国', 1997, 2000, 2003]
```

5）定义多维列表

可以将多维列表视为列表的嵌套,即多维列表的元素值也是一个列表,只是维度比父列表少 1。二维列表(即其他语言的二维数组)的元素值是一维列表,三维列表的元素值是二维列表。例如定义一个二维列表：

```
list2 = [["CPU", "内存"], ["硬盘","声卡"]]
```

二维列表比一维列表多一个索引,可以用如下方式获取元素：

```
列表名[索引 1][索引 2]
```

例如定义一个 3 行 6 列的二维列表,打印出元素值：

```
rows = 3
cols = 6
matrix = [[0 for col in range(cols)] for row in range(rows)]        #列表生成式生成二维列表
for i in range(rows):
    for j in range(cols):
        matrix[i][j] = i * 3 + j
        print (matrix[i][j],end = ",")
    print ('\n')
```

以上实例输出结果:

```
0,1,2,3,4,5,
3,4,5,6,7,8,
6,7,8,9,10,11,
```

列表生成式(List Comprehensions)是 Python 内置的一种功能极其强大的生成 list 列表的表达式,详见 1.2.3 节。本例中第 3 行生成的列表如下:

```
matrix = [[0,0,0,0,0,0],[0,0,0,0,0,0],[0,0,0,0,0,0]]
```

2. 元组

Python 的元组(tuple)与列表类似,不同之处在于元组的元素不能修改;元组使用小括号(),列表使用方括号[]。元组中的元素类型也可以不相同。

1) 创建元组

元组创建很简单,只需要在括号中添加元素,并使用逗号隔开即可,实例如下:

```
tup1 = ('中国', '美国', 1997, 2000)
tup2 = (1, 2, 3, 4, 5 )
tup3 = "a", "b", "c", "d"
```

如果创建空元组,只需写个空括号即可。

```
tup1 = ()
```

元组中只包含一个元素时,需要在第一个元素后面添加逗号。

```
tup1 = (50,)
```

元组与字符串类似,下标索引从 0 开始,可以进行截取、组合等操作。

2) 访问元组

元组可以使用下标索引来访问元组中的值,实例如下:

```
tup1 = ('中国', '美国', 1997, 2000)
tup2 = (1, 2, 3, 4, 5, 6, 7 )
print ("tup1[0]: ", tup1[0])          #输出元组的第一个元素
print ("tup2[1:5]: ", tup2[1:5])      #切片,输出从第二个元素开始到第五个元素
print (tup2[2:])                      #切片,输出从第三个元素开始的所有元素
print (tup2 * 2)                      #输出元组两次
```

以上实例输出结果:

```
tup1[0]: 中国
tup2[1:5]: (2, 3, 4, 5)
(3, 4, 5, 6, 7)
(1, 2, 3, 4, 5, 6, 7, 1, 2, 3, 4, 5, 6, 7)
```

3) 元组连接

元组中的元素值是不允许修改的,但可以对元组进行连接组合,实例如下:

```
tup1 = (12, 34,56)
tup2 = (78, 90)
#tup1[0] = 100        #修改元组元素操作是非法的
tup3 = tup1 + tup2    #连接元组,创建一个新的元组
print (tup3)
```

以上实例输出结果:

```
(12, 34,56, 78, 90)
```

4) 删除元组

元组中的元素值是不允许删除的,但可以使用 del 语句来删除整个元组,实例如下:

```
tup = ('中国', '美国', 1997, 2000);
print (tup)
del tup
print ("After deleting tup: ")
print(tup)
```

以上实例元组被删除后,输出变量会有异常信息,输出如下所示:

```
('中国', '美国', 1997, 2000)
After deleting tup:
NameError: name 'tup' is not defined
```

5) 元组与列表转换

因为元组数不能改变,所以可以将元组转换为列表,从而可以改变数据。实际上列表、元组和字符串它们之间可以互相转换,需要使用三个函数:str()、tuple()和 list()。

可以使用下面方法将元组转换为列表:

```
列表对象 = list(元组对象)
```

例如:

```
tup = (1, 2, 3, 4, 5)
list1 = list(tup)       #元组转换为列表
print (list1)           #返回[1, 2, 3, 4, 5]
```

可以使用下面方法将列表转换为元组:

```
元组对象 = tuple (列表对象)
```

例如:

```
nums = [1, 3, 5, 7, 8, 13, 20]
print(tuple(nums))           #列表转换为元组,返回(1, 3, 5, 7, 8, 13, 20)
```

将列表转换成字符串如下:

```
nums = [1, 3, 5, 7, 8, 13, 20]
str1 = str(nums)     #列表转换为字符串,返回含中括号及逗号的'[1, 3, 5, 7, 8, 13, 20]'字符串
print (str1[2])      #打印出逗号,因为字符串中索引号2的元素是逗号
num2 = ['中国', '美国', '日本', '加拿大']
str2 = "%"
str2 = str2.join(num2)       #用百分号连接起来的字符串——'中国%美国%日本%加拿大'
str2 = ""
str2 = str2.join(num2)       #用空字符连接起来的字符串——'中国 美国 日本 加拿大'
```

3. 字典

Python 字典(dict)是一种可变容器模型,且可存储任意类型对象,如字符串、数字、元组等其他容器模型。字典也被称作关联数组或哈希表。

1) 创建字典

字典由键和对应值(key=>value)成对组成。字典的每个键/值对里面键和值用冒号分割,键/值对之间用逗号分隔,整个字典包括在花括号"{ }"中。基本语法如下:

```
d = {key1: value1, key2: value2 }
```

注意:键必须是唯一的,但值则不必。值可以取任何数据类型,但键必须是不可变的,如字符串、数字或元组。

以下是一个简单的字典实例:

```
dict = {'xmj': 40, 'zhang': 91, 'wang': 80}
```

也可如下创建字典:

```
dict1 = { 'abc': 456 };
dict2 = { 'abc': 123, 98.6: 37 };
```

字典有如下特性:

(1) 字典值可以是任何 Python 对象,如字符串、数字、元组等。

(2) 不允许同一个键出现两次。创建时如果同一个键被赋值两次,后一个值会覆盖前面的值,例如:

```
dict = {'Name': 'xmj', 'Age': 17, 'Name': 'Manni'}
print("dict['Name']: ", dict['Name'])
```

以上实例输出结果:

```
dict['Name']:  Manni
```

(3) 键必须不可变,所以可以用数字、字符串或元组充当,而不能用列表,实例如下:

```
dict = {['Name']: 'Zara', 'Age': 7};
```

以上实例输出错误结果:

```
Traceback (most recent call last):
  File "<pyshell#0>", line 1, in <module>
    dict = {['Name']: 'Zara', 'Age': 7}
TypeError: unhashable type: 'list'
```

2) 访问字典里的值

访问字典里的值时把相应的键放入方括号里,实例如下:

```
dict = {'Name': '王海', 'Age': 17, 'Class': '计算机一班'}
print ("dict['Name']: ", dict['Name'])
print("dict['Age']: ", dict['Age'])
```

以上实例输出结果:

```
dict['Name']:王海
dict['Age']:17
```

如果用字典里没有的键访问数据,会输出错误信息:

```
dict = {'Name': '王海', 'Age': 17, 'Class': '计算机一班'}
print("dict['sex']: ", dict['sex'] )
```

由于没有 sex 键,以上实例输出错误结果:

```
Traceback (most recent call last):
  File "<pyshell#10>", line 1, in <module>
    print ("dict['sex']: ", dict['sex'] )
KeyError: 'sex''
```

3) 修改字典

向字典添加新内容的方法是增加新的键/值对,修改或删除已有键/值对,实例如下:

```
dict = {'Name': '王海', 'Age': 17, 'Class': '计算机一班'}
dict['Age'] = 18                    #更新键/值对(update existing entry)
dict['School'] = "中原工学院"        #增加新的键/值对(add new entry)
print ("dict['Age']: ", dict['Age'] )
print ( "dict['School']: ", dict['School'];
```

以上实例输出结果:

```
dict['Age']:18
dict['School']:中原工学院
```

4）删除字典元素

del()方法允许使用键从字典中删除元素（条目），clear()方法清空字典所有元素。显示删除一个字典用 del 命令，实例如下：

```
dict = {'Name': '王海', 'Age': 17, 'Class': '计算机一班'}
del dict['Name']          # 删除键是'Name'的元素（条目）
dict.clear()              # 清空词典所有元素
del dict                  # 删除词典,用 del 后字典不再存在
```

5）in 运算

字典里的 in 运算用于判断某键是否在字典里，对于 value 值不适用。功能与 has_key(key)方法相似，实例如下：

```
dict = {'Name': '王海', 'Age': 17, 'Class': '计算机一班'}
print ('Age' in dict )    # 等价于 print (dict.has_key('Age') )
```

以上实例输出结果：

```
True
```

6）获取字典中的所有值

dict.values()以列表返回字典中的所有值，实例如下：

```
dict = {'Name': '王海', 'Age': 17, 'Class': '计算机一班'}
print (dict.values ())
```

以上实例输出结果：

```
[17, '王海', '计算机一班']
```

7）items()方法

items()方法把字典中每对 key 和 value 组成一个元组，并把这些元组放在列表中返回，实例如下：

```
dict = {'Name': '王海', 'Age': 17, 'Class': '计算机一班'}
for key,value in dict.items():
    print( key,value)
```

以上实例输出结果：

```
Name 王海
Class 计算机一班
Age 17
```

注意：字典打印出来的顺序与创建之初的顺序不同，这不是错误。字典中各个元素并没有顺序之分（因为不需要通过位置查找元素），因此存储元素时进行了优化，使字典的存储

和查询效率最高。这也是字典和列表的另一个区别：列表保持元素的相对关系，即序列关系；而字典是完全无序的，也称为非序列。如果想保持一个集合中元素的顺序，需要使用列表，而不是字典。从 Python 3.6 版本开始，字典变成有顺序的，字典输出顺序与创建之初的顺序相同。

8) get()方法

get()方法返回指定键的值，如果键不在字典中，返回默认值 None，也可以指定默认值，实例如下：

```
D = {'Name': '王海', 'Age': 1}
print ("Age 值为: % s" % D.get('Age'))
print ("Sex 值为: % s" % D.get('Sex', "Man"))       #指定新的默认值 Man
print ("Sex 值为: % s" % D.get('Sex'))              #返回默认值 None
```

以上实例输出结果为：

```
Age 值为: 1
Sex 值为: Man
Sex 值为: None
```

4. 集合

集合(set)是一个无序不重复元素的序列。集合基本功能是进行成员关系测试和删除重复元素。

1) 创建集合

可以使用花括号"{}"或者 set()函数创建集合，实例如下：

```
student = {'Tom', 'Jim', 'Mary', 'Tom', 'Jack', 'Rose'}
print(student)          #输出集合，重复的元素被自动去掉
```

以上实例输出结果：

```
{'Jack', 'Rose', 'Mary', 'Jim', 'Tom'}
```

注意：创建一个空集合必须用 set() 而不是 {}，因为 {} 是用来创建一个空字典的。

2) 成员测试

实例如下：

```
if('Rose' in student):
    print('Rose 在集合中')
else:
    print('Rose 不在集合中')
```

以上实例输出结果：

```
Rose 在集合中
```

3）集合运算

可以使用"-""|""&"运算符进行集合的差集、并集、交集运算,实例如下:

```
#set 可以进行集合运算
a = set('abcd')
b = set('cdef')
print(a)
print("a 和 b 的差集: ", a - b)            #a 和 b 的差集
print("a 和 b 的并集: ", a | b)            #a 和 b 的并集
print("a 和 b 的交集: ", a & b)            #a 和 b 的交集
print("a 和 b 中不同时存在的元素: ", a ^ b)   #a 和 b 中不同时存在的元素
```

以上实例输出结果:

```
{'a', 'c', 'd', 'b'}
a 和 b 的差集: {'a', 'b'}
a 和 b 的并集: {'b', 'a', 'f', 'd', 'c', 'e'}
a 和 b 的交集: {'c', 'd'}
a 和 b 中不同时存在的元素: {'a', 'e', 'f', 'b'}
```

1.2.3 Python 控制语句

对于 Python 程序中的执行语句,默认是按照书写顺序依次执行的,这样的语句是顺序结构的。但是仅有顺序结构是不够的,因为有时还需要根据特定情况,有选择地执行某些语句,这时就需要一种选择结构的语句。另外,有时候还可以在给定条件下往复执行某些语句,通常称这些语句是循环结构的。有了以下三种基本结构,就可以构建任意复杂的程序。

1. 选择结构

选择结构可用 if 语句、if…else 语句和 if…elif…else 语句实现。

if 语句是一种单选结构,它选择的是做与不做。if 语句的语法形式如下所示:

```
if 表达式:
    语句1
```

if 语句的流程图如图 1-7 所示。

而 if…else 语句是一种双选结构,是在两种备选行动中选择哪一个的问题。if…else 语句的语法形式如下所示:

```
if 表达式:
    语句1
else:
    语句2
```

if…else 语句的流程图如图 1-8 所示。

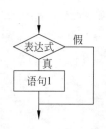
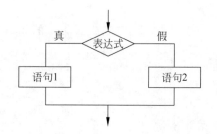

图 1-7　if 语句的流程图　　　　图 1-8　if…else 语句的流程图

【例 1-1】 输入一个年份,判断是否为闰年。闰年的年份必须满足以下两个条件之一:
(1) 能被 4 整除,但不能被 100 整除的年份都是闰年。
(2) 能被 400 整除的年份都是闰年。
分析:设变量 year 表示年份,判断 year 是否满足以下表达式。
条件(1)的逻辑表达式是:
year％4 == 0 and year％100 !=0。
条件(2)的逻辑表达式是:
year％400 == 0。
两者取"或",即得到判断闰年的逻辑表达式为:

```
(year % 4 == 0 and year % 100 != 0)  or  year % 400 == 0
```

程序代码如下:

```
year = int(input('输入年份:'))        #输入 x,input()获取的是字符串,所以需要转换成整型
if year % 4 == 0 and year % 100 != 0 or year % 400 == 0:    #注意运算符的优先级
    print(year, "是闰年")
else:
    print( year, "不是闰年")
```

判断闰年后,也可以输入某年某月某日,判断这一天是这一年的第几天。以 3 月 5 日为例,应该先把前两个月的天数加起来,然后再加上 5 天,即本年的第几天。闰年是特殊情况,在输入月份大于 3 时须考虑多加一天。
程序代码如下:

```
year = int(input('year:'))              #输入年
month = int(input('month:'))            #输入月
day = int(input('day:'))                #输入日
months = (0,31,59,90,120,151,181,212,243,273,304,334)
if 0 <= month <= 12:
    sum = months[month - 1]
else:
    print( '月份输入错误')
sum += day
leap = 0
```

```
if (year % 400 == 0) or ((year % 4 == 0) and (year % 100 != 0)):
    leap = 1
if (leap == 1) and (month > 2):
    sum += 1
print('这一天是这一年的第%d天'% sum)
```

有时候,需要在多组动作中选择一组执行,这时就会用到多选结构,对于 Python 语言来说就是 if…elif…else 语句。该语句的语法形式如下所示:

```
if 表达式 1:
    语句 1
elif 表达式 2:
    语句 2
    ……
elif 表达式 n:
    语句 n
else:
    语句 n+1
```

注意:最后一个 elif 子句之后的 else 子句没有进行条件判断,它实际上用来处理跟前面所有条件都不匹配的情况,所以 else 子句必须放在最后。if…elif…else 语句的流程图如图 1-9 所示。

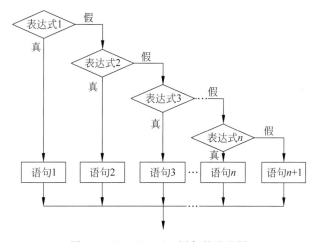

图 1-9 if…elif…else 语句的流程图

【例 1-2】 输入学生的成绩 score,按分数输出其等级:score≥90 为优,90＞score≥80 为良,80＞score≥70 为中等,70＞score≥60 为及格,score＜60 为不及格。程序代码如下:

```
score = int(input("请输入成绩"))           # int()转换字符串为整型
if score >= 90:
    print("优")
elif score >= 80:
    print("良")
elif score >= 70:
```

```
        print("中")
elif score >= 60:
        print("及格")
else:
        print("不及格")
```

说明：三种选择语句中，条件表达式都是必不可少的组成部分。当条件表达式的值为零时，表示条件为假；当条件表达式的值为非零时，表示条件为真。那么哪些表达式可以作为条件表达式呢？基本上，最常用的是关系表达式和逻辑表达式，如：

```
if a == x  and  b == y:
    print ("a = x, b = y")
```

除此之外，条件表达式可以是任何数值类型表达式，甚至也可以是字符串：

```
if 'a':      # 'abc':也可以
    print ("a = x, b = y")
```

另外，C 语言是用花括号{}来区分语句体，但是 Python 的语句体是用缩进形式来表示的，如果缩进不正确，会导致逻辑错误。

2. 循环结构

程序在一般情况下是按顺序执行的。编程语言提供了各种控制结构，允许更复杂的执行路径。循环语句允许执行一个语句或语句组多次，Python 提供了 for 循环和 while 循环（在 Python 中没有 do…while 循环）。

1) while 语句

Python 编程中 while 语句用于循环执行程序，即在某条件下，循环执行某段程序，以处理需要重复处理的相同任务。其基本形式为：

```
while 判断条件:
    执行语句
```

执行语句可以是单个语句或语句块。判断条件可以是任何表达式，任何非零或非空的值均为 True。当判断条件为假 False 时，循环结束。while 语句的流程图如图 1-10 所示。同样需要注意冒号和缩进。例如：

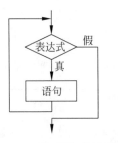

图 1-10 while 语句的流程图

```
count = 0
while count < 5:
    print ('The count is:', count)
    count = count + 1
print ("Good bye!" )
```

2) for 语句

for 语句可以遍历任何序列的项目，如一个列表、元组或者一个字符串。for 循环的语法格式如下：

```
for 循环索引值 in 序列：
    循环体
```

for 循环遍历列表中的元素。例如：

```
fruits = ['banana', 'apple', 'mango']
for fruit in fruits:            #第二个实例
    print ( '元素:', fruit)
print( "Good bye!" )
```

依次打印 fruits 中的每一个元素，程序运行结果如下：

```
元素:banana
元素:apple
元素:mango
Good bye!
```

【例 1-3】 计算 1～10 的整数之和，可以用一个 sum 变量做累加。
程序代码如下：

```
sum = 0
for x in [1, 2, 3, 4, 5, 6, 7, 8, 9, 10]:
    sum = sum + x
print(sum)
```

如果要计算 1～100 的整数之和，从 1 写到 100 有点困难。Python 提供一个 range()内置函数，可以生成一个整数序列，再通过 list()函数可以转换为 list 列表。

例如，range(0，5)或 range(5)生成的序列是从 0 开始小于 5 的整数，不包括 5。例如：

```
>>> list(range(5))
[0, 1, 2, 3, 4]
```

range(1，101)就可以生成 1～100 的整数序列，计算 1～100 的整数之和的程序代码如下：

```
sum = 0
for x in range(1,101):
    sum = sum + x
print(sum)
```

3) continue 和 break 语句

break 语句在 while 循环和 for 循环中都可以使用，一般放在 if 选择结构中，一旦 break 语句被执行，将使得整个循环提前结束。

continue 语句的作用是终止当前循环，并忽略 continue 之后的语句，然后回到循环的顶端,提前进入下一次循环。

除非 break 语句让代码更简单或更清晰,否则不要轻易使用。

【例 1-4】 continue 和 break 用法示例。程序代码如下:

```
#continue 和 break 用法
i = 1
while i < 10:
    i += 1
    if i%2 > 0:              #非双数时跳过输出
        continue
    print (i)                #输出双数 2、4、6、8、10
i = 1
while 1:                     #循环条件为 1 必定成立
    print (i)                #输出 1~10
    i += 1
    if i > 10:               #当 i 大于 10 时跳出循环
        break
```

在 Python 程序开发过程中,将完成某一特定功能并经常使用的代码编写成函数,放在函数库(模块)中供大家选用,在需要使用时直接调用,这就是程序中的函数。开发人员要善于使用函数,以提高编码效率,减少编写程序段的工作量。

4) 列表生成式

如果要生成一个 list [1, 2, 3, 4, 5, 6, 7, 8, 9],可以用 range(1, 10):

```
>>> L = list(range(1, 10))       #L是[1, 2, 3, 4, 5, 6, 7, 8, 9]
```

如果要生成一个 list[1×1,2×2,3×3,…,10×10],可以使用循环:

```
>>> L = []
>>> for x in range(1, 10):
        L.append(x * x)
>>> L
[1, 4, 9, 16, 25, 36, 49, 64, 81]
```

而列表生成式可以用以下语句代替以上的烦琐循环来完成:

```
>>> [x * x for x in range(1, 11)]
[1, 4, 9, 16, 25, 36, 49, 64, 81, 100]
```

列表生成式的书写格式为把要生成的元素 x * x 放到前面,后面跟上 for 循环,这样就可以把 list 创建出来。for 循环后面还可以加上 if 判断,例如筛选出偶数的平方:

```
>>> [x * x for x in range(1, 11) if x % 2 == 0]
[4, 16, 36, 64, 100]
```

再如,把一个 list 列表中所有的字符串变成小写形式:

```
>>> L = ['Hello', 'World', 'IBM', 'Apple']
>>> [s.lower() for s in L]
['hello', 'world', 'ibm', 'apple']
```

当然,列表生成式也可以使用两层循环,例如生成'ABC'和'XYZ'中字母的全部组合:

```
>>> print ( [m + n for m in 'ABC' for n in 'XYZ'] )
['AX', 'AY', 'AZ', 'BX', 'BY', 'BZ', 'CX', 'CY', 'CZ']
```

又如,生成一副牌花色和大小的全部组合:

```
>>> color = ['♦', '♣', '♠', '♥']
>>> num_poker = ['A', '2', '3', '4', '5', '6', '7', '8', '9', '10', 'J', 'Q', 'K']
>>> sum_poker = [i + j for i in num_poker for j in color]    #可以得到一副牌
>>> sum_poker
```

程序运行结果为:

```
['A♦', 'A♣', 'A♠', 'A♥', '2♦', '2♣', '2♠', '2♥', '3♦', '3♣', '3♠', '3♥', '4♦', '4♣', '4♠',
'4♥', '5♦', '5♣', '5♠', '5♥', '6♦', '6♣', '6♠', '6♥', '7♦', '7♣', '7♠', '7♥', '8♦', '8♣',
'8♠', '8♥', '9♦', '9♣', '9♠', '9♥', '10♦', '10♣', '10♠', '10♥', 'J♦', 'J♣', 'J♠', 'J♥',
'Q♦', 'Q♣', 'Q♠', 'Q♥', 'K♦', 'K♣', 'K♠', 'K♥']
```

for 循环其实可以同时使用两个甚至多个变量,例如字典(dict)的 items() 可以同时迭代 key 和 value:

```
>>> d = {'x': 'A', 'y': 'B', 'z': 'C'}    #字典
>>> for k, v in d.items():
        print(k, '键 = ', v, endl = ';')
```

程序运行结果如下:

```
y 键 = B; x 键 = A; z 键 = C;
```

因此,列表生成式也可以使用两个变量来生成 list 列表:

```
>>> d = {'x': 'A', 'y': 'B', 'z': 'C'}
>>> [k + ' = ' + v for k, v in d.items()]
['y = B', 'x = A', 'z = C']
```

1.2.4　Python 函数与模块

当某些任务,例如求一个数的阶乘,需要在一个程序中不同位置重复执行时,这样造成代码的重复率高,应用程序代码烦琐。解决这个问题的方法就是使用函数。无论在哪门编程语言当中,函数(当然在类中称作方法,意义是相同的)都扮演着至关重要的角色。模块是 Python 的代码组织单元,它将函数、类和数据封装起来以便重用,模块往往对应 Python 程

序文件,Python标准库和第三方提供了大量的模块。

1. 函数定义

在 Python 中,函数定义的基本形式如下:

```
def 函数名(函数参数):
    函数体
    return 表达式或者值
```

在这里说明几点:

(1) 在 Python 中采用 def 关键字进行函数的定义,不用指定返回值的类型。

(2) 函数参数可以是零个、一个或者多个,同样地,函数参数也不用指定参数类型,因为在 Python 中变量都是弱类型的,Python 会自动根据值来维护其类型。

(3) Python 函数的定义中,缩进部分是函数体。

(4) 函数的返回值是通过函数中的 return 语句获得的。return 语句是可选的,它可以在函数体内任何地方出现,表示函数调用执行到此结束;如果没有 return 语句,会自动返回 None(空值),如果有 return 语句,但是 return 后面没有接表达式或者值的话也是返回 None(空值)。

下面定义三个函数:

```
def printHello():                  #打印'hello'字符串
    print ('hello')

def printNum():                    #输出 0~9 数字
    for i in range(0,10):
        print (i)
    return

def add(a,b):                      #实现两个数的和
    return a + b
```

2. 函数的使用

在定义了函数之后,就可以使用该函数了,但是在 Python 中要注意一个问题,就是在 Python 中不允许前向引用,即在函数定义之前,不允许调用该函数。看个例子就明白了:

```
print(add(1,2))
def add(a,b):
    return a + b
```

这段程序运行的错误提示是:

```
Traceback (most recent call last):
  File "C:/Users/xmj/4-1.py", line 1, in <module>
    print (add(1,2))
NameError: name 'add' is not defined
```

从报的错可以知道,名字为"add"的函数未进行定义。所以在任何时候调用某个函数,必须确保其定义在调用之前。

函数的使用中会遇到形参和实参的区别、参数的传递等问题。

形参的全称是形式参数,在用 def 关键字定义函数时,函数名后面括号里的变量称作形式参数。实参的全称为实际参数,在调用函数时提供的值或者变量称作实际参数。例如:

```
#这里的a和b是形参
def add(a,b):
    return a + b
#下面是调用函数
add(1,2)              #这里的1和2是实参
x = 2
y = 3
add(x,y)              #这里的x和y是实参,传递给形参a和b
```

本例使用函数 add(x,y)时,实参 x 和 y 会传递给形参 a 和 b。

【例1-5】 编写函数,计算形式如 a+aa+aaa+aaaa+…+aaa…aaa 的表达式的值,其中 a 为小于 10 的自然数。例如,2+22+222+2222+22222(此时 n=5),a、n 由用户从键盘输入。

分析:关键是计算出求和中每一项的值,容易看出每一项都是前一项扩大 10 倍后加 a。

程序代码如下:

```
def sum (a, n):
    result, t = 0, 0        #同时将result、t赋值为0,这种形式比较简洁
    for i in range(n):
        t = t * 10 + a
        result += t
    return result
#用户输入两个数字
a = int(input("输入a: "))
n = int(input("输入n: "))
print(sum(a, n))
```

程序运行结果如下:

```
输入a: 2↙
输入n: 5↙
24690
```

3. 变量的作用域

引入函数的概念之后,就出现了变量作用域的问题。变量起作用的范围称作变量的作用域。一个变量在函数外部定义和在函数内部定义,其作用域是不同的。如果用特殊的关键字定义变量,也会改变其作用域。下面讨论变量的作用域规则。

1) 局部变量

在函数内定义的变量只在该函数内起作用,称作局部变量。它们与函数外具有相同名

称的其他变量没有任何关系,即变量名称对于函数来说是局部的。局部变量的作用域是变量定义所在的块,从变量定义处开始。函数结束时,其局部变量被自动删除。下面通过一个例子说明局部变量的使用。

```
def fun():
    x = 3
    count = 2
    while count > 0:
        print (x)
        count = count - 1
fun()
print (x)              # 错误:NameError: name 'x' is not defined
```

本例在函数 fun()中定义了变量 x。在函数内部定义的变量(局部变量)作用域仅限于函数内部,在函数外部是不能调用的,所以本例中在函数外的语句 print(x)出现错误提示。

2) 全局变量

还有一种变量叫作全局变量,它是在函数外部定义的,作用域是整个程序。全局变量可以直接在函数里面使用,但是如果要在函数内部改变全局变量的值,必须使用 global 关键字进行声明。

```
x = 2              #全局变量
def fun1():
    print (x, end = " ")
def fun2():
    global x       #在函数内部改变全局变量的值,必须使用 global 关键字
    x = x + 1
    print (x, end = " ")
fun1()
fun2()
print (x, end = " ")
```

程序运行结果如下:

```
2 3 3
```

如果 fun2()函数中没有 global x 声明,则编译器会认为 x 是局部变量,而局部变量 x 又没有创建,从而出错。

在函数内部直接将一个变量声明为全局变量,而在函数外没有定义,在调用这个函数之后,将变量增加为新的全局变量。

如果一个局部变量和一个全局变量重名,则局部变量会"屏蔽"全局变量,也就是局部变量起作用。

4. 闭包(closure)

在 Python 中,闭包指函数的嵌套。可以在函数内部定义一个嵌套函数,将嵌套函数视为一个对象,所以可以将嵌套函数作为定义它的函数的返回结果。

【例 1-6】 使用闭包。实例如下:

```
def func_lib():
    def add(x, y):
        return x + y
    return add          ♯返回函数对象

fadd = func_lib()
print(fadd(1, 2))
```

在函数 func_lib()中定义了一个嵌套函数 add(x, y),并作为函数 func_lib()的返回值。程序运行结果如下:

```
3
```

5. 函数的递归调用

函数在执行的过程中直接或间接调用自己本身,称为递归调用。Python 语言允许递归调用。

【例 1-7】 求 1 到 5 的平方和。程序代码如下:

```
def f(x):
    if x == 1:                    ♯递归调用结束的条件
        return 1
    else:
        return(f(x-1) + x * x)    ♯调用 f() 函数本身
print(f(5))
```

6. 模块(module)

模块能够有逻辑地组织 Python 代码段。把相关的代码分配到一个模块里能让代码更好用,更易懂。简单地说,模块就是一个保存了 Python 代码的文件。模块里能定义函数、类和变量。

在 Python 中模块和 C 语言中的头文件以及 Java 中的包很类似,如在 Python 中要调用 sqrt()函数,必须用 import 关键字引入 math 这个模块。

1) 导入某个模块

在 Python 中用关键字 import 导入某个模块。方式如下:

```
import 模块名           ♯导入模块
```

如要引用模块 math,就可以在文件最开始的地方用 import math 来导入。
在调用模块中的函数时,必须这样调用:

```
模块名.函数名
```

例如:

```python
import math              #导入 math 模块
print("50 的平方根: ", math.sqrt(50))
```

为什么必须加上模块名进行调用呢？因为可能存在这样一种情况：在多个模块中含有相同名称的函数，此时如果只是通过函数名来调用，解释器无法知道到底要调用哪个函数。所以，如果像上述这样导入模块的时候，调用函数必须加上模块名。

若只需要用到模块中的某个函数，只需要引入该函数即可，导入语句如下：

```
from 模块名 import 函数名 1, 函数名 2...
```

通过这种方式引入的时候，调用函数时只能给出函数名，不能给出模块名。当两个模块中含有相同名称函数的时候，后面一次引入会覆盖前一次引入。也就是说假如模块 A 中有函数 fun()，在模块 B 中也有函数 fun()，如果引入 A 中的 fun() 在先，B 中的 fun() 在后，那么当调用 fun() 函数的时候，会去执行模块 B 中的 fun() 函数。

如果想一次性导入 math 中所有的东西，还可以通过：

```
from math import *
```

这提供了一个简单的方式来导入模块中的所有项目，然而不建议过多地使用这种方式。

2）定义自己的模块

在 Python 中，每个 Python 文件都可以作为一个模块，模块的名字就是文件的名字。如有一个文件 fibo.py，在 fibo.py 中定义了三个函数：add()、fib() 和 fib2()。

```
#fibo.py
#斐波那契(fibonacci)数列模块
def fib(n):            #定义到 n 的斐波那契数列
    a, b = 0, 1
    while b < n:
        print(b, end = ' ')
        a, b = b, a + b
    print()
def fib2(n):           #返回到 n 的斐波那契数列
    result = []
    a, b = 0, 1
    while b < n:
        result.append(b)
        a, b = b, a + b
    return result
def add(a,b):
    return a + b
```

那么在其他文件（如 test.py）中就可以进行如下使用：

```
#test.py
import fibo
```

加上模块名称来调用函数：

```
fibo.fib(1000)      #结果是 1 1 2 3 5 8 13 21 34 55 89 144 233 377 610 987
fibo.fib2(100)      #结果是[1, 1, 2, 3, 5, 8, 13, 21, 34, 55, 89]
fibo.add(2,3)       #结果是 5
```

当然也可以通过 from fibo import add，fib，fib2 来引入。

直接使用函数名来调用函数：

```
fib(500)            #结果是 1 1 2 3 5 8 13 21 34 55 89 144 233 377
```

如果想列举 fibo 模块中定义的属性列表，可通过以下代码：

```
import fibo
dir(fibo)           #得到自定义模块 fibo 中定义的变量和函数
```

输出结果为：

```
['_name_', 'fib', 'fib2', 'add']
```

1.3　Python 文件的使用

在程序运行时，数据保存在内存的变量里。内存中的数据在程序结束或关机后就会消失。如果想要在下次开机运行程序时还使用同样的数据，就需要把数据存储在不易失的存储介质中，如硬盘、光盘或 U 盘里。不易失存储介质上的数据保存在以存储路径命名的文件中。通过读/写文件，程序就可以在运行时保存数据。本节学习使用 Python 在磁盘上创建、读写以及关闭文件。

使用文件与人们日常生活中所使用的记事本很相似。在使用记事本时需要先打开本子，使用后要合上它。打开记事本后，既可以读取信息，也可以向本子里写入信息。不管哪种情况，都需要知道在哪里进行读/写。在记事本中既可以一页页从头到尾地读/写，也可以直接跳转到需要的地方进行读/写。

在 Python 中对文件的操作通常按照以下三个步骤进行。

（1）使用 open()函数打开（或建立）文件，返回一个 file 对象。

（2）使用 file 对象的读/写方法对文件进行读/写的操作。其中，将数据从外存传输到内存的过程称为读操作，将数据从内存传输到外存的过程称为写操作。

（3）使用 file 对象的 close()方法关闭文件。

1.3.1　打开（建立）文件

在 Python 中要访问文件，必须打开 Python Shell 与磁盘上文件之间的连接。当使用 open()函数打开或建立文件时，会建立文件和使用它的程序之间的连接，并返回代表连接的文件对象。通过文件对象，就可以在文件所在磁盘和程序之间传递文件内容，执行文件上所有后续操作。文件对象有时也称为文件描述符或文件流。

当建立了 Python 程序和文件之间的连接后，就创建了"流"数据，如图 1-11 所示。通常程序使用输入流读出数据，使用输出流写入数据，就好像数据流入到程序并从程序中流出。打开文件后，才能读/写(或读并且写)文件内容。

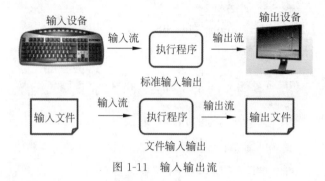

图 1-11　输入输出流

open()函数用来打开文件。open()函数需要一个字符串路径，表明希望打开文件，并返回一个文件对象。语法如下：

```
fileobj = open(filename[,mode[,buffering]])
```

其中，fileobj 是 open()函数返回的文件对象。参数 filename 文件名是必写参数，它既可以是绝对路径，也可以是相对路径。mode(模式)和 buffering(缓冲)可选。mode 是指明文件类型和操作的字符串，可以使用的值如表 1-1 所示。

表 1-1　open()函数中 mode 参数常用值

值	描述
'r'	读模式，如果文件不存在，则发生异常
'w'	写模式，如果文件不存在，则创建文件再打开；如果文件存在，则清空文件内容再打开
'a'	追加模式，如果文件不存在，则创建文件再打开；如果文件存在，打开文件后将新内容追加至原内容之后
'b'	二进制模式，可添加到其他模式中使用
'+'	读/写模式，可添加到其他模式中使用

说明：

(1) 当 mode 参数省略，可以获得能读取文件内容的文件对象，即'r'是 mode 参数的默认值。

(2) '+'参数指明读和写都是允许的，可以用到其他任何模式中，如'r+'可以打开一个文本文件并读写。

(3) 'b'参数改变处理文件的方法。通常，Python 处理的是文本文件。当处理二进制文件时(如声音文件或图像文件)，应该在模式参数中增加'b'，如可以用'rb'来读取一个二进制文件。

open()函数的第三个参数 buffering 控制缓冲。当参数取 0 或 False 时，输入输出 I/O 是无缓冲的，所有读写操作直接针对硬盘。当参数取 1 或 True 时，I/O 有缓冲，此时

Python 使用内存代替硬盘,使程序运行速度更快,只有使用 flush 或 close 时才会将数据写入硬盘。当参数大于 1 时,表示缓冲区的大小,以字节为单位,负数表示使用默认缓冲区大小。

下面举例说明 open()函数的使用。先用记事本创建一个文本文件,取名为 hello.txt。输入以下内容,保存在文件夹 d:\python 中。

```
Hello!
Henan    Zhengzhou
```

在交互式环境中输入以下代码:

```
>>> helloFile = open("d:\\python\\hello.txt")
```

这条命令将以读取文本文件的方式打开放在 D 盘的 Python 文件夹下的 hello 文件。读模式是 Python 打开文件的默认模式。当文件以读模式打开时,只能从文件中读取数据而不能向文件写入或修改数据。当调用 open()函数时将返回一个文件对象,在本例中文件对象保存在 helloFile 变量中。

```
>>> print (helloFile)
<_io.TextIOWrapper name = 'd:\\python\\hello.txt' mode = 'r' encoding = 'cp936'>
```

打印文件对象时可以看到文件名、读/写模式和编码格式。cp936 就是指 Windows 系统里第 936 号编码格式,即 GB 2312 的编码。接下来就可以调用 helloFile 文件对象的方法读取文件中的数据了。

1.3.2 读取文本文件

可以调用文件 file 对象的多种方法读取文件内容。

1. read()方法

不设置参数的 read()方法将整个文件的内容读取为一个字符串。read()方法一次读取文件的全部内容,性能根据文件大小而变化,如 1GB 的文件读取时需要使用同样大小的内存。

【例 1-8】 调用 read()方法读取 hello 文件中的内容。程序代码如下:

```
helloFile = open("d:\\python\\hello.txt")
fileContent = helloFile.read()
helloFile.close()
print(fileContent)
```

输出结果如下:

```
Hello!
Henan    Zhengzhou
```

也可以设置最大读入字符数来限制 read()函数一次返回的大小。

【例1-9】 设置参数一次读取三个字符读取文件。程序代码如下：

```python
helloFile = open("d:\\python\\hello.txt")
fileContent = ""
while True:
    fragment = helloFile.read(3)
    if fragment == "":            #或者 if not fragment
        break
    fileContent += fragment
helloFile.close()
print(fileContent)
```

当读到文件结尾之后，read()方法会返回空字符串，此时 fragment＝＝""成立退出循环。

2. readline()方法

readline()方法从文件中获取一个字符串，每个字符串就是文件中的每一行。

【例1-10】 调用 readline()方法读取 hello 文件的内容。程序代码如下：

```python
helloFile = open("d:\\python\\hello.txt")
fileContent = ""
while True:
    line = helloFile.readline()
    if line == "":            #或者 if not line
        break
    fileContent += line
helloFile.close()
print(fileContent)
```

当读取到文件结尾之后，readline()方法同样返回空字符串，使得 line＝＝""成立跳出循环。

3. readlines()方法

readlines()方法返回一个字符串列表，其中的每一项是文件中每一行的字符串。

【例1-11】 使用 readlines()方法读取文件内容。程序代码如下：

```python
helloFile = open("d:\\python\\hello.txt")
fileContent = helloFile.readlines()
helloFile.close()
print(fileContent)
for line in fileContent:        #输出列表
    print(line)
```

readlines()方法也可以设置参数，指定一次读取的字符数。

1.3.3 写文本文件

写文件与读文件相似，都需要先创建文件对象连接。不同的是，写文件在打开文件时是以写模式或追加模式打开。如果文件不存在,则创建该文件。

与读文件时不能添加或修改数据类似,写文件时也不允许读取数据。"w"写模式打开已有文件时,会覆盖文件原有内容,从头开始,就像用一个新值覆写一个变量的值。

```
>>> helloFile = open("d:\\python\\hello.txt","w") #"w"写模式打开已有文件时会覆盖文件原有内容
>>> fileContent = helloFile.read()
Traceback (most recent call last):
  File "<pyshell#1>", line 1, in <module>
    fileContent = helloFile.read()
IOError: File not open for reading
>>> helloFile.close()
>>> helloFile = open("d:\\python\\hello.txt")
>>> fileContent = helloFile.read()
>>> len(fileContent)
0
>>> helloFile.close()
```

由于"w"写模式打开已有文件,文件原有内容会被清空,所以再次读取内容时长度为0。

1. write()方法

write()方法将字符串参数写入文件。

【例1-12】 用write()方法写文件。程序代码如下:

```
helloFile = open("d:\\python\\hello.txt","w")
helloFile.write("First line.\nSecond line.\n")
helloFile.close()
helloFile = open("d:\\python\\hello.txt","a")
helloFile.write("third line.")
helloFile.close()
helloFile = open("d:\\python\\hello.txt")
fileContent = helloFile.read()
helloFile.close()
print(fileContent)
```

运行结果如下:

```
First line.
Second line.
third line.
```

当以写模式打开文件hello.txt时,文件原有内容被覆盖。调用write()方法将字符串参数写入文件,这里"\n"代表换行符。关闭文件之后再次以追加模式打开文件hello.txt,调用write()方法写入字符串"third line.",被添加到了文件末尾。最终以读模式打开文件后读取到的内容共有三行字符串。

注意:write()方法不能自动在字符串末尾添加换行符,需要自己添加"\n"。

【例1-13】 完成一个自定义函数copy_file(),实现文件的复制功能。copy_file()函数需要两个参数,指定需要复制的文件oldfile和文件的备份newfile。分别以读模式和写模式

打开两个文件，从 oldfile 一次读入 50 个字符并写入 newfile。当读到文件末尾时 fileContent==""成立，退出循环并关闭两个文件。程序代码如下：

```python
def copy_file(oldfile,newfile):
    oldFile = open(oldfile,"r")
    newFile = open(newfile,"w")
    while True:
        fileContent = oldFile.read(50)
        if fileContent == "":          #读到文件末尾时
            break
        newFile.write(fileContent)
    oldFile.close()
    newFile.close()
    return
copy_file("d:\\python\\hello.txt","d:\\python\\hello2.txt")
```

2. writelines()方法

writelines(sequence)方法向文件写入一个序列字符串列表，如果需要换行则要自己加入每行的换行符。实例如下：

```python
obj = open("log.txt","w")
list02 = ["11","test","hello","44","55"]
obj.writelines(list02)
obj.close()
```

运行结果是生成一个"log.txt"文件，内容是"11testhello4455"，可见没有换行。另外注意 writelines()方法写入的序列必须是字符串序列，整数序列会产生错误。

1.3.4 文件内移动

无论读/写文件，Python 都会跟踪文件中的读写位置。在默认情况下，文件的读/写都从文件的开始位置进行。Python 提供了控制文件读写起始位置的方法，使得用户可以改变文件读/写操作发生的位置。

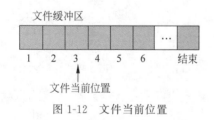

图 1-12 文件当前位置

当使用 open()函数打开文件时，open()函数在内存中创建缓冲区，并将磁盘上的文件内容复制到缓冲区。文件内容复制到文件对象缓冲区后，文件对象将缓冲区视为一个大的列表，其中的每一个元素都有自己的索引，文件对象按字节对缓冲区索引计数。同时，文件对象对文件当前位置，即当前读/写操作发生的位置，进行维护。如图 1-12 所示。许多方法隐式使用当前位置，如调用 readline()方法后，文件当前位置将移动到下一个回车符的位置。

Python 使用一些函数跟踪文件当前位置。tell()函数可以计算文件当前位置和开始位置之间的字节偏移量。实例如下：

```
>>> exampleFile = open("d:\\python\\example.txt","w")
>>> exampleFile.write("0123456789")
>>> exampleFile.close()
>>> exampleFile = open("d:\\python\\example.txt")
>>> exampleFile.read(2)
'01'
>>> exampleFile.read(2)
'23'
>>> exampleFile.tell()
4
>>> exampleFile.close()
```

这里,exampleFile.tell()函数返回的是一个整数 4,表示文件当前位置和开始位置之间有 4 个字节偏移量。因为已经从文件中读取 4 个字符了,所以是 4 个字节偏移量。

seek()函数设置新的文件当前位置,允许在文件中跳转,实现对文件的随机访问。seek()函数有两个参数,第一个参数是字节数,第二个参数是引用点。seek()函数将文件当前指针由引用点移动指定的字节数到指定的位置。语法如下:

```
seek(offset[,whence])
```

说明:offset 是一个字节数,表示偏移量。引用点 whence 有三个取值:

(1) 文件开始处为 0,也是默认取值,意味着使用该文件的开始处作为基准位置,此时字节偏移量必须非负。

(2) 当前文件位置为 1,则使用当前位置作为基准位置,此时偏移量可以取负值。

(3) 文件结尾处为 2,则该文件的末尾将被作为基准位置。

1.3.5 文件的关闭

应该牢记使用 close()方法关闭文件。关闭文件是取消程序和文件之间连接的过程,内存缓冲区的所有内容将写入磁盘,因此必须在使用文件后关闭文件确保信息不会丢失。要确保文件关闭,可以使用 try/finally 语句,在 finally 子句中调用 close()方法。实例如下:

```
helloFile = open("d:\\python\\hello.txt","w")
try:
    helloFile.write("Hello,Sunny Day!")
finally:
    helloFile.close()
```

也可以使用 with 语句自动关闭文件:

```
with open("d:\\python\\hello.txt") as helloFile:
    s = helloFile.read()
print(s)
```

with 语句可以打开文件并赋值给文件对象,之后就可以对文件进行操作。文件会在语句结束后自动关闭,即使是由于异常引起的结束也是如此。

1.3.6 文件应用案例——游戏地图存储

在游戏开发中往往需要存储不同关卡的游戏地图信息,例如推箱子、连连看等游戏。这里以推箱子游戏地图存储为例来说明游戏地图信息如何存储到文件中并读取出来。如图 1-13 的推箱子游戏,可以看成 7×7 的表格,这样如果按行/列存储到文件中,就可以把这一关游戏地图存入到文件中了。

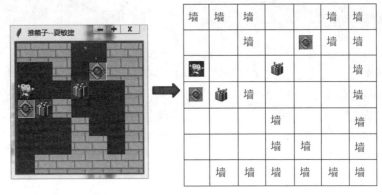

图 1-13 推箱子游戏

为了方便,每个格子状态值分别用常量表示:Wall(0)代表墙,Worker(1)代表人,Box(2)代表箱子,Passageway(3)代表路,Destination(4)代表目的地,WorkerInDest(5)代表人在目的地,RedBox(6)代表放到目的地的箱子。文件中存储的原始地图中格子的状态值采用相应的整数形式存放,例如图 1-13 所示推箱子游戏界面的对应数据如下:

0	0	0	3	3	0	0
3	3	0	3	4	0	0
1	3	3	2	3	3	0
4	2	0	3	3	3	0
3	3	3	0	3	3	0
3	3	0	0	3	0	0
3	0	0	0	0	0	0

1. 地图写入文件

只需要使用 write()方法按行/列(这里按行)存入文件 map1.txt 中即可。程序代码如下:

```
import os
myArray1 = []
# 地图写入文件
helloFile = open("map1.txt","w")
```

```
helloFile.write("0,0,0,3,3,0,0\n")
helloFile.write("3,3,0,3,4,0,0\n")
helloFile.write("1,3,3,2,3,3,0\n")
helloFile.write("4,2,0,3,3,3,0\n")
helloFile.write("3,3,3,0,3,3,0\n")
helloFile.write("3,3,3,0,0,3,0\n")
helloFile.write("3,0,0,0,0,0,0\n")
helloFile.close()
```

2. 从地图文件读取信息

只需要按行从文件 map1.txt 中读取即可得到地图信息，本例中将信息读取到二维列表中存储。程序代码如下：

```
#读文件
helloFile = open("map1.txt","r")
myArray1 = []
while True:
    line = helloFile.readline()
    if line == "":                    #或者 if not line
        break
    line = line.replace("\n","")     #将读取的1行中最后的换行符去掉
    myArray1.append(line.split(","))
helloFile.close()
print(myArray1)
```

结果如下：

```
[['0', '0', '0', '3', '3', '0', '0'], ['3', '3', '0', '3', '4', '0', '0'], ['1', '3', '3', '2', '3', '3', '0'], ['4', '2', '0', '3', '3', '3', '0'], ['3', '3', '3', '0', '3', '3', '0'], ['3', '3', '3', '0', '0', '3', '0'], ['3', '0', '0', '0', '0', '0', '0']]
```

在后面图形化推箱子游戏中，根据数字代号用对应图形显示到界面上，即可完成地图读取任务。

1.4 Python 的第三方库

Python 语言有标准库和第三方库两种，标准库随 Python 安装包一起发布，用户可以随时使用，第三方库需要安装后才能使用。由于 Python 语言经历了版本更迭，而且，第三方库由全球开发者分布式维护，缺少统一的集中管理，因此，Python 第三方库曾经一度制约了 Python 语言的普及和发展。随着官方 pip 工具的应用，Python 第三方库的安装变得十分容易。常用 Python 第三方库如表 1-2 所示。

表 1-2 常用 Python 第三方库

库 名 称	库 用 途
Django	开源 Web 开发框架，它鼓励快速开发，并遵循 MVC 设计，比较好用，开发周期短
webpy	一个小巧灵活的 Web 框架，虽然简单但是功能强大
Matplotlib	用 Python 实现的类 Matlab 的第三方库，用以绘制一些高质量的数学二维图形
SciPy	基于 Python 的 Matlab 实现，旨在实现 Matlab 的所有功能
NumPy	基于 Python 的科学计算第三方库，提供了矩阵、线性代数、傅里叶变换等解决方案
PyGtk	基于 Python 的 GUI 程序开发 GTK+库
PyQt	用于 Python 的 QT 开发库
WxPython	Python 下的 GUI 编程框架，与 MFC 的架构相似
BeautifulSoup	基于 Python 的 HTML/XML 解析器，简单易用
PIL	基于 Python 的图像处理库，功能强大，对图形文件的格式支持广泛
MySQLdb	用于连接 MySQL 数据库
Pygame	基于 Python 的多媒体开发和游戏软件开发模块
Py2exe	将 Python 脚本转换为 Windows 上可以独立运行的可执行程序
pefile	Windows PE 文件解析器

最常用且最高效的 Python 第三方库安装方式是采用 pip 工具安装。pip 是 Python 官方提供并维护的在线第三方库安装工具。如果同时安装 Python 2 和 Python 3 环境为系统，建议采用 pip3 命令专门为 Python 3 版安装第三方库。

例如，安装 Pygame 库，pip 工具默认从网络上下载 Pygame 库安装文件并自动装到系统中。注意 pip 是在命令行下(cmd)运行的工具。

```
D:\> pip install pygame
```

也可以卸载 Pygame 库，卸载过程可能需要用户确认。

```
D:\> pip uninstall pygame
```

可以通过 list 子命令列出当前系统中已经安装的第三方库，例如：

```
D:\> pip list
```

pip 是 Python 第三方库最主要的安装方式，可以安装超过 90%以上的第三方库。然而，由于一些历史和技术等原因，还有一些第三方库暂时无法用 pip 安装，此时需要其他的安装方法(例如下载库文件后手工安装)，可以参照第三方库提供的步骤和方式安装。

思考与练习

1. 输入一个整数 n，判断其能否同时被 5 和 7 整除，如能则输出"xx 能同时被 5 和 7 整除"，否则输出"xx 不能同时被 5 和 7 整除"。要求"xx"为输入的具体数据。

2. 输入一个百分制的成绩，经判断后输出该成绩的对应等级。其中，90 分以上为"A"，80～89 分为"B"，70～79 分为"C"，60～69 分为"D"，60 分以下为"E"。

3. 某百货公司为了促销，采用购物打折的办法。购物 1000～2000 元，按九五折优惠；2001～3000 元，按九折优惠；3001～5000 元，按八五折优惠；5000 元以上，按八折优惠。编写程序，输入购物金额，计算并输出优惠价。

4. 编写程序，计算下列公式中 s 的值（n 是运行程序时输入的一个正整数）。

$$s = 1 + (1+2) + (1+2+3) + \cdots + (1+2+3+\cdots+n)$$
$$s = 1^2 + 2^2 + 3^2 + \cdots + (10n+2)$$
$$s = 1 \times 2 - 2 \times 3 + 3 \times 4 - 4 \times 5 + \cdots + (-1)^{n-1} n(n+1)$$

5. "百马百瓦问题"：有 100 匹马驮 100 块瓦，大马驮 3 块，小马驮 2 块，两个马驹驮 1 块。问大马、小马、马驹各有多少匹？

6. 有一个数列，其前三项分别为 1、2、3，从第四项开始，每项均为其相邻的前三项之和的 1/2，问：该数列从第几项开始，其数值超过 1200？

7. 找出 1 与 100 之间的全部同构数。同构数是这样一种数，它出现在它的平方数的右端。例如，5 的平方是 25，5 是 25 中右端的数，5 就是同构数，25 也是一个同构数，它的平方是 625。

8. 编写一个函数，调用该函数能够打印一个由指定字符组成的 n 行金字塔。其中，指定打印的字符和行数 n 分别由两个形参表示。

9. 编写一个判断完数的函数。完数是指一个数恰好等于它的因子之和，如 6＝1＋2＋3，6 就是完数。

10. 编写程序，打开任意的文本文件，在指定的位置产生一个相同文件的副本，即实现文件的拷贝功能。

11. 用 Windows 记事本创建一个文本文件，其中每行包含一段英文。试读出文件的全部内容，并判断：(1)该文本文件共有多少行？(2)文件中以大写字母 P 开头的有多少行？(3)一行中包含字符最多的和包含字符最少的分别在第几行？

12. 有列表 lst＝[54,36,75,28,50]，请完成以下操作。

（1）在列表尾部插入元素 52；

（2）在元素 28 前面插入 66；

（3）删除并输出 28；

（4）将列表按降序排序；

（5）清空整个列表。

13. 有以下 3 个集合，集合成员分别是会 Python、C、Java 语言的人的姓名。请使用集合运算输出只会 Python 语言、不会 C 语言的人以及 3 种语言都会使用的人。

```
Pythonset = {'王海', '李黎明', '王铭年', '李晗'}
Cset = {'朱佳', '李黎明', '王铭年', '杨鹏'}
Javaset = {'王海', '杨鹏', '王铭年', '罗明', '李晗'}
```

14. 编写一个判断字符串是否是回文的函数。回文就是一个字符串从左到右读和从右到左读是完全一样的。例如，"level""aaabbaaa""ABA""1234321"都是回文。

15. 编写函数，获取斐波那契数列第 n 项的值。

16. 编写函数，计算传入的字符串中数字和字母的个数并返回。

17. 统计 test.txt 文件中大写字母、小写字母和数字出现的次数。

18. 编写程序,统计各种调查问卷评语出现的次数,将最终统计结果存入字典。各份调查问卷评语如下:

满意,一般,一般,不满意,满意,满意,满意,满意,一般,很满意,一般,满意,不满意,一般,不满意,满意,满意,满意,满意,满意,满意,很满意,不满意,满意,不满意,不满意,一般,很满意

要求:问卷调查结果用文本文件 result.txt 保存,并编写程序读取该文件,统计各评语出现的次数,将最终统计结果也存入 result.txt 文件中。

第 2 章

序列应用——猜单词游戏

序列是 Python 中最基本的数据结构。Python 内置序列类型最常见的是列表、元组、字典和集合。本章通过猜单词游戏学习掌握元组使用方法和技巧,以及 random 模块中的随机数函数。

2.1 猜单词游戏功能介绍

猜单词游戏就是由计算机随机产生一个单词并打乱其字母顺序,供玩家去猜测。此游戏采用控制字符界面,运行界面如图 2-1 所示。

```
欢迎参加猜单词游戏
把字母组合成一个正确的单词.

乱序后单词: luebjm

请你猜: jumble
真棒,你猜对了!
是否继续 (Y/N); y
乱序后单词: oionispt

请你猜: position
真棒,你猜对了!
是否继续 (Y/N); y
乱序后单词: tsinoiop

请你猜:
```

图 2-1 猜单词游戏程序运行界面

下面介绍如何使用序列中的元组开发猜单词游戏程序的思路以及关键技术——random 模块。

2.2 程序设计的思路

游戏中使用序列中元组存储所有待猜测的单词。猜单词游戏需要随机产生某个待猜测单词以及随机数字,所以引入 random 模块随机数函数,其中 random.choice()可以从序列中随机选取元素。例如:

```
# 创建单词序列元组
WORDS = ("python", "jumble", "easy", "difficult", "answer", "continue",
         "phone", "position", "position", "game")
# 从序列中随机挑出一个单词
word = random.choice(WORDS)
```

word 就是从单词序列中随机挑出一个单词。游戏中随机挑出一个单词 word 后,需要把单词 word 的字母顺序打乱,方法是随机从单词字符串中选择一个位置 position,把 position 位置的字母加入乱序后单词 jumble,同时将原单词 word 中 position 位置字母删去(通过连接 position 位置前字符串和其后字符串实现)。通过多次循环就可以产生新的乱序后单词 jumble。程序代码如下:

```
while word:  # word 不是空串循环
    # 根据 word 长度,产生 word 的随机位置
    position = random.randrange(len(word))
    # 将 position 位置字母组合到乱序后单词
    jumble += word[position]
    # 通过切片,将 position 位置字母从原单词中删除
    word = word[:position] + word[(position + 1):]
print("乱序后单词:", jumble)
```

2.3 random 模块

random 模块可以产生一个随机数或者从序列中获取一个随机元素。它的常用方法和使用例子如下。

1. random.random

random.random()用于生成一个 0 到 1 的随机小数 n,$0 \leqslant n < 1.0$。代码如下:

```
import random
random.random()
```

执行以上代码输出结果如下:

```
0.85415370477785668
```

2. random.uniform

random.uniform(a,b)用于生成一个指定范围内的随机小数,两个参数其中一个是上限,一个是下限。如果 $a<b$,则生成的随机数 n 满足 $a \leqslant n \leqslant b$。如果 $a>b$,则 n 满足 $b \leqslant n \leqslant a$。代码如下:

```
import random
print(random.uniform(10, 20))
print(random.uniform(20, 10))
```

执行以上代码输出结果如下：

```
14.247256006293084
15.53810495673216
```

3. random.randint

random.randint(a,b)用于随机生成一个指定范围内的整数。其中参数 a 是下限，参数 b 是上限，生成的随机数 n 满足 $a{\leqslant}n{\leqslant}b$。代码如下：

```
import random
print (random.randint(12, 20))       #生成的随机数 n: 12 <= n <= 20
print (random.randint(20, 20))       #结果永远是 20
#print (random.randint(20, 10))      #该语句是错误的，下限必须小于上限
```

4. random.randrange

random.randrange([start]，stop[，step])是从在指定范围内按指定基数递增的集合中获取一个随机数。如 random.randrange(10，100，2)相当于从[10，12，14，16，…，96，98]序列中获取一个随机数。random.randrange(10，100，2)在结果上与 random.choice(range(10，100，2))等效。

5. random.choice

random.choice 从序列中获取一个随机元素，其函数原型为 random.choice(sequence)。参数 sequence 表示一个有序类型。这里要说明一下：sequence 在 Python 不是一种特定的类型，而是泛指序列数据结构。list 列表、tuple 元组、字符串都属于 sequence。下面是使用 choice 的一些例子。

```
import random
print (random.choice("学习 Python"))                              #字符串中随机取一个字符
print (random.choice(["JGood", "is", "a", "handsome", "boy"]))   #list 列表中随机取
print (random.choice(("Tuple", "List", "Dict")))                 #tuple 元组中随机取
```

执行以上代码输出结果如下：

```
学
is
Dict
```

当然每次运行结果都不一样。

6. random.shuffle

random.shuffle(x[，random])用于将一个列表中的元素打乱。例如：

```
p = ["Python", "is", "powerful", "simple", "and so on..."]
random.shuffle(p)
print (p)
```

执行以上代码输出结果如下：

```
['powerful', 'simple', 'is', 'Python', 'and so on...']
```

本书发牌游戏案例中使用此方法打乱牌的顺序实现洗牌功能。

7. random.sample

random.sample(sequence，k)是从指定序列中随机获取指定长度的片段。sample()函数不会修改原有序列。实例如下：

```
list = [1, 2, 3, 4, 5, 6, 7, 8, 9, 10]
slice = random.sample(list, 5)      # 从list中随机获取5个元素,作为一个片段返回
print (slice)
print (list)                        # 原有序列并没有改变
```

执行以上代码输出结果如下：

```
[5, 2, 4, 9, 7]
[1, 2, 3, 4, 5, 6, 7, 8, 9, 10]
```

以下是常用情况举例。

1）随机字符

```
>>> import random
>>> random.choice('abcdefg&#%^*f')
```

结果为：

```
'd'
```

2）多个字符中选取特定数量的字符

```
>>> import random
>>> random.sample('abcdefghij', 3)
```

结果为：

```
['a', 'd', 'b']
```

3）多个字符中选取特定数量的字符组成新字符串

```
>>> import random
>>> " ".join( random.sample(['a','b','c','d','e','f','g','h','i','j'], 3) ).replace(" ","")
```

结果为：

```
'ajh'
```

4）随机选取字符串

```
>>> import random
>>> random.choice ( ['apple', 'pear', 'peach', 'orange', 'lemon'] )
```

结果为：

```
'lemon'
```

5）洗牌

```
>>> import random
>>> items = [1, 2, 3, 4, 5, 6]
>>> random.shuffle(items)
>>> items
```

结果为：

```
[3, 2, 5, 6, 4, 1]
```

6）随机选取 0 到 100 之间的偶数

```
>>> import random
>>> random.randrange(0, 101, 2)
```

结果为：

```
42
```

7）随机选取 1 到 100 之间的小数

```
>>> random.uniform(1, 100)
```

结果为：

```
5.4221167969800881
```

2.4 程序设计的步骤

1. 导入相关模块

```
# Word Jumble 猜单词游戏
import random
```

2. 创建所有待猜测的单词序列元组 WORDS

```
WORDS = ("python", "jumble", "easy", "difficult", "answer", "continue",
         "phone", "position", "pose", "game")
```

3. 显示出游戏欢迎界面

```
print(
"""
    欢迎参加猜单词游戏
    把字母组合成一个正确的单词.
"""
)
```

4. 实现游戏的逻辑

从序列中随机挑出一个单词,然后使用 2.2 节介绍的方法打乱这个单词的字母顺序,通过多次循环产生新的乱序后的单词 jumble。例如选取"easy",单词乱序后,产生的"yaes"显示给玩家。

```
iscontinue = "y"
while iscontinue == "y" or iscontinue == "Y":        #循环
    #从序列中随机挑出一个单词
    word = random.choice(WORDS)
    #一个用于判断玩家是否猜对的变量
    correct = word
    #创建乱序后单词
    jumble = ""
    while word:   #word 不是空串循环
        #根据 word 长度,产生 word 的随机位置
        position = random.randrange(len(word))
        #将 position 位置字母组合到乱序后单词
        jumble += word[position]
        #通过切片,将 position 位置字母从原单词中删除
        word = word[:position] + word[(position + 1):]
    print("乱序后单词:", jumble)
```

玩家输入猜测单词,程序判断出对错,猜错用户可以继续猜。

```
guess = input("\n请你猜: ")
while guess != correct and guess != "":
    print("对不起不正确.")
    guess = input("继续猜: ")

if guess == correct:
    print("真棒,你猜对了!")
iscontinue = input("\n是否继续(Y/N):")        #是否继续游戏
```

整个游戏程序运行结果如下：

```
        欢迎参加猜单词游戏
     把字母组合成一个正确的单词.
乱序后单词: yaes
请你猜: easy
真棒,你猜对了!
是否继续(Y/N):y
乱序后单词: diufctlfi
请你猜: difficutl
对不起不正确.
继续猜: difficult
真棒,你猜对了!
是否继续(Y/N):n
>>>
```

2.5 拓展练习——人机对战井字棋游戏

2.5.1 人机对战井字棋游戏功能介绍

人机对战井字棋游戏在九宫方格内进行,如果一方首先沿某方向(横、竖、斜)连成 3 子,则获取胜利。游戏中输入方格位置代号,形式如下:

0	1	2
3	4	5
6	7	8

游戏运行过程如图 2-2 所示。

2.5.2 人机对战井字棋游戏设计思想

游戏中,board 棋盘存储玩家、计算机落子信息,未落子处为 EMPTY。人机对战需要实现计算机智能性,下面是为这个计算机设计的简单策略。

(1)如果有一步棋可以让计算机在本轮获胜,就选那一步走。

(2)否则,如果有一步棋可以让玩家在本轮获胜,就选那一步走。

(3)否则,计算机应该选择最佳的空位置来走。最佳位置就是中间位置,第二好的位置是四个角,剩下的就都算第三好的位置。

图 2-2 井字棋游戏运行界面

程序中定义一个元组 BEST_MOVES,存储最佳方格位置。

```
#按优劣顺序排序的下棋位置
BEST_MOVES = (4, 0, 2, 6, 8, 1, 3, 5, 7)    #最佳下棋位置顺序表
```

按上述规则设计程序,就可以实现计算机智能性。

井字棋输赢判断比较简单,不像五子棋连成五子情况很多,这里只有 8 种方式(即 3 颗同样的棋子排成一条直线)。每种获胜方式都被写成一个元组,就可以得到嵌套元组 WAYS_TO_WIN。

```
#所有赢的可能情况,例如(0, 1, 2)就是第一行,(0, 4, 8), (2, 4, 6)就是对角线
WAYS_TO_WIN = ((0, 1, 2), (3, 4, 5), (6, 7, 8), (0, 3, 6),
               (1, 4, 7), (2, 5, 8), (0, 4, 8), (2, 4, 6))
```

通过遍历,就可以判断是否赢了。

2.5.3 人机对战井字棋游戏设计步骤

下面就是井字棋游戏代码。

1. 定义常量

在 Python 中通常用全部大写的变量名表示常量。

```
#Tic-Tac-Toe 井字棋游戏
#全局常量
X = "X"
O = "O"
EMPTY = " "
```

2. 确定谁先走

游戏询问玩家谁先走,先走方为 X,后走方为 O。

```
def ask_yes_no(question):                #询问玩家你是否先走
    response = None
    while response not in ("y", "n"):  #如果输入不是"y"或"n",继续重新输入
        response = input(question).lower()
    return response
def pieces():                            #函数返回计算机方、玩家的角色代号
    go_first = ask_yes_no("玩家你是否先走 (y/n): ")
    if go_first == "y":
        print("\n玩家你先走.")
        human = X
        computer = O
    else:
        print("\n计算机先走.")
        computer = X
        human = O
    return computer, human
```

3. 产生新的保存走棋信息列表和显示棋盘

new_board()函数产生的初始元素都是空（EMPTY）走棋信息列表。display_board(board)函数采用字符形式显示棋盘界面。

```python
def new_board():                    #产生保存走棋信息列表board
    board = []
    for square in range(9):
        board.append(EMPTY)
    return board
def display_board(board):    #显示棋盘
    board2 = board[:]        #创建副本,修改不影响原来列表board
    for i in range(len(board)):
        if board[i] == EMPTY:
            board2[i] = i
    print("\t", board2[0], "|", board2[1], "|", board2[2])
    print("\t", "---------")
    print("\t", board2[3], "|", board2[4], "|", board2[5])
    print("\t", "---------")
    print("\t", board2[6], "|", board2[7], "|", board2[8], "\n")
```

4. 产生可以合法走棋位置序列

产生可以合法走棋的位置序列,也就是获取还未落过棋子的位置。

```python
def legal_moves(board):
    moves = []
    for square in range(9):
        if board[square] == EMPTY:
            moves.append(square)
    return moves
```

5. 玩家走棋

当玩家走棋时,玩家输入 0～8 的位置数字,如果此位置已经落过棋子,则有相关提示,并能重新输入位置数字。

```python
def human_move(board, human):            #玩家走棋
    legal = legal_moves(board)
    move = None
    while move not in legal:
        move = ask_number("你走哪个位置? (0 - 8):", 0, 9)
        if move not in legal:
            print("\n 此位置已经落过子了")
    #print("Fine...")
    return move
def ask_number(question, low, high):    #输入位置数字
    response = None
    while response not in range(low, high):
```

```
        response = int(input(question))
    return response
```

6. 计算机 AI 人工智能走棋

计算机走棋采用 2.5.2 节的设计思想实现人工智能走棋。

```
def computer_move(board, computer, human):     #计算机走棋
    board = board[:]                            #创建副本,修改不影响原来列表 board
    #按优劣顺序排序的下棋位置
    BEST_MOVES = (4, 0, 2, 6, 8, 1, 3, 5, 7)    #最佳下棋位置顺序表
    #如果计算机能赢,就走那个位置
    for move in legal_moves(board):
        board[move] = computer
        if winner(board) == computer:
            print("计算机下棋位置...",move)
            return move
        #取消走棋方案
        board[move] = EMPTY
    #如果玩家能赢,就堵住那个位置
    for move in legal_moves(board):
        board[move] = human
        if winner(board) == human:
            print("计算机下棋位置...",move)
            return move
        #取消走棋方案
        board[move] = EMPTY
    #如果不是上面情况,也就是这一轮时都赢不了,则从最佳下棋位置表中挑出第一个合法位置
    for move in BEST_MOVES:
        if move in legal_moves(board):
            print("计算机下棋位置...",move)
            return move
```

7. 判断输赢

如果满足某种赢的情况,则返回赢方代号 X 或 O。如果棋盘没有空位置则返回"TIE"代表和局。不是前面情况则返回 False,表示游戏可以继续。

```
def winner(board):
    #所有赢的可能情况,例如(0, 1, 2)就是第一行,(0, 4, 8), (2, 4, 6)就是对角线
    WAYS_TO_WIN = ((0, 1, 2), (3, 4, 5), (6, 7, 8), (0, 3, 6),
                   (1, 4, 7), (2, 5, 8), (0, 4, 8), (2, 4, 6) )
    for row in WAYS_TO_WIN:
        if board[row[0]] == board[row[1]] == board[row[2]] != EMPTY:
            winner = board[row[0]]
            return winner                       #返回赢方
    #棋盘没有空位置
    if EMPTY not in board:
        return "TIE"                            #平局和棋,游戏结束
    return False
```

8. 主函数

主函数是一个循环,实现玩家和计算机的轮流下棋。当判断 winner(board) 为 False 时继续游戏,否则结束循环。游戏结束后输出输赢或和棋信息。

```
def main():
    computer, human = pieces()
    turn = X
    board = new_board()
    display_board(board)
    while not winner(board):          #当返回 False 继续,否则结束循环
        if turn == human:
            move = human_move(board, human)
            board[move] = human
        else:
            move = computer_move(board, computer, human)
            board[move] = computer
        display_board(board)
        turn = next_turn(turn)         #转换角色
    #游戏结束后输出输赢或和棋信息
    the_winner = winner(board)
    if the_winner == computer:
        print("计算机赢!\n")
    elif the_winner == human:
        print("玩家赢!\n")
    elif the_winner == "TIE":          #平局,和棋
        print("平局和棋,游戏结束\n")
#转换角色
def next_turn(turn):
    if turn == X:
        return O
    else:
        return X
```

9. 主程序

主程序就是调用 main() 函数。

```
#start the program
main()
input("按任意键退出游戏.")
```

思考与练习

设计背单词软件,功能要求如下。

(1) 录入单词,输入英文单词及相应的中文,例如:

China   中国

Japan　日本

(2) 查找单词的中文或英文意思(输入中文查对应的英文意思,输入英文查对应的中文意思)。

(3) 随机测试,每次测试 5 题,系统随机显示英文单词,用户回答中文意思,要求能够统计回答的准确率。

提示:可以使用 Python 序列中的字典(dict)实现。

第 3 章

面向对象设计应用——发牌游戏

面向对象程序设计(Object Oriented Programming,OOP)的思想主要针对大型软件设计而提出,使得软件设计更加灵活,能够很好地支持代码复用和设计复用,并且使得代码具有更好的可读性和可扩展性。面向对象程序设计的一个关键性观念是将数据以及对数据的操作封装在一起,组成一个相互依存、不可分割的整体,即对象。对于相同类型的对象进行分类、抽象后,得出共同的特征而形成了类,面向对象程序设计的关键就是如何合理地定义和组织这些类以及类之间的关系。本章介绍面向对象程序设计中类和对象的定义,类的继承、派生与多态,然后通过扑克牌类设计发牌程序来帮助读者掌握面向对象程序设计的理念。

3.1 发牌游戏功能介绍

在扑克牌游戏中,计算机随机将 52 张牌(不含大小王)发给 4 名牌手,在屏幕上显示每位牌手的牌。本章采用扑克牌类设计扑克牌发牌程序,程序的运行效果如图 3-1 所示。

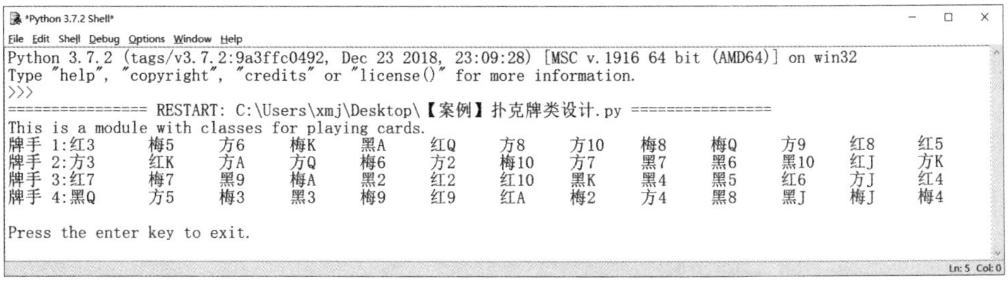

图 3-1 扑克牌发牌程序运行效果

3.2　Python 面向对象设计

现实生活中的每一个相对独立的事物都可以看作一个对象,如一个人、一辆车、一台计算机等。对象是具有某些特性和功能的具体事物的抽象。每个对象都具有描述其特征的属性及附属于它的行为。例如,一辆车有颜色、车轮数、座椅数等属性,也有启动、行驶、停止等行为;一个人有姓名、性别、年龄、身高、体重等特征描述,也有走路、说话、学习、开车等行为;一台计算机由主机、显示器、键盘、鼠标等部件组成,也有开机、运行、关机等行为。

当生产一台计算机的时候,并不是按顺序先生产主机,再生产显示器,再生产键盘、鼠标,而是同时生产和设计主机、显示器、键盘、鼠标等,最后把它们组装起来。将这些部件通过事先设计好的接口进行连接,以便协调工作。这就是面向对象程序设计的基本思路。

每个对象都有一个类型,类是创建对象实例的模板,是对对象的抽象和概括,它包含对所创建对象的属性描述和行为特征的定义。例如,马路上的汽车都是一个一个的汽车对象,但它们全部归属于汽车类,其中,车身颜色是该类的属性,开动是它的方法,保养或报废是它的事件。

Python 完全采用了面向对象程序设计的思想,是真正面向对象的高级动态编程语言,完全支持面向对象的基本功能,如封装、继承、多态,以及对基类方法的覆盖或重写。但与其他面向对象程序设计语言不同的是,Python 中对象的概念很广泛,Python 中的一切内容都可以称为对象。例如,字符串、列表、字典、元组等内置数据类型都具有和类完全相似的语法和用法。

3.2.1　定义和使用类

1. 类定义

创建类时用变量形式表示的对象属性称为数据成员或成员属性(成员变量),用函数形式表示的对象行为称为成员函数(成员方法),成员属性和成员方法统称为类的成员。

类定义的最简单形式如下:

```
class 类名:
    属性(成员变量)
    属性
    ……
    成员函数(成员方法)
```

例如,定义一个 Person(人员)类。

```
class Person:
    num = 1                  # 成员变量(属性)
    def SayHello(self):      # 成员函数
        print("Hello!")
```

在 Person 类中定义一个成员函数 SayHello(self),用于输出字符串"Hello!"。同样,

Python 使用缩进标识类的定义代码。

2. 对象定义

对象是类的实例。如果人类是一个类的话，那么某个具体的人就是一个对象。只有定义了具体的对象，并通过"对象名.成员"的方式才能访问其中的数据成员或成员方法。

Python 创建对象的语法如下：

```
对象名 = 类名()
```

例如，下面的代码定义了一个 Person 类的对象 p：

```
p = Person()
p.SayHello()            # 访问成员函数 SayHello()
```

运行结果如下：

```
Hello!
```

3.2.2 构造函数

类可以定义一个特殊的叫作 __init__() 的方法（构造函数，以两个下画线"__"开头和结束）。一个类定义了 __init__() 方法以后，类实例化时就会自动为新生成的类实例调用 __init__() 方法。构造函数一般用于完成对象数据成员设置初值或进行其他必要的初始化工作。如果用户未涉及构造函数，Python 将提供一个默认的构造函数。

例如，定义一个复数类 Complex，构造函数会完成对象变量初始化工作。

```
class Complex:
    def __init__(self, realpart, imagpart):
        self.r = realpart
        self.i = imagpart
x = Complex(3.0, -4.5)
print(x.r, x.i)
```

运行结果如下：

```
3.0  -4.5
```

3.2.3 析构函数

Python 中类的析构函数是 __del__()，用来释放对象占用的资源，在 Python 回收对象空间之前自动执行。如果用户未涉及析构函数，Python 将提供一个默认的析构函数进行必要的清理工作。

例如：

```
class Complex:
    def _init_(self, realpart, imagpart):
        self.r = realpart
        self.i = imagpart
    def _del_(self):
        print("Complex 不存在了")
x = Complex(3.0, -4.5)
print(x.r, x.i)
print(x)
del x                        #删除 x 对象变量
```

运行结果如下:

```
3.0 -4.5
<_main_.Complex object at 0x01F87C90>
Complex 不存在了
```

说明:在删除 x 对象变量之前,x 是存在的,在内存中的标识为 0x01F87C90,执行"del x"语句后,x 对象变量不存在了,系统自动调用析构函数,所以出现"Complex 不存在了"。

3.2.4 实例属性和类属性

属性(成员变量)有两种,一种是实例属性,另一种是类属性(类变量)。实例属性是在构造函数__init__中定义的,定义时以 self 作为前缀;类属性是在类中方法之外定义的属性。在主程序中(在类的外部),实例属性属于实例(对象)只能通过对象名访问;类属性属于类可通过类名访问,也可以通过对象名访问,为类的所有实例共享。

【例 3-1】 定义含有实例属性(姓名 name,年龄 age)和类属性(人数 num)的 Person 人员类。

```
class Person:
    num = 1                          #类属性
    def __init__(self, str,n):       #构造函数
        self.name = str              #实例属性
        self.age = n
    def SayHello(self):              #成员函数
        print("Hello!")
    def PrintName(self):             #成员函数
        print("姓名:", self.name, "年龄:", self.age)
    def PrintNum(self):              #成员函数
        print(Person.num)            #由于是类属性,所以不写 self.num
#主程序
P1 = Person("夏敏捷",42)
P2 = Person("王琳",36)
P1.PrintName()
P2.PrintName()
Person.num = 2                       #修改类属性
P1.PrintNum()
P2.PrintNum()
```

运行结果如下：

```
姓名：夏敏捷 年龄：42
姓名：王琳 年龄：36
2
2
```

num 变量是一个类变量，它的值将在这个类的所有实例之间共享。用户可以在类内部或类外部使用 Person.num 访问。

在类的成员函数（方法）中可以调用类的其他成员函数（方法），可以访问类属性、对象实例属性。

在 Python 中比较特殊的是，可以动态地为类和对象增加成员，这一点与其他面向对象程序设计语言不同，也是 Python 动态类型特点的一种重要体现。

3.2.5 私有成员和公有成员

Python 并没有对私有成员提供严格的访问保护机制。在定义类的属性时，如果属性名以两个下画线"__"开头则表示是私有属性，否则是公有属性。私有属性在类的外部不能直接访问，需要通过调用对象的公有成员方法来访问，或者通过 Python 支持的特殊方式来访问。Python 提供了访问私有属性的特殊方式，可用于程序的测试和调试，对于成员方法也具有同样的性质。这种方式如下：

```
对象名._类名+私有成员
```

例如，访问 Car 类私有成员 __weight。

```
car1._Car__weight
```

私有属性是为了数据封装和保密而设的属性，一般只能在类的成员方法（类的内部）中使用访问，虽然 Python 支持用一种特殊的方式从外部直接访问类的私有成员，但是并不推荐您这样做。公有属性是可以公开使用的，既可以在类的内部进行访问，也可以在外部程序中使用。

【例 3-2】 为 Car 类定义私有成员。

```
class Car:
    price = 100000              #定义类属性
    def __init__(self, c, w):
        self.color = c          #定义公有属性 color
        self.__weight = w       #定义私有属性 __weight
#主程序
car1 = Car("Red",10.5)
car2 = Car("Blue",11.8)
print(car1.color)
print(car1._Car__weight)
print(car1.__weight)            #AttributeError
```

运行结果如下：

```
Red
10.5
AttributeError: 'Car' object has no attribute '__weight'
```

3.2.6 方法

在类中定义的方法可以粗略分为 3 种：公有方法、私有方法、静态方法。其中，公有方法、私有方法都属于对象，私有方法的名字以两个下画线"__"开始。每个对象都有自己的公有方法和私有方法，在这两类方法中可以访问属于类和对象的成员；公有方法通过对象名直接调用，私有方法不能通过对象名直接调用，只能在属于对象的方法中通过 self 调用或在外部通过 Python 支持的特殊方式来调用。如果通过类名来调用属于对象的公有方法，需要为显式的 self 参数传递一个对象名，用来明确指定访问哪个对象的数据成员。静态方法可以通过类名和对象名调用，但不能直接访问属于对象的成员，只能访问属于类的成员。

【例 3-3】 公有方法、私有方法、静态方法的定义和调用实例。

```
class Person:
    num = 0                              #类属性
    def __init__(self, str,n,w):         #构造函数
        self.name = str                  #对象实例属性(成员)
        self.age = n
        self.__weight = w                #定义私有属性__weight
        Person.num += 1
    def __outputWeight(self):            #定义私有方法 outputWeight
        print("体重:",self.__weight)      #访问私有属性__weight
    def PrintName(self):                 #定义公有方法(成员函数)
        print("姓名:", self.name, "年龄:", self.age, end=" ")
        self.__outputWeight()            #调用私有方法 outputWeight
    def PrintNum(self):                  #定义公有方法(成员函数)
        print(Person.num)                #由于是类属性,所以不写 self.num
    @staticmethod
    def getNum():                        #定义静态方法 getNum
        return Person.num
#主程序
P1 = Person("夏敏捷",42,120)
P2 = Person("张海",39,80)
P1.PrintName()
P2.PrintName()
Person.PrintName(P2)
print("人数:",Person.getNum())
print("人数:",P1.getNum())
```

运行结果如下：

```
姓名:夏敏捷 年龄:42 体重:120
姓名:张海 年龄:39 体重:80
姓名:张海 年龄:39 体重:80
人数:2
人数:2
```

继承是为代码复用和设计复用而设计的,是面向对象程序设计的重要特性之一。在设计一个新类时,如果可以继承一个已有的设计良好的类然后进行二次开发,无疑会大幅减少开发工作量。

3.2.7 类的继承

在继承关系中,已有的、设计好的类称为父类或基类,新设计的类称为子类或派生类。派生类可以继承父类的公有成员,但是不能继承其私有成员。

类继承的语法如下:

```
class 派生类名(基类名):        #基类名写在括号里
    派生类成员
```

在 Python 中类继承的特点如下:

(1) 在继承中基类的构造函数(__init__()方法)不会被自动调用,它需要在其派生类的构造中专门调用。

(2) 需要在派生类中调用基类的方法时,通过"基类名.方法名()"的方式来实现,需要加上基类的类名前缀,且需要带 self 参数变量(在类中调用普通函数时并不需要带 self 参数)。也可以使用内置函数 super()实现这一目的。

(3) Python 总是首先查找对应类型的方法,如果它不能在派生类中找到对应的方法,它才开始到基类中逐个查找(先在本类中查找调用的方法,找不到再去基类中找)。

【例 3-4】 设计 Person 类,并根据 Person 派生 Student 类,分别创建 Person 类与 Student 类的对象。

```
#定义基类:Person 类
import types
class Person(object):  #基类必须继承于 object,否则在派生类中将无法使用 super()函数
    def __init__(self, name = '', age = 20, sex = 'man'):
        self.setName(name)
        self.setAge(age)
        self.setSex(sex)
    def setName(self, name):
        if type(name) != str:          #内置函数 type()返回被测对象的数据类型
            print ('姓名必须是字符串.')
            return
        self.__name = name
    def setAge(self, age):
        if type(age) != int:
```

```python
                print ('年龄必须是整数.')
                return
            self._age = age
        def setSex(self, sex):
            if sex != '男' and sex != '女':
                print ('性别输入错误')
                return
            self.__sex = sex
        def show(self):
            print ('姓名:', self.__name, '年龄:', self.__age,'性别:', self.__sex)
#定义子类(Student类),其中增加一个入学年份私有属性(数据成员)
class Student (Person):
    def __init__(self, name = '', age = 20, sex = 'man', schoolyear = 2016):
        #调用基类构造方法初始化基类的私有数据成员
        super(Student, self).__init__(name, age, sex)
        #Person.__init__(self, name, age, sex)        #也可以这样初始化基类私有数据成员
        self.setSchoolyear(schoolyear)                 #初始化派生类的数据成员
    def setSchoolyear(self, schoolyear):
        self.__schoolyear = schoolyear
    def show(self):
        Person.show(self)                              #调用基类 show()方法
        #super(Student, self).show()                   #也可以这样调用基类 show()方法
        print ('入学年份:', self.__schoolyear)
#主程序
if __name__ == '__main__':
    zhangsan = Person('张三', 19, '男')
    zhangsan.show()
    lisi = Student ('李四', 18, '男', 2015)
    lisi.show()
    lisi.setAge(20)                                    #调用继承的方法修改年龄
    lisi.show()
```

运行结果如下:

```
姓名:张三 年龄:19 性别:男
姓名:李四 年龄:18 性别:男
入学年份:2015
姓名:李四 年龄:20 性别:男
入学年份:2015
```

方法重写必须出现在继承中。它是指当派生类继承了基类的方法之后,如果基类方法的功能不能满足需求,需要对基类中的某些方法进行修改,即可以在派生类重写基类的方法。

【例 3-5】 重写父类(基类)的方法。

```
class Animal:                                    #定义父类
    def run(self):
        print("Animal is running...")            #调用父类方法
```

```
class Cat(Animal):                              #定义子类
    def run(self):
        print("Cat is running...")              #调用子类方法
class Dog(Animal):                              #定义子类
    def run(self):
        print("Dog is running...")              #调用子类方法

c = Dog()                                       #子类实例
c.run()                                         #子类调用重写方法
```

程序运行结果如下:

```
Dog is running...        #调用子类方法
```

当子类 Dog 和父类 Animal 都存在相同的 run()方法时,子类的 run()覆盖了父类的 run(),在代码运行时,总是会调用子类的 run()。这样,就获得了继承的另一个优点:多态。

3.2.8 多态

要理解什么是多态,首先要对数据类型再做一点说明。定义一个类时,实际上就定义了一种数据类型。定义的数据类型和 Python 自带的数据类型(如 string、list、dict)没什么区别。例如:

```
a = list()           #a 是 list 类型
b = Animal()         #b 是 Animal 类型
c = Dog()            #c 是 Dog 类型
```

判断一个变量是否是某个类型,可以用 isinstance()判断:

```
>>> isinstance(a, list)
True
>>> isinstance(b, Animal)
True
>>> isinstance(c, Dog)
True
```

即 a、b、c 分别对应着 list、Animal、Dog 这 3 种类型。

```
>>> isinstance(c, Animal)
True
```

因为 Dog 是从 Animal 继承下来的,当创建了一个 Dog 的实例 c 时,判定 c 的数据类型是 Dog 没错,但 c 同时也是 Animal 也没错,因为 Dog 本来就是 Animal 的一种。

所以,在继承关系中,如果一个实例的数据类型是某个子类,那它的数据类型也可以被看作父类。反之则错误,如下:

```
>>> b= Animal()
>>> isinstance(b, Dog)
False
```

其中，Dog 可以看成 Animal，但 Animal 不可以看成 Dog。

要理解多态的优点，还需要再编写一个函数接受一个 Animal 类型的变量：

```
def run_twice(animal):
    animal.run()
    animal.run()
```

当传入 Animal 的实例时，run_twice() 就输出：

```
>>> run_twice(Animal())
Animal is running...
Animal is running...
```

当传入 Dog 的实例时，run_twice() 就输出：

```
>>> run_twice(Dog())
Dog is running...
Dog is running...
```

当传入 Cat 的实例时，run_twice() 就输出：

```
>>> run_twice(Cat())
Cat is running...
Cat is running...
```

现在，如果再定义一个 Tortoise 类型，也从 Animal 派生：

```
class Tortoise(Animal):
    def run(self):
        print ('Tortoise is running slowly...')
```

当调用 run_twice() 时，传入 Tortoise 的实例：

```
>>> run_twice(Tortoise())
Tortoise is running slowly...
Tortoise is running slowly...
```

此时，会发现新增一个 Animal 的子类，不必对 run_twice() 做任何修改。实际上，任何依赖 Animal 作为参数的函数或者方法都可以不加修改地正常运行，原因就在于多态。

多态的好处在于，当需要传入 Dog、Cat、Tortoise……时，只需要接收 Animal 类型即可。因为 Dog、Cat、Tortoise……都是 Animal 类型，然后，按照 Animal 类型进行操作即可。由于 Animal 类型有 run() 方法，因此，传入的任意类型，只要是 Animal 类或者子类，就会自动调用实际类型的 run() 方法,这就是多态的意义。

对于一个变量,只需要知道它是 Animal 类型,无须确切地知道它的子类型,就可以放心地调用 run() 方法,而具体调用的 run() 方法是作用在 Animal、Dog、Cat 还是 Tortoise 对象上,由运行时该对象的确切类型决定。这就是多态真正的作用:调用方只管调用,不管细节。而当新增一种 Animal 的子类时,只要确保 run() 方法编写正确,不用管原来的代码是如何调用的,这就是著名的"开闭"原则,说明如下:

(1) 对扩展开放:允许新增 Animal 子类。
(2) 对修改封闭:不需要修改依赖 Animal 类型的 run_twice() 等函数。

3.3 扑克牌发牌程序设计的步骤

3.3.1 设计类

对发牌程序设计了 3 个类:Card 类、Hand 类和 Poke 类。

1. Card 类

Card 类代表一张牌,其中 FaceNum 字段指的是牌面数字 1~13,Suit 字段指的是花色,值"梅"为梅花,"方"为方块,"红"为红桃,"黑"为黑桃。

其中:

(1) Card 构造函数根据参数初始化封装的成员变量,实现牌面大小和花色的初始化,以及是否显示牌面,默认 True 为显示牌正面。

(2) __str__() 方法用来输出牌面大小和花色。

(3) pic_order() 方法获取牌的顺序号,牌面按梅花 1~13、方块 14~26、红桃 27~39、黑桃 40~52 的顺序编号(未洗牌之前)。也就是说梅花 2 的编号为 2,方块 A 的编号为 14,方块 K 的编号为 26。这个方法是为图形化显示牌面预留的方法。

(4) flip() 是翻牌方法,改变牌正面是否显示的属性值。

```
# Cards Module
class Card():
    """ A playing card. """
    RANKS = ["A","2","3","4","5","6","7","8","9","10","J","Q","K"]
                                    # 牌面数字 1~13
    SUITS = ["梅","方","红","黑"]   # "梅"为梅花,"方"为方块,"红"为红桃,"黑"为黑桃

    def __init__(self, rank, suit, face_up = True):
        self.rank = rank                # 指的是牌面数字 1~13
        self.suit = suit                # suit 指的是花色
        self.is_face_up = face_up       # 是否显示牌正面,True 为牌正面,False 为牌背面

    def __str__(self):                  # 重写 print()方法,打印一张牌的信息
        if self.is_face_up:
            rep = self.suit + self.rank
```

```python
        else:
            rep = "XX"
        return rep

    def pic_order(self):      # 牌的顺序号
        if self.rank == "A":
            FaceNum = 1
        elif self.rank == "J":
            FaceNum = 11
        elif self.rank == "Q":
            FaceNum = 12
        elif self.rank == "K":
            FaceNum = 13
        else:
            FaceNum = int(self.rank)
        if self.suit == "梅":
            Suit = 1
        elif self.suit == "方":
            Suit = 2
        elif self.suit == "红":
            Suit = 3
        else:
            Suit = 4
        return (Suit - 1) * 13 + FaceNum

    def flip(self):           # 翻牌方法
        self.is_face_up = not self.is_face_up
```

2. Hand 类

Hand 类代表一手牌（一位玩家手里拿的牌），可以认为是一位牌手手里的牌，其中 cards 列表变量存储牌手手里的牌，可以增加牌、清空手里的牌或把一张牌给别的牌手。

```python
class Hand():
    """ A hand of playing cards. """
    def __init__(self):
        self.cards = []                  # cards 列表变量存储牌手的牌
    def __str__(self):                   # 重写 print()方法，打印出牌手的所有牌
        if self.cards:
            rep = ""
            for card in self.cards:
                rep += str(card) + "\t"
        else:
            rep = "无牌"
        return rep
    def clear(self):                     # 清空手里的牌
        self.cards = []
    def add(self, card):                 # 增加牌
        self.cards.append(card)
```

```
    def give(self, card, other_hand):         #把一张牌给别的牌手
        self.cards.remove(card)
        other_hand.add(card)
```

3. Poke 类

Poke 类代表一副牌,可以看作有 52 张牌的牌手,所以继承 Hand 类。由于其中 cards 列表变量要存储 52 张牌,而且要有发牌、洗牌操作,所以增加如下的方法:

(1) populate(self)生成存储了 52 张牌的一手牌,这些牌按梅花 1～13、方块 14～26、红桃 27～39、黑桃 40～52 的顺序(未洗牌之前)存储在 cards 列表变量。

(2) shuffle(self)洗牌,使用 Python 的 random 模块 shuffle()方法打乱牌的存储顺序即可。

(3) deal(self, hands, per_hand = 13)是完成发牌动作,发给 4 位玩家,每人默认 13 张牌。若给 per_hand 传 10 的话,则每人发 10 张牌,只不过牌没发完。

```
#Poke 类
class Poke(Hand):
    """ A deck of playing cards. """
    def populate(self):                          #生成一副牌
        for suit in Card.SUITS:
            for rank in Card.RANKS:
                self.add(Card(rank, suit))
    def shuffle(self):                           #洗牌
        import random
        random.shuffle(self.cards)               #打乱牌的顺序

    def deal(self, hands, per_hand = 13):        #发牌,发给玩家,每人默认13张牌
        for rounds in range(per_hand):
            for hand in hands:
                if self.cards:
                    top_card = self.cards[0]
                    self.cards.remove(top_card)
                    hand.add(top_card)
                    #self.give(top_card, hand)   #上两句可以用此语句替换
                else:
                    print("不能继续发牌了,牌已经发完!")
```

注意:Python 子类的构造函数默认是从父类继承过来的,所以如果没在子类中重写构造函数,则是从父类调用的。

3.3.2 主程序

主程序比较简单,因为有 4 位玩家,所以生成 players 列表存储初始化的 4 位牌手。生成一副牌对象实例 poke1,调用 populate()方法生成有 52 张牌的一副牌,调用 shuffle()方法洗牌打乱顺序,调用 deal(players,13)方法发给每位牌手 13 张牌,最后显示 4 位牌手所有的牌。

```
#主程序
if __name__ == "__main__":
    print("This is a module with classes for playing cards.")
    #四位玩家
    players = [Hand(),Hand(),Hand(),Hand()]
    poke1 = Poke()
    poke1.populate()              #生成一副牌
    poke1.shuffle()               #洗牌
    poke1.deal(players,13)        #发给每位牌手13张牌
    #显示4位牌手的牌
    n = 1
    for hand in players:
        print("牌手",n,end = ":")
        print(hand)
        n = n + 1
    input("\nPress the enter key to exit.")
```

3.4 拓展练习——斗牛扑克牌游戏

3.4.1 斗牛游戏功能介绍

斗牛游戏分为庄家和闲家（即玩家）两位牌手。游戏的规则是：庄家和玩家每人发5张牌，庄家和玩家比拼牌面点数大小决定输赢。

1. 计算点数

斗牛游戏计算点数的规则如下：

(1) J、Q、K牌都算10点，A算1点，其余的牌按牌面值计算点数。游戏中不出现大小王牌。

(2) 牌局开始时，每人发5张牌，庄家和玩家需要将手中任意3张牌能组成10的倍数（如A27、334、55J、91K、10JQ、JJK等），称为"牛"，剩余的两张牌加起来算点数（超过10则去掉十位数只留个位数），点数是几点就是牌面点数，也称为牛几（如剩余的两张牌加起来为5点，则为"牛5"），如果剩下两张牌正好是10点则为"牛牛"。如果5张牌中任意3张牌之和都不是10的倍数，则牌面点数为0（即无牛）。

2. 比较大小

大小比较规则如下：

(1) 牛牛＞牛9＞牛8＞牛7＞牛6＞牛5＞牛4＞牛3＞牛2＞牛1＞无牛

(2) 计算输赢倍率的规则和点数有关，点数为10（即牛牛）时，倍率为3；点数为7～9时，倍率为2；点数为0～6时，倍率为1。

(3) 庄家和玩家的点数相同时，需要继续比较各自牌面中最大的牌，花色大小一般规则是按黑桃、红桃、梅花和方块的顺序，所以黑桃K最大，方块A最小。

3. 游戏过程

每局游戏玩家首先下赌注（欢乐豆数），然后给庄家和玩家各发 5 张牌，游戏显示双方牌手的牌，计算出牌面点数，并比较出谁的牌面点数大。

如果玩家赢则玩家得到（赌注×点数大小对应的倍率）个欢乐豆，玩家输则减去（赌注×点数大小对应的倍率）个欢乐豆。欢乐豆数量小于 0，则游戏结束；或者玩家输入的赌注小于或等于 0 时，则游戏也结束（这时主动退出游戏）。

游戏运行过程如下：

```
游戏开始
请输入玩家的初始欢乐豆:10
第 1 局游戏开始!
请玩家输入赌注:2
庄家的牌为：['K♠', 'A♦', '9♣', 'Q♣', '6♦']
庄家的点数: 6
玩家的牌为：['J♣', '5♦', '7♣', '2♥', 'K♣']
玩家的点数: 0
这把您输了
您的赌资还剩下: 8
游戏继续

第 2 局游戏开始!
请玩家输入赌注:4
庄家的牌为：['8♥', '2♣', '3♠', 'K♥', '10♣']
庄家的点数: 3
玩家的牌为：['6♣', '5♣', '7♦', '2♠', '9♠']
玩家的点数: 9
这把您赢了
您的赌资还剩下: 16
游戏继续

第 3 局游戏开始!
请玩家输入赌注:
```

3.4.2 程序设计的思路

斗牛游戏分为庄家和玩家，所以设计 player 类来创建庄家和玩家这两个对象。player 类封装牌面点数的计算、倍率的计算和获取牌面中最大牌等方法。

在 main() 函数中实现整个游戏逻辑，对庄家和玩家的点数进行比较，判断游戏结束的条件是否满足，以及玩家输入赌注和主动退出游戏的功能。

Python 使用 itertools 库提供的 permutations() 和 combinations() 函数，可以实现元素的排列和组合。例如：

```
from itertools import combinations
test_data = ['a', 'b', 'c', 'd']
print ("两个元素的组合")
for i in combinations(test_data, 2):
    print (i,end = ",")
```

```
print ("\n3 个元素的组合")
for i in combinations(test_data, 3):
    print (i,end = ",")
```

运行结果如下:

```
两个元素的组合
('a', 'b'),('a', 'c'),('a', 'd'),('b', 'c'),('b', 'd'),('c', 'd'),
3 个元素的组合
('a', 'b', 'c'),('a', 'b', 'd'),('a', 'c', 'd'),('b', 'c', 'd'),
```

从结果可知,实现了任意两个和 3 个元素的组合,本程序即采用该方法实现任意 3 张牌的组合并计算牌面点数。

```
for i in permutations(test_data, 2):
    print (i,end = ",")
```

运行结果如下:

```
('a', 'b'),('a', 'c'),('a', 'd'),('b', 'a'),('b', 'c'),('b', 'd'),('c', 'a'),('c', 'b'),('c', 'd'),
('d', 'a'),('d', 'b'),('d', 'c'),
```

从结果可知,实现了任意两个元素的全排列。

注意,在 Python 3 里面 permutations()和 combinations()函数返回值已经不是 list 列表,而是 iterator 迭代器(是一个对象),所以在需要 list 列表时,需要用 list()函数将 iterator 迭代器转换成 list 列表。例如:

```
list1 = list(permutations(test_data, 2))        #得到列表
```

3.4.3 程序设计的步骤

1. 设计 player 类

在 player 类中,构造函数定义了 self.poker 和 self.bet_on 属性,它们分别存储每位牌手的 5 张牌及其下的赌注。sum_value(self)方法计算出 5 张牌中每张牌的点数。poker_point(self) 计算是牛几,即点数是几。当双方的点数相同时,需要比较庄家和玩家手中最大牌面的牌,此时调用 sorted_index(self) 方法获取牌手手中最大牌面的牌。level_rate(self) 计算点数大小对应的倍率。

```
import itertools
import random
class player(object):                           # player 类
    def __init__(self, poker,bet_on):           #构造函数
        super(player, self).__init__()
        self.poker = poker                      #自己的 5 张牌
```

```python
        self.bet_on = bet_on                              #赌注
    def sum_value(self):                                  #计算出5张牌中每张牌的点数
        L = []
        for i in self.poker:                              #i是'J♣''10♥'这样的字符串
            #if i[0] == 'J' or i[0] == 'Q' or i[0] == 'K' or i[:2] == '10':
            if i[:-1] in ['10','J','Q','K']:              #判断牌面是否是10、J、Q、K
                num = 10
            elif i[0] == 'A':
                num = 1
            else:
                num = int(i[0])
            L.append(num)
        return L
    #计算牛几,即点数是几
    def poker_point(self):
        lst = self.sum_value()
        #排列组合:3张牌的点数之和为10的倍数
        maxn = 0
        for j in itertools.combinations(lst, 3):          #任意3张牌组合
            if sum(j) % 10 == 0:                          #3张可以组合成牛牌
                k = sum(lst) % 10                         #根据总点数计算余下两张牌的点数和
                if k == 0:                                #即牛牛
                    return 10
                if k > maxn:                              #即牛k
                    maxn = k
        return maxn
    #获取最大牌的索引,索引值大则牌面就大
    def sorted_index(self):                               #找5张牌中牌面最大的牌
        L = []
        for i in self.poker:
            index = poker_list().index(i)                 #获取某张牌在一副牌没洗牌前的索引
            L.append(index)
        return max(L)                                     #获取5张牌中最大的索引值
    def level_rate(self):                                 #点数的大小对应的倍率
        point = self.poker_point()
        if point == 10:
            self.bet_on *= 3
        elif 7 <= point < 10:
            self.bet_on *= 2
        elif point < 7:
            self.bet_on *= 1
        return self.bet_on
```

2．生成所有的牌

生成一副牌中的52张花色牌。

```python
def poker_list():                                         #生成所有的牌
    color = ['♦', '♣', '♠', '♥']                         #['\u2666', '\u2663', '\u2660','\u2665']
```

```
    num_poker = ['A', '2', '3', '4', '5', '6', '7', '8', '9', '10', 'J', 'Q', 'K']
    #Joker = ['big_Joker','small_Joker']
    sum_poker = [i + j for i in num_poker for j in color]
    return sum_poker
```

3. 设计主程序

实现游戏的逻辑,玩家下赌注后每次都重新生成一副原始牌的 52 张牌,洗牌后,按顺序发给庄家 5 张牌(前 5 张牌)和玩家 5 张牌(一副牌的第 6~10 张牌)。按游戏点数规则判断输赢,计算出玩家剩余欢乐豆。如果欢乐豆数量小于 0 则游戏结束;或者玩家输入的赌注小于或等于 0 时,游戏结束(玩家主动退出游戏)。

```
def main():
    print("游戏开始")
    value = int(input('请输入玩家的初始欢乐豆:'))
    i = 1                                    #统计玩家游戏局数
    while True:
        print('第%s局游戏开始!'% i)
        bet_on = input('请玩家输入赌注:')
        bet_on = int(bet_on)
        #输入的赌注小于或等于 0 时,游戏结束(玩家主动退出游戏)
        if bet_on <= 0:
            print('游戏结束')
            print('您剩下的欢乐豆为:',value)
            return
        else:
            L = poker_list()                       #重新生成一副原始牌的 52 张牌
            random.shuffle(L)                      #把牌随机洗好
            #按顺序发牌(因为牌已经打乱顺序,所以顺序发牌)
            hostpoker = L[:5]                      #一副牌的前 5 张牌
            host_value = player(hostpoker,bet_on)  #创建庄家对象,把 5 张牌和赌注作为参数
            host_sumPoint = host_value.poker_point()  #庄家牌面的点数
            print("庄家的牌为:", hostpoker)
            print("庄家的点数:", host_sumPoint)

            poker = L[5:10]                        #一副牌的第 6~10 张牌
            player_value = player(poker,bet_on)    #创建玩家对象,把 5 张牌和赌注作为参数
            player_sumPoint = player_value.poker_point()   #玩家牌面的点数
            print("玩家的牌为:", poker)
            print("玩家的点数:", player_sumPoint)

            #比较双方的点数,然后按照情况更改赌注和欢乐豆
            #点数相同时,比较牌面中最大的牌
            if player_sumPoint == host_sumPoint:
                if player_value.sorted_index() > host_value.sorted_index():
                    print("这把您赢了")
                    value += player_value.level_rate()
                else:
```

```
                print("这把您输了")
                value -= host_value.level_rate()
            elif player_sumPoint > host_sumPoint:
                print("这把您赢了")
                value += player_value.level_rate()
            else:
                print("这把您输了")
                value -= host_value.level_rate()
            #判断游戏结束的条件
            if value > 0:   #欢乐豆数量
                print('您的赌资还剩下：', value)
                print('游戏继续\r\n')
            else:
                print('您已经输光了欢乐豆,游戏结束!!!')
                return
        i += 1  #游戏局数加 1
#主程序
if __name__ == '__main__':
    main()
```

至此，完成了斗牛扑克牌游戏设计。

思考与练习

使用面向对象设计思想重新设计背单词软件，功能要求如下。

（1）录入单词。输入英文单词及相应的中文意思，例如：

China　中国
Japan　日本

（2）查找单词的中文或英文意思（即输入中文可查对应的英文意思，输入英文可查对应的中文意思）。

（3）随机测试，每次测试 5 题，系统随机显示英文单词，用户输入中文意思，要求能够统计回答的准确率。

提示：可以设计 word 类，实现单词信息的存储。

第 4 章

Python图形界面设计——猜数字游戏

本章之前所有的输入和输出都是简单的文本,但现代计算机和程序都会使用大量的图形,因而,本章以 Tkinter 模块为例学习建立一些简单的 GUI(图形用户界面),使编写的程序像大家平常熟悉的那些程序一样,有窗体、按钮之类的图形界面。本章的猜数字游戏界面使用 Tkinter 开发,学习本章的主要目的是掌握图形界面开发的能力。

4.1 使用 Tkinter 开发猜数字游戏功能介绍

在猜数字游戏中,计算机随机生成值 1024 以内的数字,然后玩家去猜,如果猜的数值过大或过小都会提示,程序要统计玩家猜的次数。使用 Tkinter 开发猜数字游戏,运行效果如图 4-1 所示。

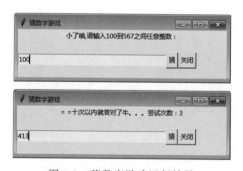

图 4-1　猜数字游戏运行效果

4.2 Python 图形界面设计

Python 提供了多个图形开发界面的库,几个常用 Python GUI 库如下:

(1) Tkinter:Tkinter 模块(Tk 接口)是 Python 的标准 Tk GUI 工具包的接口。

Tkinter 可以在大多数的 UNIX 平台下使用,同样可以应用在 Windows 和 Macintosh 系统里。Tk8.0 的后续版本可以实现本地窗口风格,并能良好地运行在绝大多数平台中。

(2) wxPython:wxPython 是一款开源软件,也是 Python 语言的一套优秀的 GUI 图形库,允许 Python 程序员很方便地创建完整的、功能健全的 GUI 用户界面。

(3) Jython:Jython 程序可以和 Java 无缝集成。除了一些标准模块,Jython 使用 Java 的模块。Jython 几乎拥有标准的 Python 中不依赖于 C 语言的全部模块。比如,Jython 的用户界面使用 Swing、AWT 或者 SWT。Jython 可以被动态或静态地编译成 Java 字节码。

Tkinter 是 Python 的标准 GUI 库。由于 Tkinter 内置到了 Python 的安装包中,只要安装好 Python 之后就能导入 Tkinter 库,而且 IDLE 也是用 Tkinter 编写而成,对于简单的图形界面 Tkinter 还是能应付自如。使用 Tkinter 可以快速地创建 GUI 应用程序。本书主要采用 Tkinter 设计图形界面。

4.2.1 创建 Windows 窗口

使用 Tkinter 可以很方便地创建 Windows 窗口,具体方法如例 4-1 所示。

【例 4-1】 Tkinter 创建一个 Windows 窗口的 GUI 程序。

```
import tkinter                              # 导入 Tkinter 模块
win = tkinter.Tk()                          # 创建 Windows 窗口对象
win.title('我的第一个 GUI 程序')             # 设置窗口标题
top.mainloop()                              # 进入消息循环,也就是显示窗口
```

在创建 Windows 窗口对象后,可以使用 geometry()方法设置窗口的大小,格式如下:

```
窗口对象.geometry(size)
```

size 用于指定窗口大小,格式如下:

```
宽度 x 高度    (注: x 是小写字母 x,不是乘号)
```

【例 4-2】 显示一个 Windows 窗口,初始大小为 800x600。

```
from tkinter import *
win = Tk();
win.geometry("800x600")
win.mainloop();
```

还可以使用 minsize()方法设置最小窗口的大小,使用 maxsize()方法设置最大窗口的大小,方法如下:

```
窗口对象.minsize(最小宽度,最小高度)
窗口对象.maxsize(最大宽度,最大高度)
```

例如:

```
win.minsize("400,600")
win.maxsize("1440,800")
```

设置窗口时，Tkinter 包含许多组件供用户使用，如表 4-1 所示。

4.2.2 几何布局管理器

Tkinter 几何布局管理器(geometry manager)用于组织和管理父组件(往往是窗口)中子组件的布局方式。Tkinter 提供了 3 种不同风格的几何布局管理类：pack、grid 和 place。

1. pack 几何布局管理器

pack 几何布局管理器采用块的方式组织组件。pack 布局根据子组件创建生成的顺序，将其放在快速生成界面设计中而广泛采用。

```
调用子组件的方法 pack()，则该子组件在其父组件中采用 pack 布局：
    pack( option = value,... )
```

pack 方法提供如表 4-1 所示的若干参数选项。

表 4-1 pack 方法提供参数选项

选 项	描 述	取 值 范 围
side	决定停靠在父组件的哪一边	'top'(默认值),'bottom','left','right'
anchor	停靠位置，对应于东南西北以及 4 个角	'n','s','e','w','nw','sw','se','ne','center'(默认值)
fill	填充空间	'x','y','both','none'
expand	扩展空间	0 或 1
ipadx,ipady	组件内部在 x/y 方向上填充的空间大小	单位为 c（厘米）、m（毫米）、i（英寸）、p（打印机的点）
padx,pady	组件外部在 x/y 方向上填充的空间大小	单位为 c（厘米）、m（毫米）、i（英寸）、p（打印机的点）

【例 4-3】 pack 几何布局管理器的 GUI 程序，运行效果如图 4-2 所示。

```
import tkinter
root = tkinter.Tk()
label = tkinter.Label(root,text = 'hello,python')
label.pack()                                          # 将 Label 组件添加到窗口中显示
button1 = tkinter.Button(root,text = 'BUTTON1')       # 创建名称是 BUTTON1 的 Button 组件
button1.pack(side = tkinter.LEFT)                     # 将 button1 组件添加到窗口中居左显示
button2 = tkinter.Button(root,text = 'BUTTON2')       # 创建名称是 BUTTON2 的 Button 组件
button2.pack(side = tkinter.RIGHT)                    # 将 button2 组件添加到窗口中居右显示
root.mainloop()
```

2. grid 几何布局管理器

grid 几何布局管理器采用表格结构组织组件。子组件的位置由行/列确定的单元格决

定,子组件可以跨越多行/列。每一列中,列宽由这一列中最宽的单元格确定。采用 grid 布局,适合于表格形式的布局,可以实现复杂的界面,因而广泛采用。

调用子组件的 grid()方法,则该子组件在其父组件中采用 grid 几何布局:

```
grid ( option = value,... )
```

图 4-2 pack 几何布局管理器

grid 方法提供如表 4-2 所示的若干参数选项。

表 4-2 grid 方法提供参数选项

选项	描述	取值范围
sticky	组件紧贴所在单元格的某一边角,对应于东南西北以及 4 个角	'n'、's'、'e'、'w'、'nw'、'sw'、'se'、'ne'、'center'(默认值)
row	单元格行号	整数
column	单元格列号	整数
rowspan	行跨度	整数
columnspan	列跨度	整数
ipadx,ipady	组件内部在 x/y 方向上填充的空间大小	单位为 c(厘米)、m(毫米)、i(英寸)、p(打印机的点)
padx,pady	组件外部在 x/y 方向上填充的空间大小	单位为 c(厘米)、m(毫米)、i(英寸)、p(打印机的点)

grid 有两个最为重要的参数,一个是 row,另一个是 column,用来指定将子组件放置到什么位置。如果不指定 row,会将子组件放置到第 1 个可用的行上,如果不指定 column,则使用第 0 列(首列)。

【例 4-4】 grid 几何布局管理器的 GUI 程序,运行效果如图 4-3 所示。

```
from tkinter import *
root = Tk()
#200x200 代表了初始化时主窗口的大小,280、280 代表了初始化时窗口所在的位置
root.geometry('200x200 + 280 + 280')
root.title('计算器示例')
#Grid 网格布局
L1 = Button(root, text = '1', width = 5, bg = 'yellow')
L2 = Button(root, text = '2', width = 5)
L3 = Button(root, text = '3', width = 5)
L4 = Button(root, text = '4', width = 5)
L5 = Button(root, text = '5', width = 5, bg = 'green')
L6 = Button(root, text = '6', width = 5)
L7 = Button(root, text = '7', width = 5)
L8 = Button(root, text = '8', width = 5)
L9 = Button(root, text = '9', width = 5, bg = 'yellow')
L0 = Button(root, text = '0')
Lp = Button(root, text = '.')
```

```
L1.grid(row = 0, column = 0)                              #按钮放置在 0 行 0 列
L2.grid(row = 0, column = 1)                              #按钮放置在 0 行 1 列
L3.grid(row = 0, column = 2)                              #按钮放置在 0 行 2 列
L4.grid(row = 1, column = 0)                              #按钮放置在 1 行 0 列
L5.grid(row = 1, column = 1)                              #按钮放置在 1 行 1 列
L6.grid(row = 1, column = 2)                              #按钮放置在 1 行 2 列
L7.grid(row = 2, column = 0)                              #按钮放置在 2 行 0 列
L8.grid(row = 2, column = 1)                              #按钮放置在 2 行 1 列
L9.grid(row = 2, column = 2)                              #按钮放置在 2 行 2 列
L0.grid(row = 3, column = 0,columnspan = 2,sticky = E + W)  #跨 2 列,左右贴紧
Lp.grid(row = 3, column = 2,sticky = E + W )              #左右贴紧
root.mainloop()
```

图 4-3 grid 几何布局管理器

3. place 几何布局管理器

place 几何布局管理器允许指定组件的大小与位置。place 的优点是可以精确控制组件的位置,不足之处是改变窗口大小时子组件不能随之灵活改变大小。

调用子组件的方法 place(),则该子组件在其父组件中采用 place 布局:

place (option = value,...)

place()方法提供如表 4-3 所示的若干参数选项,可以直接给参数选项赋值加以修改。

表 4-3 place()方法提供参数选项

选 项	描 述	取 值 范 围
x,y	将组件放到指定位置的绝对坐标	从 0 开始的整数
relx, rely	将组件放到指定位置的相对坐标	0~1.0
height,width	高度和宽度,单位为像素	
anchor	对齐方式,对应于东南西北以及 4 个角	'n','s','e','w','nw','sw','se','ne','center' ('center'为默认值)

注意 Python 的坐标系是左上角为原点(0,0)位置,向右是 x 坐标正方向,向下是 y 坐标正方向,需要注意,这和数学中的几何坐标系不同。

【例 4-5】 place 几何布局管理器的 GUI 程序,运行效果如图 4-4 所示。

```
from tkinter import *
root = Tk()
root.title("登录")
root['width'] = 200;root['height'] = 80
Label(root,text = '用户名',width = 6).place(x = 1,y = 1)         #绝对坐标(1,1)
Entry(root,width = 20).place(x = 45,y = 1)                      #绝对坐标(45,1)
Label(root,text = '密码',width = 6).place(x = 1,y = 20)         #绝对坐标(1,20)
```

```
Entry(root,width = 20, show = '*').place(x = 45,y = 20)      # 绝对坐标(45,20)
Button(root,text = '登录',width = 8).place(x = 40,y = 40)     # 绝对坐标(40,40)
Button(root,text = '取消',width = 8).place(x = 110,y = 40)    # 绝对坐标(110,40)
root.mainloop()
```

4.2.3 Tkinter 组件

Tkinter 提供各种组件(控件),如按钮、标签和文本框,可在一个 GUI 应用程序中使用。这些组件通常被称为控件或者部件。目前常用的 Tkinter 组件如表 4-4 所示。

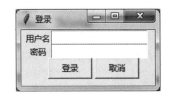

图 4-4　place 几何布局管理器

表 4-4　**Tkinter 组件**

控件	描述
Button	按钮控件,在程序中显示按钮
Canvas	画布控件,显示图形元素如线条或文本
Checkbutton	多选框控件,用于在程序中提供多项选择框
Entry	输入控件,用于显示简单的文本内容
Frame	框架控件,在屏幕上显示一个矩形区域,多用来作为容器
Label	标签控件,可以显示文本和位图
Listbox	列表框控件,用来显示一个字符串列表给用户
Menubutton	菜单按钮控件,用于显示菜单项
Menu	菜单控件,显示菜单栏、下拉菜单和弹出菜单
Message	消息控件,用来显示多行文本,与 label 类似
Radiobutton	单选按钮控件,显示一个单选按钮的状态
Scale	范围控件,显示一个数值刻度,为输出限定数值范围
Scrollbar	滚动条控件,当内容超过可视化区域时使用,如列表框
Text	文本控件,用于显示多行文本
Toplevel	容器控件,用来提供一个单独的对话框,与 Frame 类似
Spinbox	输入控件,与 Entry 类似,但是可以指定输入范围值
PanedWindow	窗口布局管理插件,可以包含一个或者多个子控件
LabelFrame	简单的容器控件,常用于复杂的窗口布局
tkMessageBox	消息框,用于显示应用程序的消息框

通过组件类的构造函数可以创建其对象实例,例如:

```
from tkinter import *
root = Tk()
button1 = Button(root, text = "确定")      # 按钮组件的构造函数
```

组件标准属性也就是所有组件(控件)的共同属性,如大小、字体和颜色等。常用的标准属性如表 4-5 所示。

表 4-5　Tkinter 组件标准属性

属　　性	描　　述
dimension	控件大小
color	控件颜色
font	控件字体
anchor	锚点(内容停靠位置)，对应于东南西北以及 4 个角
relief	控件样式
bitmap	位图，内置位图包括 error、gray75、gray50、gray25、gray12、info、questhead、hourglass、question 和 warning，自定义位图为.xbm 格式文件
cursor	光标
text	显示文本内容
state	设置组件状态；正常(normal)、激活(active)、禁用(disabled)

可以通过下列方式之一设置组件属性。

```
button1 = Button(root, text = "确定")        # 按钮组件的构造函数
button1.config( text = "确定")               # 组件对象的config方法的命名参数
button1["text"] = "确定"                     # 组件对象的属性赋值
```

1. 标签组件 Label

Label 组件用于在窗口中显示文本或位图。anchor 属性指定文本(text)或图像(bitmap/image)在 Label 中的显示位置(如图 4-5 所示，其他组件同此)。对应于东南西北以及 4 个角，可用值如下：

```
e:垂直居中,水平居右
w:垂直居中,水平居左
n:垂直居上,水平居中
s:垂直居下,水平居中
ne:垂直居上,水平居右
se:垂直居下,水平居右
sw:垂直居下,水平居左
nw:垂直居上,水平居左
center(默认值):垂直居中,水平居中
```

【例 4-6】 Label 组件示例，运行效果如图 4-6 所示。

```
from tkinter import *
win = Tk();                                          # 创建窗口对象
win.title("我的窗口")                                # 设置窗口标题
lab1 = Label(win,text = '你好', anchor = 'nw')       # 创建文字是"你好"的Label组件
lab1.pack()                                          # 显示Label组件
# 显示内置的位图
lab2 = Label(win, bitmap = 'question')               # 创建显示疑问图标Label组件
lab2.pack()                                          # 显示Label组件
# 显示自选的图片
```

```
bm = PhotoImage(file = r'J:\2018 书稿\aa.png')
lab3 = Label(win,image = bm)
lab3.bm = bm
lab3.pack()                              # 显示 Label 组件
win.mainloop()
```

```
nw      n      ne

w     center    e

sw      s      se
```

图 4-5 anchor 地理方位

图 4-6 Label 组件示例

2. 按钮组件 Button

Button 组件(控件)是一个标准的 Tkinter 部件,用于实现各种按钮。按钮可以包含文本或图像,可以通过 command 属性将调用 Python 函数或方法与其关联。Tkinter 的按钮被选中时,会自动调用该函数或方法。

3. 单行文本框 Entry 和多行文本框 Text

单行文本框 Entry 主要用于输入单行内容和显示文本。可以方便地向程序传递用户参数。这里通过一个转换摄氏度和华氏度的小程序来演示该组件的使用。

1) 创建和显示 Entry 对象

创建 Entry 对象的基本方法如下:

```
Entry 对象 = Entry(Windows 窗口对象)
```

显示 Entry 对象的方法如下:

```
Entry 对象.pack()
```

2) 获取 Entry 组件的内容

get()方法用于获取 Entry 单行文本框内输入的内容。

设置或者获取 Entry 组件内容也可以使用 StringVar()对象来完成,把 Entry 的 textvariable 属性设置为 StringVar()变量,再通过 StringVar()变量的 get()和 set()函数可以读取和输出相应文本内容。例如:

```
s = StringVar()                                 #一个 StringVar()对象
s.set("大家好,这是测试")
entryCd = Entry(root, textvariable = s)         #Entry 组件显示"大家好,这是测试"
print(s.get())                                  #打印出"大家好,这是测试"
```

3) Entry 的常用属性

show：如果设置为字符 * ，则输入文本框内显示为 * ，用于密码输入。

insertbackground：插入光标的颜色，默认为黑色。

selectbackground 和 selectforeground：分别为选中文本的背景色与前景色。

width：组件的宽度(所占字符个数)。

fg：字体的前景颜色。

bg：字体的背景颜色。

state：设置组件状态，默认为 normal，可设置为 disabled 或 readonly，其中 disabled 为禁用组件，readonly 为只读。

同样，Python 提供输入多行文本框 Text，用于输入多行内容和显示文本。使用方法与 Entry 类似。

4. 列表框组件 Listbox

列表框组件 Listbox 用于显示多个项目，并且允许用户选择一个或多个项目。

1) 创建和显示 Listbox 对象

创建 Listbox 对象的基本方法如下：

```
Listbox 对象 = Listbox(Tkinter Windows 窗口对象)
```

显示 Listbox 对象的方法如下：

```
Listbox 对象.pack()
```

2) 插入文本项

可以使用 insert()方法向列表框组件中插入文本项，方法如下：

```
Listbox 对象.insert(index,item)
```

其中，index 是插入文本项的位置，如果在尾部插入文本项，则可以使用 END；如果在当前选中处插入文本项，则可以使用 ACTIVE。item 是要插入的文本项。

3) 返回选中项索引

```
Listbox 对象.curselection()
```

返回当前选中项目的索引，结果为元组。

注意：索引号从 0 开始，0 表示第一项。

4) 删除文本项

```
Listbox 对象.delete(first,last)
```

删除指定范围(first,last)的项目，不指定 last 时，删除 1 个项目。

5）获取项目内容

```
Listbox 对象.get(first,last)
```

返回指定范围(first,last)的项目,不指定 last 时,仅返回 1 个项目。

6）获取项目个数

```
Listbox 对象.size()
```

7）获取 Listbox 内容

需要使用 listvariable 属性为 Listbox 对象指定一个对应的变量,例如：

```
m = StringVar()
listb = Listbox (root, listvariable = m)
listb.pack()
root.mainloop()
```

指定后就可以使用 m.get()方法用于获取 Listbox 对象中的内容了。

注意：如果允许用户选择多个项目,需要将 Listbox 对象的 selectmode 属性设置为 multiple 表示多选,而设置为 single 为单选。

【**例 4-7**】 创建从一个列表框选择内容添加到另一个列表框组件的 GUI 程序。

```
from tkinter import *                              # 导入 Tkinter 库
root = Tk()                                        # 创建窗口对象
def callbutton1():
    for i in listb.curselection():                 # 遍历选中项
        listb2.insert(0,listb.get(i))              # 添加到右侧列表框

def callbutton2():
    for i in listb2.curselection():                # 遍历选中项
        listb2.delete(i)                           # 从右侧列表框中删除
# 创建两个列表
li = ['C','python','php','html','SQL','java']
listb = Listbox(root)                              # 创建两个列表框组件
listb2 = Listbox(root)
for item in li:                                    # 左侧列表框组件插入数据
    listb.insert(0,item)
listb.grid(row = 0,column = 0,rowspan = 2)         # 将列表框组件放置到窗口对象中
b1 = Button (root,text = '添加>>', command = callbutton1, width = 20)   # 创建 Button 组件
b2 = Button (root,text = '删除<<', command = callbutton2, width = 20)   # 创建 Button 组件
b1.grid(row = 0,column = 1,rowspan = 2)            # 显示 Button 组件
b2.grid(row = 1,column = 1,rowspan = 2)            # 显示 Button 组件
listb2.grid(row = 0,column = 2,rowspan = 2)
root.mainloop()                                    # 进入消息循环
```

以上代码执行结果如图 4-7 所示。

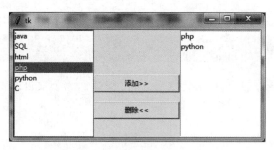

图 4-7 含有两个列表框组件的 GUI 程序

5. 单选按钮 Radiobutton 和复选框 Checkbutton

单选按钮和复选框分别用于实现选项的单选和复选功能。Radiobutton 用于在同一组单选按钮中选择一个单选按钮(不能同时选定多个)。Radiobutton 可以显示文本,也可以显示图像。Checkbutton 用于选择一项或多项,同样 Checkbutton 可以显示文本,也可以显示图像。

1) 创建和显示 Radiobutton 对象

创建 Radiobutton 对象的基本方法如下:

```
Radiobutton 对象 = Radiobutton(Windows 窗口对象, text = Radiobutton 组件显示的文本)
```

显示 Radiobutton 对象的方法如下:

```
Radiobutton 对象.pack()
```

可以使用 variable 属性为 Radiobutton 组件指定一个对应的变量。如果将多个 Radiobutton 组件绑定到同一个变量,则这些 Radiobutton 组件属于一个分组。分组后需要使用 value 设置每个 Radiobutton 组件的值,以确定该组件是否被选中。

2) Radiobutton 组件常用属性

variable:单选按钮索引变量,通过变量的值确定哪个单选按钮被选中。一组单选按钮使用同一个索引变量。

value:单选按钮选中时变量的值。

command:单选按钮选中时执行的命令(函数)。

3) Radiobutton 组件的方法

deselect():取消选择。

select():选择。

invoke():调用单选按钮 command 指定的回调函数。

4) 创建和显示 Checkbutton 对象

创建 Checkbutton 对象的基本方法如下:

```
Checkbutton 对象 = Checkbutton(Tkinter Windows 窗口对象, text = Checkbutton 组件显示的文本,
command = 单击 Checkbutton 按钮所调用的回调函数)
```

显示 Checkbutton 对象的方法如下:

```
Checkbutton 对象.pack()
```

5) Checkbutton 组件常用属性

variable:复选框索引变量,通过变量的值确定哪些复选框被选中。每个复选框使用不同的变量,使复选框之间相互独立。

onvalue:复选框选中(有效)时变量的值。

offvalue:复选框未选中(无效)时变量的值。

command:复选框选中时执行的命令(函数)。

6) 获取 Checkbutton 状态

为了获取 Checkbutton 组件是否被选中的状态,需要使用 variable 属性为 Checkbutton 组件指定一个对应变量,例如:

```
c = tkinter.IntVar()
c.set(2)
check = tkinter.Checkbutton(root,text = '喜欢',variable = c,onvalue = 1,offvalue = 2)
                                                          #1 为选中,2 为没选中
check.pack()
```

指定变量 c 后,可以使用 c.get()获取复选框的状态值。也可以使用 c.set()设置复选框的状态。例如设置 check 复选框对象为没有选中状态,代码如下:

```
c.set(2)        #1 为选中,2 为没选中,设置为 2 就是没选中的状态
```

获取单选按钮(Radiobutton)状态的方法同上。

【例 4-8】 Tkinter 创建使用单选按钮(Radiobutton)组件选择国家的程序。运行效果如图 4-8 所示。

```
import tkinter
root = tkinter.Tk()
r = tkinter.StringVar()                 # 创建 StringVar 对象
r.set('1')                              # 设置初始值为1,初始选中"中国"
radio = tkinter.Radiobutton(root,variable = r,value = '1',text = '中国')
radio.pack()
radio = tkinter.Radiobutton(root,variable = r,value = '2',text = '美国')
radio.pack()
radio = tkinter.Radiobutton(root,variable = r,value = '3',text = '日本')
radio.pack()
radio = tkinter.Radiobutton(root,variable = r,value = '4',text = '加拿大')
radio.pack()
radio = tkinter.Radiobutton(root,variable = r,value = '5',text = '韩国')
radio.pack()
root.mainloop()
print (r.get())                         # 获取被选中单选按钮的变量值
```

图 4-8 单选按钮 Radiobutton
示例程序

以上代码执行结果如图 4-8 所示,选中"日本"后则输出 3。

6. 菜单组件 Menu

图形用户界面应用程序通常提供菜单,菜单包含各种按照主题分组的基本命令。图形用户界面应用程序包括两种类型的菜单,即主菜单和上下文菜单。

主菜单:提供窗体的菜单系统。通过单击可下拉出子菜单,选择命令可执行相关的操作。常用的主菜单通常包括:文件、编辑、视图、帮助等。

上下文菜单(也称为快捷菜单):通过鼠标右击某对象而弹出的菜单,一般为与该对象相关的常用菜单命令,如剪切、复制、粘贴等。

创建 Menu 对象的基本方法如下:

```
Menu 对象 = Menu(Windows 窗口对象)
```

将 Menu 对象显示在窗口中的方法如下:

```
Windows 窗口对象['menu'] = Menu 对象
Windows 窗口对象.mainloop()
```

【例 4-9】 使用 Menu 组件的简单例子。执行结果如图 4-9 所示。

```
from tkinter import *
root = Tk()
def hello():                              #菜单项事件函数,可以每个菜单项单独写
    print("你单击主菜单")
m = Menu(root)
for item in ['文件','编辑','视图']:       #添加菜单项
    m.add_command(label = item, command = hello)
root['menu'] = m                          #附加主菜单到窗口
root.mainloop()
```

7. 消息窗口(消息框)

消息窗口(messagebox)用于弹出提示框向用户进行警告,或让用户选择下一步如何操作。消息框包括很多类型,常用的有 Info、Warning、Error、YesNo、OkCancel 等,包含不同的图标、按钮及弹出提示音。

图 4-9 使用 Menu 组件主菜单运行效果

【例 4-10】 演示了各消息框的程序,消息窗口运行效果如图 4-10 所示。

```
import tkinter as tk
from tkinter import messagebox as msgbox
```

```python
def btn1_clicked():
    msgbox.showinfo("Info", "Showinfo test.")
def btn2_clicked():
    msgbox.showwarning("Warning", "Showwarning test.")
def btn3_clicked():
    msgbox.showerror("Error", "Showerror test.")
def btn4_clicked():
    msgbox.askquestion("Question", "Askquestion test.")
def btn5_clicked():
    msgbox.askokcancel("OkCancel", "Askokcancel test.")
def btn6_clicked():
    msgbox.askyesno("YesNo", "Askyesno test.")
def btn7_clicked():
    msgbox.askretrycancel("Retry", "Askretrycancel test.")
root = tk.Tk()
root.title("MsgBox Test")
btn1 = tk.Button(root, text = "showinfo", command = btn1_clicked)
btn1.pack(fill = tk.X)
btn2 = tk.Button(root, text = "showwarning", command = btn2_clicked)
btn2.pack(fill = tk.X)
btn3 = tk.Button(root, text = "showerror", command = btn3_clicked)
btn3.pack(fill = tk.X)
btn4 = tk.Button(root, text = "askquestion", command = btn4_clicked)
btn4.pack(fill = tk.X)
btn5 = tk.Button(root, text = "askokcancel", command = btn5_clicked)
btn5.pack(fill = tk.X)
btn6 = tk.Button(root, text = "askyesno", command = btn6_clicked)
btn6.pack(fill = tk.X)
btn7 = tk.Button(root, text = "askretrycancel", command = btn7_clicked)
btn7.pack(fill = tk.X)
root.mainloop()
```

图 4-10　消息窗口运行效果

8. Frame 框架组件

Frame 组件是框架组件，在进行分组组织其他组件的过程中是非常重要的，负责安排其他组件的位置。Frame 组件在屏幕上显示为一个矩形区域，作为显示其他组件的容器。

1) 创建和显示 Frame 对象

创建 Frame 对象的基本方法如下：

```
Frame 对象 = Frame(窗口对象, height = 高度, width = 宽度, bg = 背景色, ...)
```

例如，创建第 1 个 Frame 组件，其高为 100，宽为 400，背景色为绿色。

```
f1 = Frame(root, height = 100, width = 400, bg = 'green')
```

显示 Frame 对象的方法如下：

```
Frame 对象.pack()
```

2) 向 Frame 组件中添加组件

在创建组件时可以指定其容器为 Frame 组件即可，例如：

```
Label(Frame 对象, text = 'Hello').pack()    # 向 Frame 组件添加一个 Label 组件
```

3) LabelFrame 组件

LabelFrame 组件是有标题的 Frame 组件，可以使用 text 属性设置 LabelFrame 组件的标题，方法如下：

```
LabelFrame(窗口对象, height = 高度, width = 宽度, text = 标题).pack()
```

【例 4-11】 使用 2 个 Frame 组件和 1 个 LabelFrame 组件的例子。

```
from tkinter import *
root = Tk()                                          # 创建窗口对象
root.title("使用 Frame 组件的例子")                    # 设置窗口标题
f1 = Frame(root)                                     # 创建第 1 个 Frame 组件
f1.pack()
f2 = Frame(root)                                     # 创建第 2 个 Frame 组件
f2.pack()
f3 = LabelFrame(root, text = '第 3 个 Frame')         # 第 3 个为 LabelFrame 组件，放置在窗口底部
f3.pack( side = BOTTOM )
redbutton = Button(f1, text = "Red", fg = "red")
redbutton.pack( side = LEFT )
brownbutton = Button(f1, text = "Brown", fg = "brown")
brownbutton.pack( side = LEFT )
bluebutton = Button(f1, text = "Blue", fg = "blue")
bluebutton.pack( side = LEFT )
blackbutton = Button(f2, text = "Black", fg = "black")
blackbutton.pack()
```

```
greenbutton = Button(f3, text = "Green", fg = "green")
greenbutton.pack()
root.mainloop()
```

通过 Frame 框架把 5 个按钮分成 3 个区域，第 1 个区域有 3 个按钮，第 2 个区域有 1 个按钮，第 3 个区域有 1 个按钮，运行效果如图 4-11 所示。

4）刷新 Frame

用 Python 做 GUI 图形界面，可以使用 after 方法每隔几秒刷新 GUI 图形界面。例如下面代码实现计数器效果，并且文字背景色不断改变。

图 4-11　Frame 框架运行效果

```
from tkinter import *
colors = ('red', 'orange', 'yellow', 'green', 'blue', 'purple')
root = Tk()
f = Frame(root, height = 200, width = 200)
f.color = 0
f['bg'] = colors[f.color]              #设置框架背景色
lab1 = Label(f,text = '0')
lab1.pack()
def foo():
    f.color = (f.color + 1) % (len(colors))
    lab1['bg'] = colors[f.color]
    lab1['text'] = str(int(lab1['text']) + 1)
    f.after(500, foo)                  #隔 500 毫秒执行 foo()函数刷新屏幕
f.pack()
f.after(500, foo)
root.mainloop()
```

例如，开发移动电子广告效果就可以使用 after 方法实现，这里不断移动 lab1 即可。

```
from tkinter import *
root = Tk()
f = Frame(root, height = 200, width = 200)
lab1 = Label(f,text = '欢迎参观中原工学院')
x = 0
def foo():
    global x
    x = x + 10
    if x > 200:
        x = 0
    lab1.place(x = x, y = 0)
    f.after(500, foo)       #隔 500 毫秒执行 foo()函数刷新屏幕

f.pack()
f.after(500, foo)
root.mainloop()
```

运行程序可见"欢迎参观中原工学院"不停地从左向右移动,出了窗口右侧以后重新从左侧出现。利用此技巧可以开发类似贪吃蛇游戏,可以借助 after 方法实现不断改变蛇的位置,从而达到蛇移动的效果。

4.2.4　Tkinter 字体

通过组件的 font 属性,可以设置其显示文本的字体。设置组件字体前要先能表示一个字体。

1. 通过元组表示字体

通过 3 个元素的元组,可以表示字体:

```
(font family, size, modifiers)
```

在一个元组 tuple 中,第一个元素 font family 是字体名;size 为字体大小,单位为 point;modifiers 为包含粗体、斜体、下画线的样式修饰符。

例如:

```
("Times New Roman ", "16")              #16 点阵的 Times 字体
("Times New Roman ", "24", "bold italic")  #24 点阵的 Times 字体,且粗体、斜体
```

【例 4-12】　通过元组表示字体,设置标签 Label 字体,运行效果如图 4-12 所示。

```
from tkinter import *
root = Tk()
#创建 Label
for ft in ('Arial',('Courier New',19,'italic'),('Comic Sans MS',),'Fixdsys',('MS Sans Serif',),
('MS Serif',),'Symbol','System',('Times New Roman',),'Verdana'):
    Label(root,text = 'hello sticky',font = ft ).grid()
root.mainloop()
```

图 4-12　缩放图形对象运行效果

这个程序在 Windows 上测试字体的显示效果,注意包含空格的字体名称必须指定为 tuple 元组类型。

2. 通过 Font 对象表示字体

使用 tkFont.Font 来创建字体。格式如下:

```
ft = tkFont.Font(family = '字体名',size,weight,slant,underline,
overstrike)
```

其中:size 为字体大小;weight 为 bold 或 normal,bold 为粗体;slant 为 italic 或 normal,italic 为斜体;underline 为 1 或 0,1 为下画线;overstrike 为 1 或 0,1 为删除线。

例如:

```
ft = Font(family = "Helvetica",size = 36,weight = "bold")
```

【例 4-13】 通过 Font 对象设置标签 label 字体,运行效果如图 4-13 所示。

```
#Font 来创建字体
from tkinter import *
import tkinter.font                    #引入字体模块
root = Tk()
#指定字体名称、大小、样式
ft = tkinter.font.Font(family = 'Fixdsys',size = 20,weight = 'bold')
Label(root,text = 'hello sticky',font = ft ).grid()      #创建一个 Label
root.mainloop()
```

图 4-13　Font 对象设置标签 label 字体

通过 tkFont.families()函数可以返回所有可用的字体。

```
from tkinter import *
import tkinter.font            #引入字体模块
root = Tk()
print(tkinter.font.families())
```

输出以下结果:

```
('Forte', 'Felix Titling', 'Eras Medium ITC', 'Eras Light ITC', 'Eras Demi ITC', 'Eras Bold ITC',
'Engravers MT', 'Elephant', 'Edwardian Script ITC', 'Curlz MT', 'Copperplate Gothic Light',
'Copperplate Gothic Bold', 'Century Schoolbook', 'Castellar', 'Calisto MT', 'Bookman Old Style',
'Bodoni MT Condensed', 'Bodoni MT Black', 'Bodoni MT', 'Blackadder ITC', 'Arial Rounded MT Bold',
'Agency FB', 'Bookshelf Symbol 7', 'MS Reference Sans Serif', 'MS Reference Specialty', 'Berlin
Sans FB Demi', 'Tw Cen MT Condensed Extra Bold', 'Calibri Light', 'Bitstream Vera Sans Mono',
'方正兰亭超细黑简体', '@方正兰亭超细黑简体', 'Buxton Sketch', 'Segoe Marker', 'SketchFlow
Print')
```

4.2.5　Python 事件处理

所谓事件(event)就是程序中发生的事。例如,用户单击、移动鼠标或是敲击键盘上某一个键,而对于这些事件,程序需要做出反应。Tkinter 提供的组件通常都有自己可以识别的事件。例如,当按钮被单击时执行特定操作,或是执行输入栏时又敲击了键盘上的某些按键,此时所输入的内容就会显示在输入栏内。

程序可以使用事件处理函数来指定当触发某个事件时所做的反应(操作)。

1. 事件类型

事件类型的通用格式:

```
<[modifier-]…type[-detail]>
```

事件类型必须放置于尖括号<>内。type 描述了类型,例如,按下键盘上的键、单击鼠标等。

modifier 用于组合键定义,例如 Control、Alt。detail 用于明确定义是哪一个键或按钮的事件,例如,1 表示鼠标左键,2 表示鼠标中键,3 表示鼠标右键。

举例:

```
<Button-1>                          单击鼠标左键
<KeyPress-A>                        按下键盘上的 A 键
<Control-Shift-KeyPress-A>          同时按下了 Control、Shift、A 三键。
```

Python 中事件主要有:键盘事件见表 4-6、鼠标事件见表 4-7、窗体事件见表 4-8。

表 4-6 键盘事件

名 称	描 述
KeyPress	按下键盘某键时触发,可以在 detail 部分指定是哪个键
KeyRelease	释放键盘某键时触发,可以在 detail 部分指定是哪个键

表 4-7 鼠标事件

名 称	描 述
ButtonPress 或 Button	按下鼠标某键,可以在 detail 部分指定是哪个键
ButtonRelease	释放鼠标某键,可以在 detail 部分指定是哪个键
Motion	点中组件的同时拖拽组件移动时触发
Enter	当鼠标指针移进某组件时触发
Leave	当鼠标指针移出某组件时触发
MouseWheel	当鼠标滚轮滚动时触发

表 4-8 窗体事件

名 称	描 述
Visibility	当组件变为可视状态时触发
Unmap	当组件由显示状态变为隐藏状态时触发
Map	当组件由隐藏状态变为显示状态时触发
Expose	当组件从原本被其他组件遮盖的状态中暴露出来时触发
FocusIn	组件获得焦点时触发
FocusOut	组件失去焦点时触发
Configure	当改变组件大小时触发,例如拖拽窗体边缘
Property	当窗体的属性被删除或改变时触发,属于 Tk 的核心事件
Destroy	当组件被销毁时触发
Activate	与组件选项中的 state 项有关,表示组件由不可用转为可用。例如按钮由 disabled(灰色)转为 enabled
Deactivate	与组件选项中的 state 项有关,表示组件由可用转为不可用。例如按钮由 enabled 转为 disabled(灰色)

modifier 组合键定义中常用的修饰符见表 4-9 所示。

表 4-9 组合键定义中常用的修饰符

修饰符	描述
Alt	按 Alt 键
Any	按任何按键，例如< Any-KeyPress >
Control	按 Control 键
Double	两个事件在短时间内发生，例如双击鼠标左键< Double-Button-1 >
Lock	按 Caps Lock 键
Shift	按 Shift 键
Triple	类似于 Double，3 个事件短时间内发生

可以短格式表示事件。例如：< 1 >等同于< Button-1 >，< x >等同于< KeyPress-x >。

对于大多数的单字符按键，用户还可以忽略"< >"符号。但是空格键和尖括号键不能忽略，其正确的表示分别为< space >、< less >。

2. 事件绑定

程序建立一个处理某一事件的事件处理函数，称为绑定。

1) 创建组件对象时指定

创建组件对象实例时，可通过其命名参数 command 指定事件处理函数。例如：

```
def callback():            #事件处理函数
    showinfo("Python command","人生苦短、我用 Python")
Bu1 = Button(root, text = "设置 command 事件调用命令",command = callback)
Bu1.pack()
```

2) 实例绑定

调用组件对象实例方法 bind 可为指定组件实例绑定事件。这是最常用事件绑定方式。

```
组件对象实例名.bind("<事件类型>", 事件处理函数)
```

假设声明了一个名为 canvas 的 Canvas 组件对象，想在 canvas 上按下鼠标左键时画上一条线，可以这样实现：

```
canvas.bind("< Button - 1 >", drawline)
```

其中 bind()函数的第一个参数是事件描述符，指定无论什么时候在 canvas 上，当按下鼠标左键时就调用事件处理函数 drawline 进行画线的任务。特别的是：drawline 后面的圆括号是省略的，Tkinter 会将此函数填入相关参数后调用运行，在这里只是声明而已。

3) 标识绑定

在 Canvas 画布中绘制各种图形，将图形与事件绑定可以使用标识绑定 tag_bind()函数。预先为图形定义标识 tag 后，通过标识 tag 来绑定事件。例如：

```
cv.tag_bind('r1','< Button - 1 >',printRect)
```

【例 4-14】 标识绑定的例子。

```python
from tkinter import *
root = Tk()
def printRect(event):
    print ('rectangle 左键事件')
def printRect2(event):
    print ('rectangle 右键事件')
def printLine(event):
    print ('Line 事件')

cv = Canvas(root,bg = 'white')                    #创建一个 Canvas,设置其背景色为白色
rt1 = cv.create_rectangle(
    10,10,110,110,
    width = 8, tags = 'r1')
cv.tag_bind('r1','<Button-1>',printRect)          #绑定 item 与鼠标左键事件
cv.tag_bind('r1','<Button-3>',printRect2)         #绑定 item 与鼠标右键事件
#创建一个 line,并将其 tags 设置为'r2'
cv.create_line(180,70,280,70,width = 10,tags = 'r2')
cv.tag_bind('r2','<Button-1>',printLine)          #绑定 item 与鼠标左键事件
cv.pack()
root.mainloop()
```

这个示例中,单击到矩形的边框时就会触发事件,矩形既响应鼠标左键又响应右键。鼠标左键单击矩形边框时出现"rectangle 左键事件"信息,鼠标右击矩形边框时出现"rectangle 右键事件"信息,鼠标左键单击直线时出现"Line 事件"信息。

3. 事件处理函数

1) 定义事件处理函数

事件处理函数往往带有一个 event 参数。触发事件调用事件处理函数时,将传递 Event 对象实例。

```python
def callback(event):            #事件处理函数
    showinfo("Python command","人生苦短、我用 Python")
```

2) Event 事件处理参数属性

Event 对象实例可以获取各种相关参数,其主要参数属性如表 4-10 所示。

表 4-10 Event 事件对象主要参数属性

参数	说明
.x,.y	鼠标相对于组件对象左上角的坐标
.x_root,.y_root	鼠标相对于屏幕左上角的坐标
.keysym	字符串命名按键,例如 Escape,F1,…,F12,Scroll_Lock,Pause,Insert,Delete,Home,Prior(这个是 page up),Next(这个是 page down),End,Up,Right,Left,Down,Shitf_L,Shift_R,Control_L,Control_R,Alt_L,Alt_R,Win_L

续表

参　　数	说　　明
.keysym_num	数字代码命名按键
.keycode	键码,但是它不能反映事件前缀：Alt、Control、Shift、Lock,并且它不区分按键大小写,即输入 a 和 A 是相同的键码
.time	时间
.type	事件类型
.widget	触发事件的对应组件
.char	字符

Event 事件对象按键详细信息说明如表 4-11 所示。

表 4-11 Event 按键详细信息

.keysym	.keycode	.keysym_num	说　　明
Alt_L	64	65 513	左手边的 Alt 键
Alt_R	113	65 514	右手边的 Alt 键
BackSpace	22	65 288	BackSpace 键
Cancel	110	65 387	Pause Break 键
F1~F11	67~77	65 470~65 480	功能键 F1~F11
Print	111	65 377	打印屏幕键

【例 4-15】 触发 keyPress 键盘事件的例子,运行效果如图 4-14 所示。

```
from tkinter import *              #导入 tkinter
def printkey(event):               #定义的函数监听键盘事件
    print('你按下了: ' + event.char)
root = Tk()                        #实例化 Tk
entry = Entry(root)                #实例化一个单行输入框
#给输入框绑定按键监听事件<KeyPress>为监听任何按键
#<KeyPress-x>监听某键 x,如大写的 A<KeyPress-A>、Enter 键<KeyPress-Return>
entry.bind('<KeyPress>', printkey)
entry.pack()
root.mainloop()                    #显示窗体
```

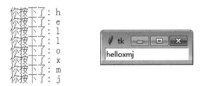

图 4-14 keyPress 键盘事件运行效果

【例 4-16】 获取单击标签 Label 时坐标的鼠标事件例子,运行效果如图 4-15 所示。

```
from tkinter import *              #导入 tkinter
def leftClick(event):              #定义的函数监听鼠标事件
    print( "x 轴坐标:", event.x)
```

```
        print("y轴坐标:", event.y)
        print("相对于屏幕左上角x轴坐标:", event.x_root)
        print("相对于屏幕左上角y轴坐标:", event.y_root)
root = Tk()                             #实例化Tk
lab = Label(root,text = "hello")        #实例化一个Label
lab.pack()                              #显示Label组件
#给Label绑定鼠标监听事件
lab.bind("<Button-1>",leftClick)
root.mainloop()                         #显示窗体
```

图 4-15 鼠标事件运行效果

4.3 猜数字游戏程序设计的步骤

猜数字游戏程序导入相关模块。

```
import tkinter as tk
import random
```

random.randint(0,1024)随机产生玩家要猜的数字。

```
number = random.randint(0,1024)        #玩家要猜的数字
running = True
num = 0                                #猜的次数
nmaxn = 1024                           #提示猜测范围的最大数
nminn = 0                              #提示猜测范围的最小数
```

猜数字事件函数从单行文本框 entry_a 获取要猜的数字并转换成数字 val_a,然后判断是否正确,并与要猜的数字 number 比较判断出过大过小。

```
def eBtnGuess(event):                  #猜按钮事件函数
    global nmaxn                       #全局变量
    global nminn
    global num
    global running
    if running:
        val_a = int(entry_a.get())     #获取猜的数字并转换成数字
        if val_a == number:
            labelqval("恭喜答对了!")
```

```
                num += 1
                running = False
                numGuess()    #显示猜的次数
        elif val_a < number:   #猜小了
            if val_a > nminn:
                nminn = val_a    #修改提示猜测范围的最小数
                num += 1
                labelqval("小了哦,请输入" + str(nminn) + "到" + str(nmaxn) + "之间任意整数:")
        else:
            if val_a < nmaxn:
                nmaxn = val_a    #修改提示猜测范围的最大数
                num += 1
                labelqval("大了哦,请输入" + str(nminn) + "到" + str(nmaxn) + "之间任意整数:")
    else:
        labelqval('你已经答对啦...')
```

numGuess()函数修改提示标签中的文字来显示玩家猜的次数。

```
def numGuess():                                    #显示猜的次数
    if num == 1:
        labelqval('哇!一次答对!')
    elif num < 10:
        labelqval('==10次以内就答对了牛…尝试次数:' + str(num))
    else:
        labelqval('好吧,您都试了超过10次了…尝试次数:' + str(num))
def labelqval(vText):
    label_val_q.config(label_val_q,text = vText)   #修改提示标签文字
```

用关闭按钮事件函数实现窗体的关闭。

```
def eBtnClose(event):                              #关闭按钮事件函数
    root.destroy()
```

以下是主程序实现游戏的窗体界面。

```
root = tk.Tk(className = "猜数字游戏")
root.geometry("400x90 + 200 + 200")
label_val_q = tk.Label(root,width = "80")          #提示标签
label_val_q.pack(side = "top")

entry_a = tk.Entry(root,width = "40")              #单行输入文本框
btnGuess = tk.Button(root,text = "猜")             #猜按钮
entry_a.pack(side = "left")
entry_a.bind('<Return>',eBtnGuess)                 #绑定事件
btnGuess.bind('<Button-1>',eBtnGuess)              #猜按钮
btnGuess.pack(side = "left")
```

```
btnClose = tk.Button(root,text = "关闭")           #关闭按钮
btnClose.bind('<Button-1>',eBtnClose)
btnClose.pack(side = "left")
labelqval("请输入 0 到 1024 之间任意整数:")
entry_a.focus_set()
print(number)
root.mainloop()
```

至此完成猜数字游戏的设计。

思考与练习

1. 设计一个四则运算程序,其运行效果如图 4-16 所示,用两个文本框输入数值数据,用列表框存放"加、减、乘、除"。用户先输入两个操作数,再从列表框中选择一种运算,即可在标签中显示出计算结果。

图 4-16 四则运算

2. 编写选课程序。左侧列表框显示学生可以选择的课程名,右侧列表框显示学生已经选择的课程名,通过 4 个按钮在两个列表框中移动数据项。通过">"和"<"按钮移动一门课程,通过">>"和"<<"按钮移动全部课程。程序运行界面如图 4-17 所示。

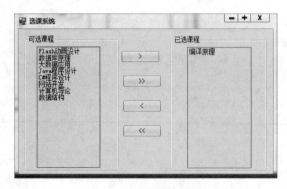

图 4-17 选课程序界面

第 5 章

Tkinter图形绘制——图形版发牌程序

第 4 章以 Tkinter 模块为例学习建立一些简单的 GUI(图形用户界面),使编写的程序像大家平常熟悉的那些程序一样,有窗体、按钮之类的图形界面,本书后面章节的游戏界面也都使用 Tkinter 开发。在游戏开发中不仅有按钮、文本框等,实际上需要绘制大量图形图像,本章介绍使用 Canvas 技术实现游戏中画面的绘制任务。

5.1 扑克牌发牌窗体程序功能介绍

在扑克牌游戏中有 4 位牌手,计算机随机将 52 张牌(不含大小王)发给 4 位牌手,并在屏幕上显示每位牌手的牌。程序的运行效果如图 5-1 所示。以 Tkinter 模块中图形 Canvas 绘制为例学习建立一些简单的 GUI(图形用户界面)游戏界面。

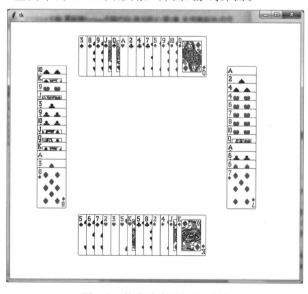

图 5-1 扑克牌发牌运行效果

下面将介绍开发扑克牌发牌窗体程序的思路和 Canvas 关键技术。

5.2 程序设计的思路

将游戏中的 52 张牌，按梅花 0~12，方块 13~25，红桃 26~38，黑桃 39~51 的顺序编号并存储在 pocker 列表（未洗牌之前），列表元素存储的则是某张牌（实际上是牌的编号）。同时按此编号顺序存储扑克牌图片 imgs 列表中。也就是说 imgs[0]存储梅花 A 的图片，imgs[1]存储梅花 2 的图片，则 imgs[14]存储方块 2 的图片。

发牌后，根据每位牌手(p1,p2,p3,p4)各自牌的编号列表，从 imgs 获取对应牌的图片并使用 create_image((x 坐标,y 坐标), image=图像文件)显示在指定位置。

5.3 Canvas 图形绘制技术

Canvas 为 Tkinter 提供了绘图功能，其绘制图形函数包括线形、圆形、椭圆、多边形、图片等几何图案绘制。使用 Canvas 进行绘图时，所有的操作都是通过 Canvas。

5.3.1 Canvas 画布组件

Canvas（画布）是一个长方形的区域，用于图形绘制或复杂的图形界面布局。可以在画布上绘制图形、文字，放置各种组件和框架。

1. 创建 Canvas 对象

可以使用下面的方法创建一个 Canvas 对象。

```
Canvas 对象 = Canvas(窗口对象,选项,…)
```

Canvas 画布中常用选项如表 5-1 所示。

表 5-1　Canvas 画布常用选项

属性	说明
bd	指定画布的边框宽度，单位是像素
bg	指定画布的背景颜色
confine	指定画布在滚动区域外是否可以滚动。默认为 True,表示不能滚动
cursor	指定画布中的鼠标指针，例如 arrow、circle、dot
height	指定画布的高度
highlightcolor	选中画布时的背景色
relief	指定画布的边框样式，可选值包括 sunken、raised、groove、ridge
scrollregion	指定画布的滚动区域的元组(w,n,e,s)

2. 显示 Canvas 对象

在模块中显示 Canvas 对象的方法如下：

```
Canvas 对象.pack()
```

例如创建一个白色背景、宽度为 300、高度为 120 的 Canvas 画布，代码如下。

```
from tkinter import *
root = Tk()
cv = Canvas(root, bg = 'white', width = 300, height = 120)
cv.create_line(10,10,100,80,width = 2, dash = 7)    #绘制直线
cv.pack()                                           #显示画布
root.mainloop()
```

5.3.2 Canvas 上的图形对象

1. 绘制图形对象

Canvas 画布上可以绘制各种图形对象，通过调用相应绘制函数即可实现，函数及功能如下。

create_arc()：绘制圆弧。
create_line()：绘制直线。
create_bitmap()：绘制位图。
create_image()：绘制位图图像。
create_oval()：绘制椭圆。
create_polygon()：绘制多边形。
create_window()：绘制子窗口。
create_text()：创建一个文字对象。

Canvas 上每个绘制对象都有一个标识 id（整数），使用绘制函数创建绘制对象时，返回绘制对象的 id。例如：

```
id1 = cv.create_line(10,10,100,80,width = 2, dash = 7)    #绘制直线
```

id1 可以得到绘制对象直线 id。

在创建图形对象时可以使用属性 tags 设置图形对象的标记（tag），例如：

```
rt = cv.create_rectangle(10,10,110,110, tags = 'r1')
```

上面的语句指定矩形对象 rt 具有一个标记 r1。

也可以同时设置多个标记（tag），例如：

```
rt = cv.create_rectangle(10,10,110,110, tags = ('r1','r2','r3'))
```

上面的语句指定矩形对象 rt 具有 3 个标记：r1、r2 和 r3。

指定标记后，使用 find_withtag() 方法可以获取到指定 tag 的图形对象，然后设置图形对象的属性。find_withtag() 方法的语法如下：

```
Canvas 对象.find_withtag(tag 名)
```

find_withtag()方法返回一个图形对象数组,其中包含所有具有 tag 名的图形对象。使用 itemconfig()方法可以设置图形对象的属性,语法如下:

```
Canvas 对象.itemconfig(图形对象,属性1=值1,属性2=值2,…)
```

【例 5-1】 使用属性 tags 设置图形对象标记的例子。

```
from tkinter import *
root = Tk()
#创建一个 Canvas,设置其背景色为白色
cv = Canvas(root, bg = 'white', width = 200, height = 200)
#使用 tags 指定给第一个矩形指定 3 个 tag
rt = cv.create_rectangle(10,10,110,110, tags = ('r1','r2','r3'))
cv.pack()
cv.create_rectangle(20,20,80,80, tags = 'r3')     #使用 tags 指定给第 2 个矩形指定 1 个 tag
#将所有与 tag('r3')绑定的 item 边框颜色设置为蓝色
for item in cv.find_withtag('r3'):
    cv.itemconfig(item,outline = 'blue')
root.mainloop()
```

下面学习使用绘制函数绘制各种图形对象。

2. 绘制圆弧

使用 create_arc()方法可以创建一个圆弧对象,可以是一个和弦、饼图扇区或者一个简单的弧,其具体语法如下:

```
Canvas 对象.create_arc(弧外框矩形左上角的 x 坐标,弧外框矩形左上角的 y 坐标,弧外框矩形右下角的 x 坐标,弧外框矩形右下角的 y 坐标,选项,…)
```

创建圆弧常用选项: outline 指定圆弧边框颜色,fill 指定填充颜色,width 指定圆弧边框的宽度,start 指定起始角度,extent 指定角度偏移量而不是终止角度。

【例 5-2】 使用 create_ arc()方法创建圆弧,其运行效果如图 5-2 所示。

```
from tkinter import *
root = Tk()
#创建一个 Canvas,设置其背景色为白色
cv = Canvas(root,bg = 'white')
cv.create_arc((10,10,110,110),)          #使用默认参数创建一个圆弧,结果为 90 度的扇形
d = {1:PIESLICE,2:CHORD,3:ARC}
for i in d:
    #使用 3 种样式,分别创建了扇形、弓形和弧形
    cv.create_arc((10,10 + 60 * i,110,110 + 60 * i),style = d[i])
    print(i,d[i])
#使用 start/extent 分别指定圆弧起始角度与偏移角度
cv.create_arc(
        (150,150,250,250),
```

```
                start = 10,                     #指定起始角度
                extent = 120,                   #指定角度偏移量(逆时针)
                )
cv.pack()
root.mainloop()
```

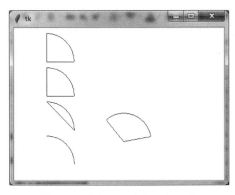

图 5-2 创建圆弧对象运行效果

3. 绘制线条

使用 create_line()方法可以创建一个线条对象,具体语法如下:

line = canvas.create_line(x0, y0, x1, y1, ..., xn, yn,选项)

参数 x0,y0,x1,y1,…,xn,yn 是线段的端点。

创建线段常用选项:width 指定线段宽度,arrow 指定是否使用箭头(没有箭头为 none,起点有箭头为 first,终点有箭头为 last,两端有箭头为 both),fill 指定线段颜色,dash 指定线段为虚线(其整数值决定虚线的样式)。

【例 5-3】 使用 create_line()方法创建线条对象,其运行效果如图 5-3 所示。

```
from tkinter import *
root = Tk()
cv = Canvas(root, bg = 'white', width = 200, height = 100)
cv.create_line(10, 10, 100, 10, arrow = 'none')         #绘制没有箭头的线段
cv.create_line(10, 20, 100, 20, arrow = 'first')        #绘制起点有箭头的线段
cv.create_line(10, 30, 100, 30, arrow = 'last')         #绘制终点有箭头的线段
cv.create_line(10, 40, 100, 40, arrow = 'both')         #绘制两端有箭头的线段
cv.create_line(10,50,100,100,width = 3, dash = 7)       #绘制虚线
cv.pack()
root.mainloop()
```

4. 绘制矩形

使用 create_ rectangle ()方法可以创建矩形对象,具体语法如下:

Canvas 对象.create_rectangle(矩形左上角的 x 坐标,矩形左上角的 y 坐标,矩形右下角的 x 坐标,矩形右下角的 y 坐标, 选项, ...)

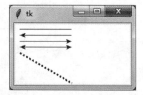

图 5-3 创建线条对象运行效果

创建矩形对象时的常用选项：outline 指定边框颜色，fill 指定填充颜色，width 指定边框的宽度，dash 指定边框为虚线，stipple 使用指定自定义画刷填充矩形。

【例 5-4】 使用 create_rectangle() 方法创建矩形对象，其运行效果如图 5-4 所示。

```
from tkinter import *
root = Tk()
#创建一个Canvas,设置其背景色为白色
cv = Canvas(root, bg = 'white', width = 200, height = 100)
cv.create_rectangle(10,10,110,110, width = 2, fill = 'red')    #指定矩形的填充色为红色,
                                                                #宽度为 2
cv.create_rectangle(120, 20,180, 80, outline = 'green')        #指定矩形的边框颜色为绿色
cv.pack()
root.mainloop()
```

5. 绘制多边形

使用 create_polygon() 方法可以创建一个多边形对象，可以是一个三角形、矩形或者任意一个多边形，具体语法如下：

Canvas 对象.create_polygon(顶点 1 的 x 坐标，顶点 1 的 y 坐标，顶点 2 的 x 坐标，顶点 2 的 y 坐标，…，顶点 n 的 x 坐标，顶点 n 的 y 坐标，选项，…)

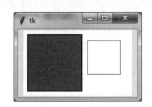

图 5-4 创建矩形对象运行效果

创建多边形对象时的常用选项：outline 指定边框颜色，fill 指定填充颜色，width 指定边框的宽度，smooth 指定多边形的平滑程度（等于 0 表示多边形的边是折线。等于 1 表示多边形的边是平滑曲线）。

【例 5-5】 分别创建三角形、正方形、对顶三角形对象，其运行效果如图 5-5 所示。

```
from tkinter import *
root = Tk()
cv = Canvas(root, bg = 'white', width = 300, height = 100)
cv.create_polygon (35,10,10,60,60,60, outline = 'blue', fill = 'red', width = 2)  #等腰三角形
cv.create_polygon (70,10,120,10,120,60, outline = 'blue', fill = 'white', width = 2)
                                                                                  #直角三角形
cv.create_polygon (130,10,180,10,180,60, 130,60, width = 4)                       #黑色填充正方形
cv.create_polygon (190,10,240,10,190,60, 240,60, width = 1)                       #对顶三角形
cv.pack()
root.mainloop()
```

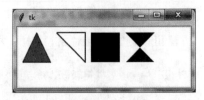

图 5-5 创建三角形对象运行效果

6. 绘制椭圆

使用 create_oval()方法可以创建一个椭圆对象,具体语法如下:

```
Canvas 对象.create_oval(包裹椭圆的矩形左上角 x 坐标,包裹椭圆的矩形左上角 y 坐标,包裹椭圆的矩形右下角 x 坐标,包裹椭圆的矩形右下角 y 坐标,选项,…)
```

创建椭圆对象时的常用选项:outline 指定边框颜色,fill 指定填充颜色,width 指定边框宽度。如果包裹椭圆的矩形是正方形,绘制后则是一个圆形。

【例 5-6】 分别创建椭圆和圆形,其运行效果如图 5-6 所示。

```
from tkinter import *
root = Tk()
cv = Canvas(root, bg = 'white', width = 200, height = 100)
cv.create_oval (10,10,100,50, outline = 'blue', fill = 'red', width = 2)   # 椭圆
cv.create_oval (100,10,190,100, outline = 'blue', fill = 'red', width = 2)  # 圆形
cv.pack()
root.mainloop()
```

7. 绘制文字

使用 create_text()方法可以创建一个文字对象,具体语法如下:

```
文字对象 = Canvas 对象.create_text((文本左上角的 x 坐标,文本左上角的 y 坐标),选项,…)
```

图 5-6 创建椭圆和圆形运行效果

创建文字对象时的常用选项:text 指定是文字对象的文本内容,fill 指定文字颜色,anchor 控制文字对象的位置(其取值'w'表示左对齐,'e'表示右对齐,'n'表示顶对齐,'s'表示底对齐,'nw'表示左上对齐,'sw'表示左下对齐,'se'表示右下对齐,'ne'表示右上对齐,'center'表示居中对齐,anchor 默认值为'center'),justify 设置文字对象中文本的对齐方式(其取值'left'表示左对齐,'right'表示右对齐,'center'表示居中对齐,justify 默认值为'center')

【例 5-7】 创建文本的例子,其运行效果如图 5-7 所示。

```
from tkinter import *
root = Tk()
cv = Canvas(root, bg = 'white', width = 200, height = 100)
cv.create_text((10,10), text = 'Hello Python', fill = 'red', anchor = 'nw')
cv.create_text((200,50), text = '你好,Python', fill = 'blue', anchor = 'se')
cv.pack()
root.mainloop()
```

select_from()方法用于指定选中文本的起始位置,具体用法如下:

```
Canvas 对象.select_from(文字对象,选中文本的起始位置)
```

select_to()方法用于指定选中文本的结束位置,具体用法如下:

Canvas 对象.select_ to(文字对象,选中文本的结束位置)

【例 5-8】 选中文本的例子,其运行效果如图 5-8 所示。

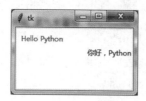
图 5-7　创建文本运行效果

图 5-8　选中文本运行效果

```
from tkinter import *
root = Tk()
cv = Canvas(root, bg = 'white', width = 200, height = 100)
txt = cv.create_text((10,10), text = '中原工学院计算机学院', fill = 'red', anchor = 'nw')
#设置文本的选中起始位置
cv.select_from(txt,5)
#设置文本的选中结束位置
cv.select_to(txt,9)          #选中"计算机学院"
cv.pack()
root.mainloop()
```

8. 绘制位图和图像

1) 绘制位图

使用 create_bitmap()方法可以绘制 Python 内置的位图,具体方法如下:

Canvas 对象.create_bitmap((x 坐标,y 坐标),bitmap = 位图字符串,选项, …)

其中:(x 坐标,y 坐标)是位图放置的中心坐标;常用选项有 bitmap、activebitmap 和 disabledbitmap,分别用于指定正常、活动、禁用状态显示的位图。

2) 绘制图像

在游戏开发中需要使用大量图像,采用 create_image()方法可以绘制图形图像,具体方法如下:

Canvas 对象.create_image((x 坐标,y 坐标), image = 图像文件对象,选项, …)

其中:(x 坐标,y 坐标)是图像放置的中心坐标;常用选项有 image、activeimage 和 disabledimage 用于指定正常、活动、禁用状态显示的图像。

注意:可以如下使用 PhotoImage()函数来获取图像文件对象。

img1 = PhotoImage(file = 图像文件)

例如,img1 = PhotoImage(file = 'C:\\aa.png')可以获取笑脸图形。Python 支持图像文件格式一般为.png 和.gif。

【例 5-9】 绘制图像示例，运行效果如图 5-9 所示。

```
from tkinter import *
root = Tk()
cv = Canvas(root)
img1 = PhotoImage(file = 'C:\\aa.png')        #笑脸
img2 = PhotoImage(file = 'C:\\2.gif')         #方块 A
img3 = PhotoImage(file = 'C:\\3.gif')         #梅花 A
cv.create_image((100,100),image = img1)       #绘制笑脸
cv.create_image((200,100),image = img2)       #绘制方块 A
cv.create_image((300,100),image = img3)       #绘制梅花 A
d = {1:'error',2:'info',3:'question',4:'hourglass',5:'questhead',
     6:'warning',7:'gray12',8:'gray25',9:'gray50',10:'gray75'}#字典
#cv.create_bitmap((10,220),bitmap = d[1])
#以下遍历字典绘制 Python 内置的位图
for i in d:
    cv.create_bitmap((20 * i,20),bitmap = d[i])
cv.pack()
root.mainloop()
```

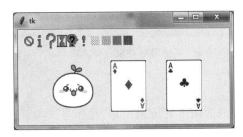

图 5-9　绘制图像示例

学会使用绘制图像，就可以开发图形版的扑克牌游戏了。

9. 修改图形对象的坐标

使用 coords() 方法可以修改图形对象的坐标，具体方法如下：

Canvas 对象.coords(图形对象,(图形左上角的 x 坐标,图形左上角的 y 坐标,图形右下角的 x 坐标,图形右下角的 y 坐标))

因为可以同时修改图形对象的左上角的坐标和右下角的坐标，所以可以缩放图形对象。

注意：如果图形对象是图像文件，则只能指定图像中心点坐标，而不能指定图像左上角的坐标和右下角的坐标，故不能缩放图像。

【例 5-10】 修改图形对象的坐标示例，运行效果如图 5-10 所示。

```
from tkinter import *
root = Tk()
cv = Canvas(root)
```

```
img1 = PhotoImage(file = 'C:\\aa.png')              #笑脸
img2 = PhotoImage(file = 'C:\\2.gif')               #方块A
img3 = PhotoImage(file = 'C:\\3.gif')               #梅花A
rt1 = cv.create_image((100,100),image = img1)       #绘制笑脸
rt2 = cv.create_image((200,100),image = img2)       #绘制方块A
rt3 = cv.create_image((300,100),image = img3)       #绘制梅花A
#重新设置方块A(rt2对象)的坐标
cv.coords(rt2,(200,50))                             #调整rt2对象方块A位置
rt4 = cv.create_rectangle(20,140,110,220,outline = 'red', fill = 'green')   #正方形对象
cv.coords(rt4,(100,150,300,200))                    #调整rt4对象位置
cv.pack()
root.mainloop()
```

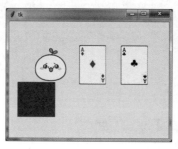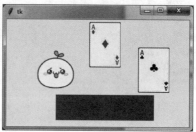

图 5-10 调整图形对象位置之前和之后效果

10. 移动指定图形对象

使用 move()方法可以修改图形对象的坐标,具体方法如下:

Canvas 对象.move(图形对象,x 坐标偏移量,y 坐标偏移量)

【例 5-11】 移动指定图形对象示例,运行效果如图 5-11 所示。

```
from tkinter import *
root = Tk()
#创建一个 Canvas,设置其背景色为白色
cv = Canvas(root, bg = 'white', width = 200, height = 120)
rt1 = cv.create_rectangle(20,20,110,110,outline = 'red',stipple = 'gray12',fill = 'green')
cv.pack()
rt2 = cv.create_rectangle(20,20,110,110,outline = 'blue')
cv.move(rt1,20, -10)            #移动 rt1
cv.pack()
root.mainloop()
```

为了对比移动图形对象的效果,程序在同一位置绘制了 2 个矩形,其中矩形 rt1 有背景花纹,rt2 无背景填充。然后用 move()方法移动 rt1,将被填充的矩形 rt1 向右移动 20 像素,向上移动 10 像素,则出现图 5-11 所示的效果。

11. 删除图形对象

使用 delete()方法可以删除图形对象,具体方法如下:

```
Canvas 对象.delete(图形对象)
```

例如:

```
cv.delete(rt1)        #删除 rt1 图形对象
```

12. 缩放图形对象

使用 scale()方法可以缩放图形对象,具体方法如下:

```
Canvas 对象.scale(图形对象,x 轴偏移量,y 轴偏移量,x 轴缩放比例,y 轴缩放比例)
```

【例 5-12】 缩放图形对象示例,对相同图形对象进行放大或缩小,运行效果如图 5-12 所示。

```
from tkinter import *
root = Tk()
#创建一个 Canvas,设置其背景色为白色
cv = Canvas(root, bg = 'white', width = 200, height = 300)
rt1 = cv.create_rectangle(10,10,110,110,outline = 'red',stipple = 'gray12', fill = 'green')
rt2 = cv.create_rectangle(10,10,110,110,outline = 'green',stipple = 'gray12', fill = 'red')
cv.scale(rt1,0,0,1,2)              #y 方向放大一倍
cv.scale(rt2,0,0,0.5,0.5)          #缩小一半大小
cv.pack()
root.mainloop()
```

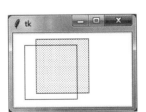

图 5-11 移动指定图形对象运行效果

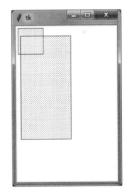

图 5-12 缩放图形对象运行效果

5.4 图形版发牌程序设计的步骤

图形版发牌程序导入相关模块:

```
from tkinter import *
import random
```

假设有 52 张牌，不包括大小王。

```
n = 52
```

gen_pocker(n) 函数实现对 n 张牌的洗牌。方法是随机产生两个下标，将此下标的列表元素进行交换达到洗牌目的。列表元素存储的是某张牌（实际上是牌的编号）。

```
def gen_pocker(n):
    x = 100
    while(x > 0):
        x = x - 1
        p1 = random.randint(0, n - 1)
        p2 = random.randint(0, n - 1)
        t = pocker[p1]
        pocker[p1] = pocker[p2]
        pocker[p2] = t
    return pocker
```

以下是主程序的实现步骤。

将要发的 52 张牌，按梅花 0～12，方块 13～25，红桃 26～38，黑桃 39～51 的顺序编号并存储在 pocker 列表（未洗牌之前）。

```
pocker = [i for i in range(n)]
```

调用 gen_pocker(n) 函数实现对 n 张牌的洗牌。

```
pocker = gen_pocker(n)              #实现对n张牌的洗牌
print(pocker)

(player1,player2,player3,player4) = ([],[],[],[])   #4位牌手各自牌的图片列表
(p1,p2,p3,p4) = ([],[],[],[])                        #4位牌手各自牌的编号列表
root = Tk()
#创建一个Canvas,设置其背景色为白色
cv = Canvas(root, bg = 'white', width = 700, height = 600)
```

将要发的 52 张牌图片，按梅花 0～12，方块 13～25，红桃 26～38，黑桃 39～51 的顺序编号存储到扑克牌图片 imgs 列表中。也就是说 imgs[0] 存储梅花 A 的图片"1-1.gif"，imgs[1] 存储梅花 2 的图片"1-2.gif"，则 imgs[14] 存储方块 2 的图片"2-2.gif"。目的是根据牌的编号找到对应的图片。

```
imgs = []
for i in range(1,5):
    for j in range(1,14):
        imgs.insert((i - 1) * 13 + (j - 1),PhotoImage(file = str(i) + '-' + str(j) + '.gif'))
```

实现每人发 13 张牌，每轮发 4 张，一位牌手发一张，总计有 13 轮发牌。

```
for x in range(13):              #13轮发牌
    m = x * 4
    p1.append( pocker[m] )
    p2.append( pocker[m + 1] )
    p3.append( pocker[m + 2] )
    p4.append( pocker[m + 3] )
```

对牌手的牌排序,就是相当于理牌,同花色在一起。

```
p1.sort()           #牌手的牌排序
p2.sort()
p3.sort()
p4.sort()
```

根据每位牌手手中牌的编号绘制显示对应的图片。

```
for x in range(0,13):
    img = imgs[p1[x]]
    player1.append(cv.create_image((200 + 20 * x,80),image = img))
    img = imgs[p2[x]]
    player2.append(cv.create_image((100,150 + 20 * x),image = img))
    img = imgs[p3[x]]
    player3.append(cv.create_image((200 + 20 * x,500),image = img))
    img = imgs[p4[x]]
    player4.append(cv.create_image((560,150 + 20 * x),image = img))
print("player1:",player1)
print("player2:",player2)
print("player3:",player3)
print("player4:",player4)
cv.pack()
root.mainloop()
```

至此完成图形版发牌程序的设计。

5.5 拓展练习——弹球小游戏

上面图形版发牌程序的画面是静止的。但在游戏开发中,游戏界面中物体会不断移动,例如小球下落、坦克移动的动画效果,这些效果是在游戏开发中通过画面不断更新实现的。下面以弹球小游戏为例进行说明。

用 Python 实现的弹球小游戏,可实现通过键盘左右方向键控制底部挡板左右移动或通过鼠标拖动底部挡板左右移动,以及小球碰撞到移动的挡板时反弹的游戏功能。如果小球落地则游戏结束。游戏界面如图 5-13 所示。

为弹球小游戏设计两个类。

1. Ball 弹球类

Ball 弹球类实现移动反弹功能。其中 draw(self)负责移动弹球 Ball,hit_paddle(self,pos)实现和挡板碰撞检测。

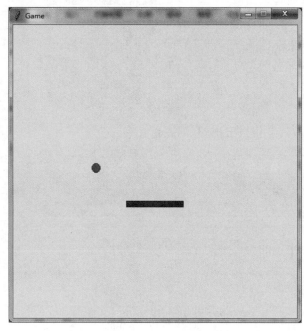

图 5-13 弹球小游戏

```
class Ball:
    def __init__(self, canvas, paddle, color):            #构造函数
        self.canvas = canvas
        self.paddle = paddle
        self.id = canvas.create_oval(10, 10, 25, 25, fill = color)
        self.canvas.move(self.id, 245, 100)
        startx = [-3, -2, -1, 1, 2, 3]
        random.shuffle(startx)                            #随机产生 x 方向速度
        self.x = startx[0]
        self.y = -3                                       #y 方向速度(下落速度)
        self.canvas_height = self.canvas.winfo_height()
        self.canvas_width = self.canvas.winfo_width()
        self.hit_bottom = False                           #是否触底
    def draw(self):
        self.canvas.move(self.id, self.x, self.y)
        pos = self.canvas.coords(self.id)                 #获取小球左上角和右下角坐标
                                                          #(top-left bottom-right)
        if (pos[1] <= 0 or self.hit_paddle(pos) == True): #小球 y 触顶或者小球和挡板碰撞
            self.y = -self.y                              #y 方向反向
        if (pos[0] <= 0 or pos[2] >= self.canvas_width):  #小球左右方向碰壁
            self.x = -self.x                              #x 方向反向
        if (pos[3] >= self.canvas_height):                #超过底部
            self.hit_bottom = True
    def hit_paddle(self, pos):
        paddle_pos = self.canvas.coords(self.paddle.id)
        if (pos[2] >= paddle_pos[0] and pos[0] <= paddle_pos[2]):
            if (pos[3] >= paddle_pos[1] and pos[3] <= paddle_pos[3]):   #和挡板碰撞
                return True
        return False
```

2. Paddle 挡板类

Paddle 挡板类实现底部挡板功能。其中 draw(self) 负责移动挡板，hit_paddle(self, pos) 实现和小球碰撞检测。同时对挡板添加鼠标事件绑定。

```python
class Paddle:
    def __init__(self, canvas, color):
        self.canvas = canvas
        self.id = canvas.create_rectangle(0, 0, 100, 10, fill = color)
        self.x = 0
        self.canvas.move(self.id, 200, 300)
        self.canvas_width = self.canvas.winfo_width()
        self.canvas.bind_all("<Key-Left>", self.turn_left)
        self.canvas.bind_all("<Key-Right>", self.turn_right)
        self.canvas.bind("<Button-1>", self.turn)           #鼠标单击事件
        self.canvas.bind("<B1-Motion>", self.turnmove)      #鼠标拖动事件

    def draw(self):
        pos = self.canvas.coords(self.id)
        if (pos[0] + self.x >= 0 and pos[2] + self.x <= self.canvas_width):
            self.canvas.move(self.id, self.x, 0)
    def turn_left(self, event):
        self.x = -4
    def turn_right(self, event):
        self.x = 4
    def turn(self, event):                                   #鼠标单击事件函数
        print ("clicked at", event.x, event.y)
        self.mousex = event.x
        self.mousey = event.y
    def turnmove(self, event):                               #鼠标拖动事件函数
        print ("现在位置:", event.x, event.y)
        self.x = event.x - self.mousex
        self.mousex = event.x
```

3. 主程序

建立无限死循环，实现不断重新绘制 Ball 和 Paddle。如果弹球碰到底部则退出循环，游戏结束。

```python
from tkinter import *
import random
import time
tk = Tk()
tk.title("Game")
tk.resizable(0, 0) #not resizable
tk.wm_attributes("-topmost", 1) #at top
canvas = Canvas(tk, width = 500, height = 500, bd = 0, highlightthickness = 0)
canvas.pack()
tk.update()
paddle = Paddle(canvas, 'blue')
```

```
ball = Ball(canvas, paddle, 'red')
while True:
    if (ball.hit_bottom == False):      # 弹球是否碰到底部
        ball.draw()
        paddle.draw()
        tk.update()
        time.sleep(0.01)                # 游戏画面更新时间间隔 0.01 秒
    else:                               # 游戏循环结束
        break
```

至此弹球小游戏程序设计完成，玩家可以拖动挡板控制小球的反弹。

5.6 图形界面应用案例——关灯游戏

关灯游戏是很有趣的益智游戏，玩家通过单击可以关闭或打开一盏灯。关闭(或打开)一盏灯的同时，也会触动其四周(上、下、左、右)的灯的开关，改变它们的状态，成功关闭所有的灯即可过关。游戏的运行效果如图5-14所示。

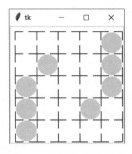

图 5-14 关灯游戏运行效果

分析：游戏中采用二维列表存储灯的状态，'you'表示灯亮(图中含有圆的方格)，'wu'表示灯灭(背景色的方格)。在 Canvas 画布单击事件中，获取鼠标单击位置从而换算成棋盘位置(x1,y1)，并处理四周的灯的状态转换。

代码如下：

```
from tkinter import *
from tkinter import messagebox
root = Tk()
l = [ ['wu', 'wu', 'you', 'you', 'you'],
      ['wu', 'you', 'wu', 'wu', 'wu'],
      ['wu', 'wu', 'wu', 'wu', 'wu'],
      ['wu', 'wu', 'wu', 'you', 'wu'],
      ['you', 'you', 'you', 'wu', 'wu']]
# 绘制灯的状态图
def huaqi():
    for i in range(0, 5):
        for u in range(0, 5):
            if l[i][u] == 'you':
```

```
                cv.create_oval(i * 40 + 10, u * 40 + 10, (i + 1) * 40 + 10, (u + 1) *
                               40 + 10,outline = 'white', fill = 'yellow', width = 2) #灯亮
            else:
                cv.create_oval(i * 40 + 10, u * 40 + 10, (i + 1) * 40 + 10, (u + 1) *
                               40 + 10,outline = 'white', fill = 'white', width = 2) #灯灭
#反转(x1,y1)处灯的状态
def reserve(x1,y1):
    if l[x1][y1] == 'wu':
            l[x1][y1] = 'you'
    else:
        l[x1][y1] = 'wu'
#单击事件函数
def luozi(event):
    x1 = (event.x - 10) // 40
    y1 = (event.y - 10) // 40
    print(x1, y1)
    reserve(x1,y1)  #反转(x1,y1)处灯的状态
    #以下反转(x1,y1)周围的灯的状态
    #将左侧灯的状态反转
    if x1 != 0:
        reserve(x1 - 1,y1)
    #将右侧灯的状态反转
    if x1!= 4:
        reserve(x1 + 1,y1)
    #将上方灯的状态反转
    if y1!= 0:
        reserve(x1,y1 - 1)
    #将下方灯的状态反转
    if y1!= 4:
        reserve(x1,y1 + 1)
    huaqi()

#主程序
cv = Canvas(root, bg = 'white', width = 210, height = 210)
for i in range(0, 6):                        #绘制网格线
    cv.create_line(10, 10 + i * 40, 210, 10 + i * 40, arrow = 'none')
    cv.create_line(10 + i * 40, 10, 10 + i * 40, 210, arrow = 'none')
huaqi()                                      #绘制灯的状态图
p = 0
for i in range(0, 5):
    for u in l[i]:
        if u == 'wu':
            p = p + 1
if p == 25:
    messagebox.showinfo('win','你过关了')   #显示游戏过关信息的消息窗口
cv.bind('<Button - 1>', luozi)
cv.pack()
root.mainloop()
```

思考与练习

1. 实现 15×15 棋盘的五子棋游戏界面的绘制。
2. 实现国际象棋界面的绘制。
3. 实现推箱子游戏界面的绘制。
4. 编写程序,实现井字棋游戏。该游戏界面是一个由 3×3 方格构成的棋盘,游戏双方各执一种颜色的棋子,在规定的方格内轮流布棋,如果一方在横、竖、斜三个方向上都形成 3 子相连则该方胜利。

第 6 章

数据库应用——智力问答游戏

程序设计使用简单的纯文本文件只能实现有限的功能,如果要处理的数据量巨大并且容易让程序员理解的话,可以选择相对标准化的数据库(Datebase)。Python 支持多种数据库,如 Sybase、DB2、Oracle、SQLServer、SQLite 等。本章主要介绍数据库概念以及结构化查询语言 SQL,讲解 Python 自带轻量级的关系型数据库 SQLite 的使用方法,然后通过智力问答游戏来掌握数据库使用的方法。

6.1 智力问答游戏功能介绍

智力问答测试程序测试内容涉及历史、经济、风情、民俗、地理、人文等古今中外多方面的知识,让玩家在轻松娱乐、益智、搞笑的同时,不知不觉地增长知识。答题过程中对做对、做错进行实时跟踪。测试完成后,能根据用户答题情况给出成绩。程序运行界面如图 6-1 所示。

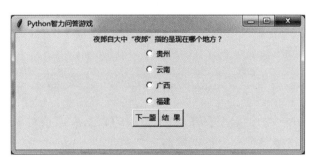

图 6-1 智力问答测试程序运行界面

下面将介绍智力问答测试程序的设计思路和数据库访问技术。

6.2 程序设计的思路

此程序使用一个 SQLite 试题库 test2.db,其中每个智力问答由题目、4 个选项和正确答案组成,即(question,Answer_A,Answer_B,Answer_C,Answer_D,right_Answer)。测试前,程序从试题库 test2.db 中读取试题信息,存储到 values 列表中。测试时,顺序从 values 列表读出题目显示在 GUI 界面供用户答题。在进行界面设计时,智力问答题目是标签控件,4 个选项是单选按钮控件,在"下一题"按钮单击事件中实现题目切换和对错判断,如果正确则得分 score 加 10 分,错误不加分。并判断用户是否做完。在"结果"按钮单击事件中实现得分 score 的显示。

6.3 数据库访问技术

Python 2.5 版本以上内置了 SQLite3,所以在 Python 中使用 SQLite 不需要安装任何东西,直接使用即可。SQLite3 数据库使用 SQL 语言。SQLite 作为后端数据库,可以制作有数据存储需求的工具。Python 标准库中的 SQLite3 提供该数据库的接口。

6.3.1 访问数据库的步骤

从 Python 2.5 开始,SQLite3 就成为 Python 的标准模块,这也是 Python 中唯一一个数据库接口类模块,这大大方便了用户使用 Python SQLite 数据库开发小型数据库应用系统。

Python 的数据库模块有统一的接口标准,所以数据库操作都有统一的模式,操作数据库 SQLite3 主要分为以下几步。

(1) 导入 Python SQLite 数据库模块。Python 标准库中带有 SQLite3 模块,可直接导入:

```
import sqlite3
```

(2) 建立数据库连接,返回 Connection 对象。使用数据库模块的 connect()函数建立数据库连接,返回连接对象 con:

```
con = sqlite3.connect(connectstring)    #连接到数据库,返回 sqlite3.connection 对象
```

说明:connectstring 是连接字符串。对于不同的数据库连接对象,其连接字符串的格式各不相同,sqlite 的连接字符串为数据库的文件名,如"e:\test.db"。如果指定连接字符串为 memory,则可创建一个内存数据库。例如:

```
import sqlite3
con = sqlite3.connect("E:\\test.db")
```

如果 E:\test.db 存在,则打开数据库;否则在该路径下创建数据库 test.db 并打开。

(3) 创建游标对象。调用 con.cursor()创建游标对象 cur：

```
cur = con.cursor()          #创建游标对象
```

(4) 使用 Cursor 对象的 execute 执行 SQL 命令返回结果集。调用 cur.execute()、executemany()、executescript()方法查询数据库。

cur.execute(sql)：执行 SQL 语句。

cur.execute(sql,parameters)：执行带参数的 SQL 语句。

cur.executemany(sql,seq_of_parameters)：根据参数执行多次 SQL 语句。

cur.executescript(sql_script)：执行 SQL 脚本。

例如：创建一个表 category。

```
cur.execute(''CREATE TABLE category(id primary key,sort,name)'')
```

将创建一个包含 3 个字段 id、sort 和 name 的表 category。下面向表中插入记录：

```
cur.execute("INSERT INTO category VALUES (1, 1, 'computer')")
```

SQL 语句字符串中可以使用占位符"?"表示参数，传递的参数使用元组。例如：

```
cur.execute("INSERT INTO category VALUES (?, ?,?) ",(2, 3, 'literature'))
```

(5) 获取游标的查询结果集。调用 cur.fetchall()、cur.fetchone()、cur.fetchmany()返回查询结果。

cur.fetchone()：返回结果集的下一行(Row 对象)；无数据时，返回 None。

cur.fetchall()：返回结果集的剩余行(Row 对象列表)，无数据时，返回空 List。

cur.fetchmany()：返回结果集的多行(Row 对象列表)，无数据时，返回空 List。

例如：

```
cur.execute("select * from catagory")
print (cur.fetchall())       #提取查询到的数据
```

返回结果如下：

```
[(1, 1, 'computer'), (2, 2,'literature')]
```

如果使用 cur.fetchone()，则首先返回列表中的第 1 项，再次使用，返回第 2 项，依次进行。

也可以直接使用循环输出结果，例如：

```
for row in cur.execute("select * from catagory"):
    print(row[0],row[1])
```

(6) 数据库的提交和回滚。根据数据库事物隔离级别的不同,可以提交或回滚。

con.commit():事务提交。

con.rollback():事务回滚。

(7) 关闭 Cursor 对象和 Connection 对象。最后,需要关闭打开的 Cursor 对象和 Connection 对象,其函数如下。

cur.close():关闭 Cursor 对象。

con.close():关闭 Connection 对象。

6.3.2 创建数据库和表

【例 6-1】 创建数据库 sales,并在其中创建表 book,表中包含 3 列：id、price 和 name,其中 id 为主键(primary key)。

```
# 导入 Python SQLite 数据库模块
import sqlite3
# 创建 SQLite 数据库
con = sqlite3.connect("E:\\sales.db")
# 创建表 book,包含 3 个列：id,price 和 name
con.execute("create table book(id primary key,price,name)")
```

说明：connection 对象的 execute 方法是 Cursor 对象对应方法的快捷方式,系统会创建一个临时 Cursor 对象,然后调用对应的方法,并返回 Cursor 对象。

6.3.3 数据库的插入、更新和删除操作

在数据库表中插入、更新、删除记录的一般步骤为:

(1) 建立数据库连接;

(2) 创建游标对象 cur,使用 cur.execute(sql)执行 SQL 的 insert、Update、delete 等语句完成数据库记录的插入、更新、删除操作,并根据返回值判断操作结果;

(3) 提交操作;

(4) 关闭数据库。

【例 6-2】 数据库表记录的插入、更新和删除操作。

```
import sqlite3
books = [("021",25,"大学计算机"),("022",30, "大学英语"),("023",18, "艺术欣赏"),( "024", 35, "高级语言程序设计")]
# 打开数据库
Con = sqlite3.connect("E:\\sales.db")
# 创建游标对象
Cur = Con.cursor()
# 插入一行数据
Cur.execute("insert into book(id,price,name) values ('001',33,'大学计算机多媒体')")
Cur.execute("insert into book(id,price,name) values (?,?,?) ",("002",28,"数据库基础"))
# 插入多行数据
Cur.executemany("insert into book(id,price,name) values (?,?,?) ",Books)
```

```
#修改一行数据
Cur.execute("Update book set price = ? where name = ? ",(25,"大学英语"))
#删除一行数据
n = Cur.execute("delete from book where price = ?",(25,))
print("删除了",n.rowcount,"行记录")
Con.commit()
Cur.close()
Con.close()
```

运行结果如下:

```
删除了 2 行记录
```

6.3.4 数据库表的查询操作

查询数据库表的步骤为:
(1) 建立数据库连接;
(2) 创建游标对象 cur,使用 cur.execute(sql)执行 SQL 的 select 语句;
(3) 循环输出结果。

【例 6-3】 数据库表的查询操作。

```
import sqlite3
#打开数据库
Con = sqlite3.connect("E:\\sales.db")
#创建游标对象
Cur = Con.cursor()
#查询数据库表
Cur.execute("select id,price,name from book")
for row in Cur:
    print(row)
```

运行结果如下:

```
('001', 33, '大学计算机多媒体')
('002', 28, '数据库基础')
('023', 18, '艺术欣赏')
('024', 35, '高级语言程序设计')
```

6.3.5 数据库使用实例——学生通讯录

设计一个学生通讯录,可以添加、删除、修改里面的信息。

```
import sqlite3
#打开数据库
def opendb():
```

```python
        conn = sqlite3.connect("e:\\mydb.db")
        cur = conn.execute("""create table if not exists tongxinlu(usernum integer primary key,username varchar(128), passworld varchar(128), address varchar(125), telnum varchar(128))""")
        return cur, conn
# 查询全部信息
def showalldb():
        print("-------------------- 处理后的数据 -------------------- ")
        hel = opendb()
        cur = hel[1].cursor()
        cur.execute("select * from tongxinlu")
        res = cur.fetchall()
        for line in res:
                for h in line:
                        print(h),
                print
        cur.close()
# 输入信息
def into():
        usernum = input("请输入学号:")
        username1 = input("请输入姓名:")
        passworld1 = input("请输入密码:")
        address1 = input("请输入地址:")
        telnum1 = input("请输入联系电话:")
        return usernum, username1, passworld1, address1, telnum1
# 往数据库中添加内容
def adddb():
        welcome = """-------------------- 欢迎使用添加数据功能 --------------"""
        print(welcome)
        person = into()
        hel = opendb()
        hel[1].execute("insert into tongxinlu(usernum,username, passworld, address, telnum) values (?,?,?,?,?)",(person[0], person[1], person[2], person[3],person[4]))
        hel[1].commit()
        print ("------------------ 恭喜你,数据添加成功 ----------------- ")
        showalldb()
        hel[1].close()
# 删除数据库中的内容
def deldb():
        welcome = "------------------ 欢迎使用删除数据库功能 -------------- "
        print(welcome)
        delchoice = input("请输入想要删除的学号:")
        hel = opendb()                  # 返回游标 conn
        hel[1].execute("delete from tongxinlu where usernum = " + delchoice)
        hel[1].commit()
        print ("----------------- 恭喜你,数据删除成功 ----------------- ")
        showalldb()
        hel[1].close()
# 修改数据库的内容
def alter():
```

```python
        welcome = "-------------------- 欢迎使用修改数据库功能 ---------------"
        print(welcome)
        changechoice = input("请输入想要修改的学生的学号:")
        hel = opendb()
        person = into()
        hel[1].execute("update tongxinlu set usernum = ?,username = ?, passworld = ?,address = ?,telnum = ? where usernum = " + changechoice,(person[0], person[1], person[2], person[3], person[4]))
        hel[1].commit()
        showalldb()
        hel[1].close()
# 查询数据
def searchdb():
        welcome = "-------------------- 欢迎使用查询数据库功能 ---------------"
        print(welcome)
        choice = input("请输入要查询的学生的学号:")
        hel = opendb()
        cur = hel[1].cursor()
        cur.execute("select * from tongxinlu where usernum = " + choice)
        hel[1].commit()
        print("-------------------- 恭喜你,你要查找的数据如下 ---------------")
        for row in cur:
                print(row[0],row[1],row[2],row[3],row[4])
        cur.close()
        hel[1].close()
# 是否继续
def conti():
        choice = input("是否继续?(y or n):")
        if choice == 'y':
                a = 1
        else:
                a = 0
        return a
if __name__ == "__main__":
        flag = 1
        while flag:
                welcome = "---------- 欢迎使用数据库通讯录 ----------"
                print(welcome)
                choiceshow = """
                        请进行您的下一步选择:
                        (添加)往通讯录数据库里面添加内容
                        (删除)删除通讯录中内容
                        (修改)修改通讯录同图中的内容
                        (查询)查询通讯录同图中的内容
                        选择您想要进行的操作:
"""
                choice = input(choiceshow)
                if choice == "添加":
                        adddb()
                        conti()
```

```python
        elif choice == "删除":
            deldb()
            conti()
        elif choice == "修改":
            alter()
            conti()
        elif choice == "查询":
            searchdb()
            conti()
        else:
            print("你输入错误,请重新输入")
```

程序运行界面及添加记录界面如图 6-2 所示。

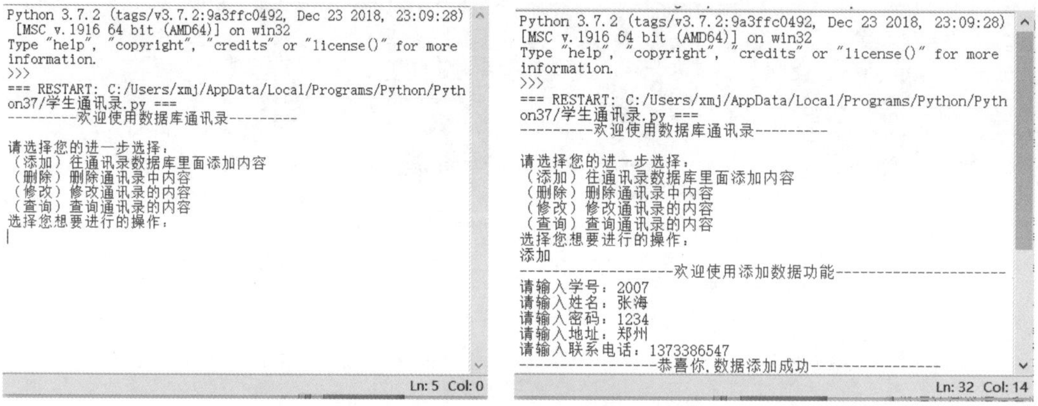

图 6-2 程序运行界面及添加记录界面

6.4 智力问答游戏程序设计的步骤

6.4.1 生成试题库

在智力回答游戏中首先生成试题库,代码如下:

```python
import sqlite3              # 导入 SQLite 驱动
# 连接到 SQLite 数据库,数据库文件是 test2.db
# 如果文件不存在,会自动在当前目录创建:
conn = sqlite3.connect('test2.db')
cursor = conn.cursor()# 创建一个 Cursor:
# cursor.execute("delete from exam")
# 执行一条 SQL 语句,创建 user 表:
cursor.execute('CREATE TABLE [exam] ([question] VARCHAR(80) NULL,[Answer_A] VARCHAR(1) NULL,
[Answer_B] VARCHAR(1) NULL,[Answer_C] VARCHAR(1) NULL,[Answer_D] VARCHAR(1) NULL,[right_
Answer] VARCHAR(1) NULL)')
# 继续执行一条 SQL 语句,插入一条记录:
cursor.execute(" insert into exam (question, Answer_A, Answer_B, Answer_C, Answer_D, right_
Answer) values ('哈雷彗星的平均周期为', '54 年', '56 年', '73 年', '83 年', 'C')")
```

```python
cursor.execute("insert into exam (question, Answer_A, Answer_B, Answer_C, Answer_D, right_Answer) values ('夜郎自大中"夜郎"指的是现在哪个地方?', '贵州', '云南', '广西', '福建', 'A')")
cursor.execute("insert into exam (question, Answer_A, Answer_B, Answer_C, Answer_D, right_Answer) values ('在中国历史上是谁发明了麻药', '孙思邈', '华佗', '张仲景', '扁鹊', 'B')")
cursor.execute("insert into exam (question, Answer_A, Answer_B, Answer_C, Answer_D, right_Answer) values ('京剧中花旦是指', '年轻男子', '年轻女子', '年长男子', '年长女子', 'B')")
cursor.execute("insert into exam (question, Answer_A, Answer_B, Answer_C, Answer_D, right_Answer) values ('篮球比赛每队几人?', '4', '5', '6', '7', 'B')")
cursor.execute("insert into exam (question, Answer_A, Answer_B, Answer_C, Answer_D, right_Answer) values ('在天愿作比翼鸟,在地愿为连理枝.讲述的是谁的爱情故事?', '焦钟卿和刘兰芝', '梁山伯与祝英台', '崔莺莺和张生', '杨贵妃和唐明皇', 'D')")
print(cursor.rowcount)              # 通过 rowcount 获得插入的行数
cursor.close()                      # 关闭 Cursor
conn.commit()                       # 提交事务
conn.close()                        # 关闭 Connection
```

以上代码完成数据库 test2.db 的建立。下面是实现智力问答测试程序功能。

6.4.2 读取试题信息

在智力回答游戏中读取试题信息的代码如下:

```python
conn = sqlite3.connect('test2.db')
cursor = conn.cursor()
# 执行查询语句
cursor.execute('select * from exam')
# 获得查询结果集
values = cursor.fetchall()
cursor.close()
conn.close()
```

以上代码完成数据库 test2.db 的试题信息读取,并存储到 values 列表中。

6.4.3 界面和逻辑设计

callNext()实现判断用户选择的正误,正确则加 10 分,错误不加分。并判断用户是否做完,如果没做完则将下一题的题目信息显示到 timu 标签,题目中的 4 个选项分别显示到 radio1 到 radio4 这 4 个单选按钮上。

```python
import tkinter
from tkinter import *
from tkinter.messagebox import *
def callNext():
    global k
    global score
    useranswer = r.get()            # 获取用户的选择
    print (r.get())                 # 获取被选中单选按钮变量值
    if useranswer == values[k][5]:
```

```python
            showinfo("恭喜","恭喜你对了!")
            score += 10
    else:
            showinfo("遗憾","遗憾你错了!")
    k = k + 1
    if k >= len(values):                    #判断用户是否做完
            showinfo("提示","题目做完了")
            return
    #显示下一题
    timu["text"] = values[k][0]             #题目信息
    radio1["text"] = values[k][1]           #A 选项
    radio2["text"] = values[k][2]           #B 选项
    radio3["text"] = values[k][3]           #C 选项
    radio4["text"] = values[k][4]           #D 选项
    r.set('E')
def callResult():
    showinfo("你的得分",str(score))
```

以下就是问答游戏的界面布局代码。

```python
root = tkinter.Tk()
root.title('Python 智力问答游戏')
root.geometry("500x200")
r = tkinter.StringVar()                                 #创建 StringVar 对象
r.set('E')                                              #设置初始值为'E',初始没选中
k = 0
score = 0
timu = tkinter.Label(root,text = values[k][0])          #题目
timu.pack()
f1 = Frame(root)                                        #创建第 1 个 Frame 组件
f1.pack()
radio1 = tkinter.Radiobutton(f1,variable = r,value = 'A',text = values[k][1])
radio1.pack()
radio2 = tkinter.Radiobutton(f1,variable = r,value = 'B',text = values[k][2])
radio2.pack()
radio3 = tkinter.Radiobutton(f1,variable = r,value = 'C',text = values[k][3])
radio3.pack()
radio4 = tkinter.Radiobutton(f1,variable = r,value = 'D',text = values[k][4])
radio4.pack()
f2 = Frame(root)                                        #创建第 2 个 Frame 组件
f2.pack()
Button(f2,text = '下一题',command = callNext).pack(side = LEFT)
Button(f2,text = '结果',command = callResult).pack(side = LEFT)
root.mainloop()
```

思考与练习

使用数据库设计背单词软件,功能要求如下。

(1) 录入单词,输入英文单词及相应的中文意思,例如:

```
China    中国
Japan    日本
```

（2）查找单词的中文或英文意思(输入中文查对应的英文意思,输入英文查对应的中文意思)。

（3）随机测试,每次测试 5 题,系统随机显示英文单词,用户回答中文意思,要求能够统计回答的准确率。

提示：可以使用 Python 序列中的字典(dict)实现。

第 7 章

多线程技术——俄罗斯方块游戏

在一个程序中,独立运行的程序片段叫作线程(Thread),利用它编程的概念就叫作多线程技术。在游戏开发中需要不断对游戏画面渲染,因此把游戏的更新放在多线程中运行,游戏的效率将有很大幅度的提升。本章主要介绍进程和线程的概念,通过多线程技术同时执行多个操作,最后应用多线程技术实现俄罗斯方块游戏。

7.1 俄罗斯方块游戏介绍

俄罗斯方块是一款风靡全球的电视游戏机和掌上游戏机游戏,它曾经带来的轰动与经济价值可以说是游戏史上的一件大事。这款游戏最初是由苏联的游戏制作人 Alex Pajitnov 制作的,在游戏过程中玩家仅需将不断下落的各种形状的方块移动、翻转,如果某行被方块充满,那该行就自动消除;而当窗口中无法再容纳下落的方块时宣告游戏结束。

可见实现俄罗斯方块游戏的需求如下:

(1)由移动的方块和不能动的固定方块组成。

(2)一行排满消除。

(3)能产生多种形状的方块。

(4)玩家可以看到游戏的积分和下一方块的形状。

(5)下一方块可以逆时针旋转。

本章将介绍俄罗斯方块游戏的开发,游戏界面如图 7-1 所示。

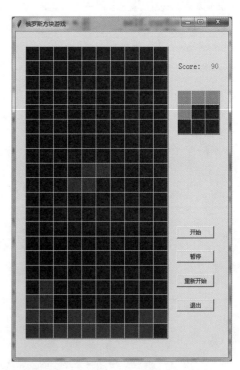

图 7-1 俄罗斯方块游戏界面

7.2 程序设计的思路

7.2.1 俄罗斯方块形状设计

游戏中下落的方块有着各种不同的形状,要在游戏中实现不同形状的方块,就需要使用合理的数据进行表示。目前常见的俄罗斯方块拥有 7 种基本的形状及其旋转以后的变形体,具体的形状如图 7-2 所示。

图 7-2 俄罗斯方块的基本形状

俄罗斯方块的每种形状都是由不同的黑色小方格组成,如图 7-3 所示,在屏幕上只需要显示必要的黑色小方格就可以表现出俄罗斯方块的各种形状。俄罗斯方块的数据逻辑可以使用一个 3×3 的二维列表(数组)表示,列表的存储值为 0 或者 1,如果值为 1 则表示显示一个黑色小方格,为 0 则表示显示白色小方格。

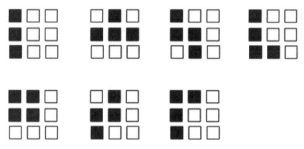

图 7-3 俄罗斯方块示意图

例如,T 形方块的数组存储可以这样表示:

```
[       [1,1,1],
        [0,1,0],
        [0,0,0]
],
```

俄罗斯方块每种形状逆时针转动就会形成一个新的形状,为了程序处理简单,可以把这些基本形状的变形体都使用二维列表定义好,这样就不需要编写每个方块的旋转函数了。

```
[   #T形
    [
        [1,1,1],
        [0,1,0],
        [0,0,0]
    ],
    [
        [0,0,1],
        [0,1,1],
        [0,0,1]
    ],
    [
        [0,0,0],
        [0,1,0],
        [1,1,1]
    ],
    [
        [1,0,0],
        [1,1,0],
        [1,0,0]
    ]
],
```

这样就可以轻松解决旋转后方块形状问题了,所以可以定义一个三维列表存储这种形状及所有变形体。

由于三维列表仅能保存一种形状及其变形,所以用四维列表存储 7 种形状及其变形。

7.2.2 俄罗斯方块游戏面板屏幕

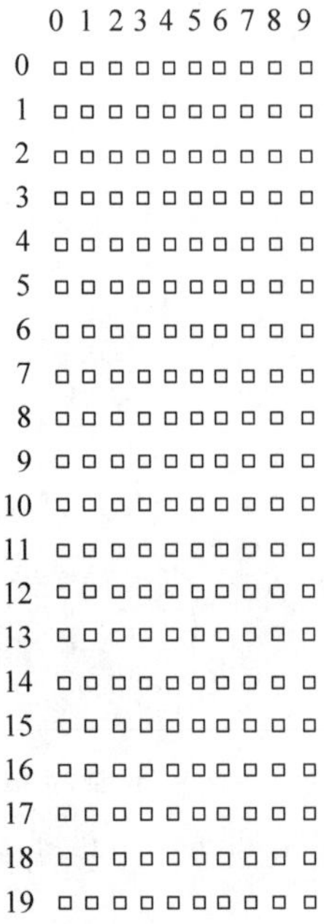

游戏的面板是由一定的行数和列数的单元格组成的,游戏面板屏幕可以看成如图 7-4 所示的网格组成。

游戏面板屏幕,由 20 行 10 列的网格组成,为了存储游戏画面中的已固定方块可采用二维列表 map,当相应的数组元素值为 1 则绘制一个蓝色小方格(由于本游戏背景格子采用黑色网格,所以绘制蓝色小方格)。显示一个俄罗斯方块形状只需要把面板中相应的单元格绘制为蓝色方块即可,如图 7-5 所示面板中显示一个 L 形方块,只需要按照 L 形方块列表的定义,把面板上对应的小方格绘制成蓝色即可。

俄罗斯方块下落的基本处理方式就是将当前方块下移一行,然后根据当前方块列表的数据和存储固定方块的二维数组 map 中的数据,重新绘制一次屏幕即可,如图 7-4 所示。所以要使用一个坐标记录当前方块形状所在的行号(curRow)和列号(curCol)。

图 7-4 屏幕网格

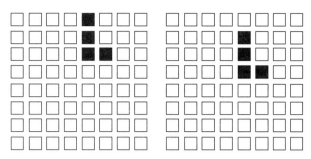

图 7-5　L 形方块下落前和下落后

7.2.3　俄罗斯方块游戏运行流程

俄罗斯方块游戏就是在一个线程控制下产生重绘，用户键盘输入改变游戏状态。每隔一定的时间就重画当前下落方块和 map 存储的固定方块，从而看到动态游戏效果。

俄罗斯方块在下落过程中可能遇到几种情况，如是否需要消行，是否需要终止下落并且产生新的形状的方块，等等。具体的判断流程如下：首先将当前方块的行号 curRow 加 1 后，判断是否碰到底部固定方块，没有碰到则可以继续下落。如果碰到底部、不能继续下落，则当前形状的方块添加到面板二维列表 map 中，界面产生新的形状且判断是否需要消行，以及是否游戏结束。

俄罗斯方块游戏通过线程来实现方块的向下不断移动，下面来学习 Python 的多线程技术。

7.3　多线程技术

线程是操作系统可以调度的最小执行单位，能够执行并发处理。通常是将程序拆分成两个或多个并发运行的线程，即同时执行多个操作。例如，使用线程同时监视用户并发输入，并执行后台任务等。

7.3.1　进程和线程

1. 概念

进程是操作系统中正在执行的应用程序的一个实例，操作系统把不同的进程（即不同程序）分离开来。每一个进程都有自己的地址空间，一般情况下，包括文本区域、数据区域和堆栈。文本区域存储处理器执行的代码，数据区域存储变量和进程执行期间使用的动态分配的内存；堆栈区域存储着活动过程可能调用的指令和本地变量。

每个进程至少包含一个线程，它从程序开始执行，直到退出程序，主线程结束，该进程也被从内存中卸载。主线程在运行过程中还可以创建新的线程，实现多线程的功能。

线程就是一段顺序程序。但是线程不能独立运行，只能在程序中运行。

不同的操作系统实现进程和线程的方法也不同，但大多数是在进程中包含线程，如 Windows。一个进程中可以存在多个线程，线程可以共享进程的资源（比如内存），而不同的进程之间则是不能共享资源的。

2. 多线程优点

多线程的运行类似于同时执行多个不同程序,多线程运行有如下优点:

(1) 使用线程可以把程序中占据长时间的任务放到后台去处理。

(2) 用户界面可以更加吸引人,例如,用户单击了一个按钮去触发某些事件,可以弹出一个进度条来显示处理的进度。

(3) 程序的运行速度可能加快。

(4) 在一些等待的任务实现上(如用户输入、文件读写和网络收发数据等)线程就比较有用,在这种情况下可以释放一些珍贵的资源,如内存占用等。

线程在执行过程中与进程还是有区别的。每个独立的线程有一个程序运行的入口、顺序执行序列和程序的出口。但是线程不能够独立执行,必须依存在应用程序中,由应用程序提供多个线程执行控制。

每个线程都有自己的一组 CPU 寄存器,称为线程的上下文,该上下文反映了线程上次运行该线程的 CPU 寄存器的状态。

3. 线程的状态

在操作系统内核中,线程可以被标记成如下状态。

初始化(Init):在创建线程时,操作系统在内部会将其标识为初始化状态。此状态只在系统内核中使用。

就绪(Ready):线程已经准备好被执行。

延迟就绪(Deferred ready):表示线程已经被选择在指定的处理器上运行,但还没有被调度。

备用(Standby):表示已经选择下一个线程在指定的处理器上运行。当该处理器上运行的线程因等待资源等原因被挂起时,调度器将备用线程切换到处理器上运行。只有一个线程可以是备用状态。

运行(Running):表示调度器将线程切换到处理器上运行,它可以运行一个线程周期(quantum),然后将处理器让给其他线程。

等待(Waiting):线程可以因为等待一个同步执行的对象或等待资源等原因切换到等待状态。

过渡(Transition):表示线程已经准备好被执行,但其内核堆已经从内存中被移除。一旦其内核堆被加载到内存中,线程就会变成运行状态。

终止(Terminated):当线程被执行完成后,其状态会变成终止。系统会释放线程中的数据结构和资源。

7.3.2 创建线程

Python 中 threading 模块提供了 Thread 类来创建和处理线程,格式如下:

```
线程对象 = threading.Thread(target = 线程函数, args = (参数列表), name = 线程名, group = 线程组)
```

其中,线程名和线程组都可以省略。

创建线程后,通常需要调用线程对象的 setDaemon()方法将线程设置为守护线程。主线程执行完后,如果其他线程为非守护线程,则主线程不会退出,而被无限挂起;线程声明为守护线程之后,如果队列中的线程运行完了,那么整个程序不用等待就可以退出。

setDaemon()函数的使用方法如下:

```
线程对象.setDaemon(是否设置为守护线程)
```

setDaemon()函数必须在运行线程之前被调用。然后调用线程对象的 start()方法可以运行线程。

在俄罗斯方块游戏的程序中可以通过创建线程来实现游戏过程中方块的下落和显示。

【例 7-1】 使用 threading.Thread 类来创建线程例子。

```
import threading
def f(i):
    print(" I am from a thread, num = %d \n" %(i))
def main():
    for i in range(1,10):
        t = threading.Thread(target = f,args = (i,))
        t.setDaemon(True)        #设置为守护线程,主线程可以结束退出
        t.start()
if _name_ == "_main_":
    main()
```

程序定义了一个函数 f(),用于输出参数 i。在主程序中依次使用 1~10 作为参数创建 10 个线程来运行函数 f()。以上程序执行结果如下:

```
I am from a thread, num = 2
I am from a thread, num = 1
I am from a thread, num = 5
I am from a thread, num = 3
I am from a thread, num = 6
I am from a thread, num = 7
I am from a thread, num = 8
>>>
I am from a thread, num = 9
I am from a thread, num = 4
```

可以看到,虽然线程的创建和启动是有顺序的,但是线程是并发运行的,所以不能确定哪个线程先执行完。从运行结果可以看到,输出的数字也是没有规律的。而且在"I am from a thread,num=9"前面有一个">>>",说明主程序在此处已经退出了。

Thread 类还提供了以下方法:

run():用以表示线程活动的方法。

start():启动线程活动。

join([time]):可以阻塞进程直到线程执行完毕。参数 timeout 指定超时时间(单位为

秒),超过指定时间 join 就不再阻塞进程了。

isAlive():返回线程是否是活动的。

getName():返回线程名。

setName():设置线程名。

threading 模块提供的其他方法:

threading.currentThread():返回当前的线程变量。

threading.enumerate():返回一个包含正在运行的线程的 list。正在运行指线程启动后、结束前,不包括启动前和终止后。

threading.activeCount():返回正在运行的线程数量,与 len(threading.enumerate())有相同的结果。

【例 7-2】 编写自己的线程类 myThread 来创建线程对象。

分析:自己的线程类直接从 threading.Thread 类继承,然后重写_init_()方法和 run()方法就可以来创建线程对象了。

```python
import threading
import time
exitFlag = 0
class myThread (threading.Thread):          #继承父类 threading.Thread
    def _init_(self, threadID, name, counter):
        threading.Thread._init_(self)
        self.threadID = threadID
        self.name = name
        self.counter = counter
    def run(self):      #把要执行的代码写到 run 函数里面,线程在创建后会直接运行 run()函数
        print ("Starting " + self.name)
        print_time(self.name, self.counter, 5)
        print ("Exiting " + self.name)

def print_time(threadName, delay, counter):
    while counter:
        if exitFlag:
            thread.exit()
        time.sleep(delay)
        print ("%s: %s" % (threadName, time.ctime(time.time())))
        counter -= 1

#创建新线程
thread1 = myThread(1, "Thread-1", 1)
thread2 = myThread(2, "Thread-2", 2)
#开启线程
thread1.start()
thread2.start()
print ("Exiting Main Thread")
```

以上程序执行结果如下:

```
Starting Thread-1 Exiting Main Thread Starting Thread-2
Thread-1: Tue Aug 2 10:19:01 2019
Thread-2: Tue Aug 2 10:19:02 2019
Thread-1: Tue Aug 2 10:19:02 2019
Thread-1: Tue Aug 2 10:19:03 2019
Thread-2: Tue Aug 2 10:19:04 2019
Thread-1: Tue Aug 2 10:19:04 2019
Thread-1: Tue Aug 2 10:19:05 2019
Exiting Thread-1
Thread-2: Tue Aug 2 10:19:06 2019
Thread-2: Tue Aug 2 10:19:08 2019
Thread-2: Tue Aug 2 10:19:10 2019
Exiting Thread-2
```

7.3.3 线程同步

如果多个线程共同对某个数据进行修改,则可能出现无法预料的结果,为了保证数据的正确性,需要对多个线程进行同步。

使用 Threading 的 Lock(指令锁)和 Rlock(可重入锁)对象可以实现简单的线程同步,这两个对象都有 acquire 方法(申请锁)和 release 方法(释放锁),对于那些需要每次只允许一个线程操作的数据,可以将其操作放到 acquire 和 release 方法之间。

例如这样一种情况:一个列表里所有元素都是 0,线程 set 从后向前把所有元素改成 1,而线程 print 负责从前往后读取列表并打印。

那么,在线程 set 开始改的时候,线程 print 可能开始打印列表了,输出就成了一半 0 一半 1,这就是数据的不同步。为了避免这种情况,引入了锁的概念。

锁有两种状态——锁定和未锁定。每当一个线程比如 set 要访问共享数据时,必须先获得锁定;如果已经有别的线程比如 print 获得锁定了,那么就让线程 set 暂停,也就是同步阻塞;等到线程 print 访问完毕释放锁以后,再让线程 set 继续。

经过这样的处理,打印列表时要么全部输出 0,要么全部输出 1,不会再出现一半 0 一半 1 的尴尬场面。

【例 7-3】 使用指令锁实行多个线程同步。

```
import threading
import time
class myThread (threading.Thread):
    def _init_(self, threadID, name, counter):
        threading.Thread._init_(self)
        self.threadID = threadID
        self.name = name
        self.counter = counter
    def run(self):
        print ("Starting " + self.name)
        # 获得锁,成功获得锁定后返回 True
        # 可选的 timeout 参数不填时将一直阻塞直到获得锁定
```

```python
            #否则超时后将返回False
            threadLock.acquire()          #线程一直阻塞直到获得锁
            print(self.name,"获得锁")
            print_time(self.name, self.counter, 3)
            print(self.name,"释放锁")
            threadLock.release()          #释放锁

def print_time(threadName, delay, counter):
    while counter:
        time.sleep(delay)
        print ("%s: %s" % (threadName, time.ctime(time.time())))
        counter -= 1

threadLock = threading.Lock()          #创建一个指令锁
threads = []
#创建新线程
thread1 = myThread(1, "Thread-1", 1)
thread2 = myThread(2, "Thread-2", 2)
#开启新线程
thread1.start()
thread2.start()

#添加线程到线程列表
threads.append(thread1)
threads.append(thread2)

#等待所有线程完成
for t in threads:
    t.join()                           #可以阻塞主程序直到线程执行完毕后主程序结束
print ("Exiting Main Thread")
```

以上程序的执行结果如下：

```
Starting Thread-1Starting Thread-2
Thread-1 获得锁
Thread-1: Tue Aug 2 11:13:20 2019
Thread-1: Tue Aug 2 11:13:21 2019
Thread-1: Tue Aug 2 11:13:22 2019
Thread-1 释放锁
Thread-2 获得锁
Thread-2: Tue Aug 2 11:13:24 2019
Thread-2: Tue Aug 2 11:13:26 2019
Thread-2: Tue Aug 2 11:13:28 2019
Thread-2 释放锁
Exiting Main Thread
```

7.3.4 定时器 Timer

定时器(Timer)是 Thread 的派生类,用于在指定的时间后能调用一个函数,具体方法如下:

```
timer = threading.Timer(指定时间 t, 函数 f)
timer.start()
```

执行 timer.start()后,程序会在指定的时间 t 后启动线程执行函数 f。

【例 7-4】 使用定时器 Timer 的例子。

```
import threading
import time
def func():
    print(time.ctime())           #输出当前时间
print(time.ctime())
timer = threading.Timer(5, func)
timer.start()
```

该程序可实现延迟 5 秒后调用 func 方法的功能。

7.4 程序设计的步骤

在俄罗斯方块游戏的程序设计中导入相关的模块。

```
from tkinter import *
from random import *
import threading
from tkinter.messagebox import showinfo
from tkinter.messagebox import askquestion
import threading
from time import import sleep
```

将游戏设计成一个 BrickGame 类。

```
class BrickGame(object):
    start = True                  #是否开始
    isDown = True                 #是否到达底部
    isPause = False               #是否暂停
    title = "俄罗斯方块游戏"       #标题
    width = 450
    height = 670                  #宽和高
    rows = 20
    cols = 10                     #行和列数
    #下降方块的线程
    downThread = None
```

所有方块的形状采用列表 brick 存储。通过索引从 brick 中获取方块的形状信息及其旋转变形。

```
#存储7种形状及其旋转变形
brick = [
    [   #L形
        [
            [1,1,1],
            [1,0,0],
            [0,0,0]
        ],
        [
            [0,1,1],
            [0,0,1],
            [0,0,1]
        ],
        [
            [0,0,0],
            [0,0,1],
            [1,1,1]
        ],
        [
            [1,0,0],
            [1,0,0],
            [1,1,0]
        ]
    ],
    [   #竖条形
        [
            [0,1,0],
            [0,1,0],
            [0,1,0]
        ],
        [
            [0,0,0],
            [1,1,1],
            [0,0,0]
        ],
        [
            [0,1,0],
            [0,1,0],
            [0,1,0]
        ],
        [
            [0,0,0],
            [1,1,1],
            [0,0,0]
```

```
            ]
        ],
        ……                          # 其余方块形状略
        ]
        curBrick = None             # 当前的方块(形状编号：0 为反 Z 形,1 为 L 形,2 为反转 L 形,3 为正
    # 方形,4 为 T 形,5 为竖条形,6 为 Z 形)
        nextBrick = None            # 下一方块(形状编号)
        arr = None                  # 当前方块列表(数组)
        arr1 = None                 # 下一方块列表(数组)
        shape = -1                  # 当前方块形状
        # 当前方块的行和列(最左上角)
        curRow = -10
        curCol = -10
        map = list()                # 存储游戏区域地图,已固定的小方格为1,没固定的小方格为0
        gridBack = list()           # 存储游戏区域的 20×10 小方格
        preBack = list()            # 存储预览区(下一方块)小方格 3×3
```

init(self)完成游戏初始化功能。在此函数中,生成游戏区域为 20×10 个小方格图形,并用 map 列表记录小方格的状态,已固定的小方格为 1,没固定的小方格(空白区域)为 0。最后生成预览区的 3×3 小方格图形。

```
def init(self):                                     # 初始化
    for i in range(0,self.rows):
        self.map.insert(i,list())                   # 存储游戏区域地图
        self.gridBack.insert(i,list())              # 存储游戏区域小方格

    for i in range(0,self.rows):                    # 行
        for j in range(0,self.cols):                # 列
            self.map[i].insert(j,0)
            self.gridBack[i].insert(j,self.canvas.create_rectangle(30*j,30*i,30*(j+1),30
*(i+1),fill="black"))

    for i in range(0,3):                            # 生成下一个方块的数据结构列表
        self.preBack.insert(i,list())
    for i in range(0,3):                            # 生成下一个方块的 3×3 小方格
        for j in range(0,3):
            self.preBack[i].insert(j,self.canvas1.create_rectangle(30*j,30*i,30*(j+1),30
*(i+1),fill="black"))
```

drawRect(self)用来绘制游戏的小方格。首先绘制游戏面板中所有小方格,已固定的小方格采用蓝色,空白区域的小方格采用黑色。同时绘制预览区的下一个方块和当前方块,这里只需要 canvas.itemconfig 改变初始绘制小方格的颜色即可。

```
def drawRect(self):
    for i in range(0,self.rows):
        for j in range(0,self.cols):
            if self.map[i][j] == 1:                 # 已固定
                self.canvas.itemconfig(self.gridBack[i][j],fill="blue",outline="white")
```

```
                        elif self.map[i][j] == 0:
                            self.canvas.itemconfig(self.gridBack[i][j],fill = "black",outline = "white")

            #绘制预览区的下一个方块
            for i in range(0,len(self.arr1)):
                for j in range(0,len(self.arr1[i])):
                    if self.arr1[i][j] == 0:
                        self.canvas1.itemconfig(self.preBack[i][j],fill = "black",outline = "white")
                    elif self.arr1[i][j] == 1:
                        self.canvas1.itemconfig(self.preBack[i][j],fill = "orange",outline = "white")

            #绘制当前正在移动的方块
            if self.curRow!= -10 and self.curCol!= -10:
                for i in range(0,len(self.arr)):
                    for j in range(0,len(self.arr[i])):
                        if self.arr[i][j] == 1:
                            self.canvas.itemconfig(self.gridBack[self.curRow + i][self.curCol + j],
                                                   fill = "blue",outline = "white")
```

获得当前方块的 getCurBrick(self)方法判断是否已有下一方块,如果没有则产生当前方块的形状编号和旋转状态。如果已有下一方块,则将已有的下一方块作为当前方块,再随机产生下一方块的形状编号。

```
def getCurBrick(self):                                  #获得当前方块
    if self.nextBrick!= None:                           #下一个方块
        self.arr = self.arr1
        self.curBrick = self.nextBrick
        self.shape = 0
        self.createNextBrick()                          #生成下一个方块
    else:
        self.curBrick = randint(0,len(self.brick) - 1)  #形状编号
        self.shape = 0                                  #旋转状态
        #当前方块数组
        self.arr = self.brick[self.curBrick][self.shape]
    self.curRow = 0
    self.curCol = 3
    #是否到底部为 False
    self.isDown = False
```

createNextBrick(self)用来生成下一个方块的形状编号并得到方块的形状数组。

```
def createNextBrick(self):           #生成下一个方块
    self.nextBrick = randint(0,len(self.brick) - 1)
    self.shape1 = 0
    #下一个方块数组
    self.arr1 = self.brick[self.nextBrick][self.shape1]
```

onKeyboardEvent(self,event)用来监听键盘输入。根据按键控制形状方块左右移动、

旋转和下移。如果是方向键向上则旋转，即改变方块的形状。并且保证左右移动时和底部 map 存储的固定方块、边界不碰撞，如果碰撞则恢复数据放弃移动。

```python
def onKeyboardEvent(self,event):
    #未开始,不必监听键盘输入
    if self.start == False:
        return
    if self.isPause == True:
        return
    #记录原来的值
    tempCurCol = self.curCol
    tempCurRow = self.curRow
    tempShape = self.shape
    tempArr = self.arr
    direction = -1

    if event.keycode == 37:            #向左键
        self.curCol -= 1
        direction = 1                  #左移
    elif event.keycode == 38:          #向上键
        #改变方块的形状
        self.shape += 1
        direction = 2
        if self.shape >= 4:
            self.shape = 0
        self.arr = self.brick[self.curBrick][self.shape]
    elif event.keycode == 39:          #向右键
        direction = 3                  #右移
        self.curCol += 1
    elif event.keycode == 40:          #向下键
        direction = 4                  #下移
        self.curRow += 1
    if self.isEdge(direction) == False:#当前方块到达边界,则恢复数据放弃移动
        self.curCol = tempCurCol
        self.curRow = tempCurRow
        self.shape = tempShape
        self.arr = tempArr
    self.drawRect()
    return True

#判断当前方块是否到达边界和底部
def isEdge(self,direction):
    tag = True
    #向左,判断边界
    if direction == 1:
        for i in range(0,3):
            for j in range(0,3):
                if self.arr[j][i]!= 0 and (self.curCol + i < 0 or self.map[self.curRow + j][self.curCol + i]!= 0):
```

```
                tag = False
                break
        # 向右,判断边界
        elif direction == 3:
            for i in range(0,3):
                for j in range(0,3):
                    if self.arr[j][i]!= 0 and (self.curCol + i >= self.cols or self.map[self.curRow + j]
[self.curCol + i]!= 0):
                        tag = False
                        break
        # 向下,判断底部
        elif direction == 4:
            for i in range(0,3):
                for j in range(0,3):
                    if self.arr[i][j]!= 0 and (self.curRow + i >= self.rows or self.map[self.curRow + i]
[self.curCol + j]!= 0):
                        tag = False
                        self.isDown = True  # 到达底部
                        break
        # 进行变形,判断边界
        elif direction == 2:
            if self.curCol < 0:
                self.curCol = 0
            if self.curCol + 2 >= self.cols:
                self.curCol = self.cols - 3
            if self.curRow + 2 >= self.rows:
                self.curRow = self.curRow - 3
        return tag
```

通过线程不断实现方块向下移动。每过 1 秒将当前方块的行号 self.curRow 加 1,判断是否到达底部。如果到达底部,则把当前方块记录为固定方块,重新获得当前方块并绘制当前方块和下一个方块。

```
def brickDown(self):                    # 方块向下移动
    while True:
        if self.start == False:
            print("exit thread")
            break
        if self.isPause == False:
            tempRow = self.curRow
            self.curRow += 1
            if self.isEdge(4) == False:    # 到达底部
                self.curRow = tempRow      # 恢复原来行号
                if self.isDown:            # 判断当前方块是否已经运动到达底部(可以不用判断)
                    for i in range(0,3):
                        for j in range(0,3):
                            if self.arr[i][j]!= 0:
                                self.map[self.curRow + i][self.curCol + j] = self.arr[i][j]
                                # 当前方块记录为固定方块
```

```
            self.removeRow()            #判断整行消除
            self.isDead()                #判断是否死了
            self.getCurBrick()           #重新获得当前方块
        self.drawRect()                  #绘制当前方块和下一个方块
        #每隔1秒下降一格
        sleep(1)                         #间隔1秒,time模块的sleep(1)
```

removeRow(self)判断是否有整行需要消除。

```
def removeRow(self):
    count = 0
    for i in range(0,self.rows):
        tag1 = True
        for j in range(0,self.cols):
            if self.map[i][j] == 0:
                tag1 = False
                break
        if tag1 == True:
            #从上向下挪动
            count = count + 1
            for m in range(i - 1,0, - 1):
                for n in range(0,self.cols):
                    self.map[m + 1][n] = self.map[m][n]
    scoreValue = eval(self.scoreLabel2['text'])
    scoreValue += 5 * count * (count + 3)
    self.scoreLabel2.config(text = str(scoreValue))
```

isDead(self)用来判断是否结束游戏。判断首行已有固定的格子则游戏结束。

```
def isDead(self):        #判断游戏是否结束
    for j in range(0,len(self.map[0])):
        if self.map[0][j]!= 0:
            showinfo("提示","你挂了,再来一盘吧!")
            self.start = False
            break
```

开始按钮事件代码。恢复游戏初始时游戏面板中全部是黑色小方格,即预览区全部是黑色小方格;重新获取当前方块和下一个方块,并通过绘制显示出来。最后启动向下移动的线程。

```
def clickStart(self):                    #单击开始
    self.start = True
    self.getCurBrick()                   #获得当前方块
    self.createNextBrick()               #生成下一个方块

    #绘制背景和预览区
    for i in range(0,self.rows):         #绘制背景
        for j in range(0,self.cols):
```

```
                    self.map[i][j] = 0
                    self.canvas.itemconfig(self.gridBack[i][j],fill = "black",outline = "white")
        for i in range(0,len(self.arr)):                    #绘制预览区
            for j in range(0,len(self.arr[i])):
                self.canvas1.itemconfig(self.preBack[i][j],fill = "black",outline = "white")

        self.drawRect()                                     #绘制当前方块和下一个方块
        #启动方块下落的线程
        if self.downThread == None or not self.downThread.isAlive():
            self.downThread = threading.Thread(target = self.brickDown,args = ())
            self.downThread.start()
```

暂停按钮事件代码如下:

```
def clickPause(self):
    self.isPause = not self.isPause
    print(self.isPause)
    if not self.isPause:
        self.btnPause["text"] = "暂停"
    else:
        self.btnPause["text"] = "恢复"
```

重新开始按钮事件代码如下:

```
def clickReStart(self):
    ackRestart = askquestion("重新开始","你确定要重新开始吗?")
    if ackRestart == 'yes':
        self.clickStart()
    else:
        return
```

退出按钮事件代码如下:

```
def clickQuit(self):
    ackQuit = askquestion("退出","你确定要退出吗?")
    if ackQuit == 'yes':
        self.window.destroy()
        exit()
```

构造函数实现游戏界面,并初始化游戏初始状态,进入消息循环并监听键盘事件。

```
def _init_(self):
    self.window = Tk()
    self.window.title(self.title)
    self.window.minsize(self.width,self.height)
    self.window.maxsize(self.width,self.height)
    self.frame1 = Frame(self.window,width = 300,height = 600,bg = "black")
    self.frame1.place(x = 20,y = 30)
    self.scoreLabel1 = Label(self.window,text = "Score:",font = (30))       #分数标签
```

```python
        self.scoreLabel1.place(x = 340, y = 60)
        self.scoreLabel2 = Label(self.window, text = "0", fg = 'red', font = (30))    # 显示得分
        self.scoreLabel2.place(x = 410, y = 60)

        self.frame2 = Frame(self.window, width = 90, height = 90, bg = "black")
        self.frame2.place(x = 340, y = 120)

        self.canvas = Canvas(self.frame1, width = 300, height = 600, bg = "black")
        self.canvas1 = Canvas(self.frame2, width = 90, height = 90, bg = "black")
        # 以下是 4 个按钮
        self.btnStart = Button(self.window, text = "开始", command = self.clickStart)
        self.btnStart.place(x = 340, y = 400, width = 80, height = 25)
        self.btnPause = Button(self.window, text = "暂停", command = self.clickPause)
        self.btnPause.place(x = 340, y = 450, width = 80, height = 25)
        self.btnReStart = Button(self.window, text = "重新开始", command = self.clickReStart)
        self.btnReStart.place(x = 340, y = 500, width = 80, height = 25)
        self.btnQuit = Button(self.window, text = "退出", command = self.clickQuit)
        self.btnQuit.place(x = 340, y = 550, width = 80, height = 25)
        self.init()
        self.canvas.pack()
        self.canvas1.pack()
        # 监听键盘事件
        self.window.bind("<KeyPress>", self.onKeyboardEvent)
        self.window.mainloop()
        self.start = False
if __name__ == '__main__':
    brickGame = BrickGame()
```

至此,俄罗斯方块游戏的程序编写完成。

思考与练习

1. 使用多线程技术实现 5.5 节的弹球小游戏。
2. 使用多线程技术实现走迷宫游戏,游戏中要实现人物在不停行走的效果。

第 8 章

网络编程应用——网络五子棋游戏

Python 提供了用于网络编程和通信的各种模块,用户可以使用 socket 模块进行基于套接字的底层网络编程。socket 是计算机之间进行网络通信的一套程序接口,计算机之间的通信都必须遵守 socket 接口的相关要求。socket 对象是网络通信的基础,相当于一个管道连接了发送端和接收端,并在两者之间相互传递数据。Python 语言对 socket 进行了二次封装,简化了程序开发步骤,大大提高了开发的效率。

本章主要介绍 socket 程序的开发,讲述两种常见的通信协议(TCP 和 UDP)的发送和接收的实现,最后介绍基于 UDP 的 socket 编程方法来制作网络五子棋游戏程序。

8.1 网络五子棋游戏简介

网络五子棋采用 C/S 架构,分为服务器端和客户端。服务器端运行界面如图 8-1 所示,游戏时服务器端首先启动,当客户端连接后,服务器端可以走棋。

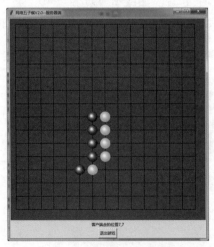

图 8-1 网络五子棋游戏服务器端运行界面

服务器端用户根据提示信息,轮到自己下棋时才可以在棋盘上落子,同时下方标签会显示对方的走棋信息,服务器端用户通过"退出游戏"按钮可以结束游戏。

客户端运行界面如图 8-2 所示,需要输入服务器 IP 地址(这里采用默认地址本机地址),如果正确且服务器启动则可以"连接"服务器。连接成功后客户端用户根据提示信息,轮到自己下棋时才可以在棋盘上落子,同样可以通过"退出游戏"按钮结束游戏。

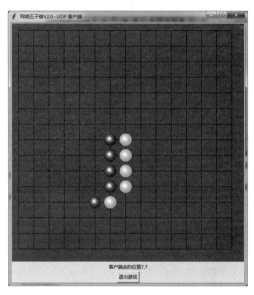

图 8-2　网络五子棋游戏客户端运行界面

8.2　网络编程基础

8.2.1　互联网 TCP/IP 协议

计算机为了联网,就必须规定通信协议,早期的计算机网络,都是由各厂商自己规定一套协议,IBM、Apple 和 Microsoft 都有各自的网络协议,互不兼容,这就好比一群人有的说英语,有的说中文,有的说德语,只有说同一种语言的人可以交流,而不同语言之间的人则无法交流。

为了把全世界的所有不同类型的计算机都连接起来,就必须规定一套全球通用的协议,为了实现互联网这个目标,国际组织制定了 OSI 七层模型互联网协议标准,如图 8-3 所示。因为互联网协议包含了上百种协议标准,但是最重要的两个协议是 TCP 和 IP 协议,所以,大家把互联网的协议简称为 TCP/IP 协议。

8.2.2　IP 协议

通信的时候,双方必须知道对方的标识,好比发邮件必须知道对方的邮件地址。互联网上每个计算机的唯一标识就是 IP 地址,如 202.196.32.7。如果一台计算机同时接入到两个或更多的网络,比如路由器,它就会有两个或多个 IP 地址,所以,IP 地址对应的实际上是

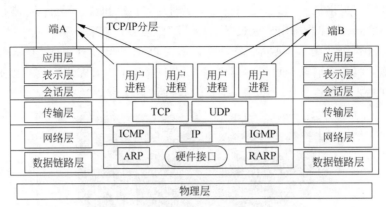

图 8-3　互联网协议

计算机的网络接口,通常是网卡。

IP 协议负责把数据从一台计算机通过网络发送到另一台计算机。数据被分割成一小块一小块,然后通过 IP 包发送出去。由于互联网链路复杂,两台计算机之间经常有多条线路,因此,路由器就负责把一个 IP 包转发出去。IP 包的特点是按块发送,途经多个路由,但不保证能送达,也不保证顺序送达。

IP 地址实际上是一个 32 位整数(称为 IPv4),以字符串表示的 IP 地址如 192.168.0.1 实际上是把 32 位整数按 8 位分组后的数字表示,目的是便于阅读。

IPv6 地址实际上是一个 128 位整数,它是目前使用的 IPv4 的升级版,以字符串表示类似于 2001:0db8:85a3:0042:1000:8a2e:0370:7334。

8.2.3　TCP 和 UDP 协议

TCP 协议是建立在 IP 协议之上的。TCP 协议负责在两台计算机之间建立可靠连接,保证数据包按顺序到达。TCP 协议会通过握手建立连接,然后对每个 IP 包编号,确保对方按顺序收到,如果包丢掉了,就自动重发。

许多常用的更高级的协议都是建立在 TCP 协议基础上的,比如用于浏览器的 HTTP 协议、发送邮件的 SMTP 协议等。

UDP 协议同样是建立在 IP 协议之上,但是 UDP 协议面向无连接的通信协议,不保证数据包的顺利到达,是不可靠传输。所以效率比 TCP 要高。

8.2.4　HTTP 和 HTTPS 协议

超文本传输协议(HTTP 协议)被用于在 Web 浏览器和网站服务器之间传递信息,HTTP 协议以明文方式发送内容,不提供任何方式的数据加密,如果攻击者截取了 Web 浏览器和网站服务器之间的传输报文,就可以直接读懂其中的信息,因此,HTTP 协议不适合传输一些敏感信息,比如信用卡号、密码等支付信息。

为了解决 HTTP 协议的这一缺陷,需要使用另一种协议:安全套接字层超文本传输协议(HTTPS),为了数据传输的安全,HTTPS 在 HTTP 的基础上加入了 SSL 协议,SSL 依靠证书来验证服务器的身份,并为浏览器和服务器之间的通信进行加密。

HTTP 协议用于客户端(如浏览器)与服务器之间的通信。HTTP 协议属于应用层,建立在传输层协议 TCP 之上。客户端通过与服务器建立 TCP 连接后,发送 HTTP 请求与接收 HTTP 响应都是通过访问 Socket 接口来调用 TCP 协议实现的。

8.2.5 端口

一个 IP 包除了包含要传输的数据外,还包含源 IP 地址和目标 IP 地址,以及源端口和目标端口。

端口有什么作用?在两台计算机通信时,只发 IP 地址是不够的,因为同一台计算机上运行着多个网络程序(例如浏览器、QQ 等网络程序)。一个 IP 包来了之后,到底是交给浏览器还是 QQ,就需要端口号来区分。每个网络程序都向操作系统申请唯一的端口号,这样,两个进程在两台计算机之间建立网络连接就需要各自的 IP 地址和各自的端口号。例如浏览器常常使用 80 端口,FTP 程序使用 21 端口,邮件收发使用 25 端口。

网络上两台计算机之间的数据通信,归根到底就是不同主机之间的进程交互,而每台主机的进程都对应着某个端口。也就是说,单独靠 IP 地址是无法完成通信的,必须要有 IP 和端口。

8.2.6 Socket

套接字(Socket)是网络编程的一个抽象概念,主要是用于网络通信编程。20 世纪 80 年代初,美国政府的高级研究工程机构(ARPA)给加利福尼亚大学伯克利分校提供了资金,让他们在 UNIX 操作系统下实现 TCP/IP 协议。在这个项目中,研究人员为 TCP/IP 网络通信开发了一个应用程序接口(API),这个 API 称为 Socket,Socket 是 TCP/IP 网络最为通用的 API。任何网络通信都是通过 Socket 来完成的。

通常用一个 Socket 表示"打开了一个网络链接",而打开一个 Socket 需要知道目标计算机的 IP 地址和端口号,再指定协议类型即可。

套接字构造函数 socket(family,type[,protocal])使用给定的套接字家族、套接字类型、协议编号来创建套接字。

其参数介绍如下,参数取值含义如表 8-1 所示。

family:套接字家族,可以使 AF_UNIX 或者 AF_INET、AF_INET6。

type:套接字类型,可以根据是面向连接的还是非连接分为 SOCK_STREAM 或 SOCK_DGRAM。

protocol:一般不填,默认为 0。

表 8-1 套接字函数参数含义

参 数	描 述
socket.AF_UNIX	只能够用于单一的 UNIX 系统进程间通信
socket.AF_INET	服务器之间网络通信
socket.AF_INET6	IPv6
socket.SOCK_STREAM	流式 socket,针对 TCP
socket.SOCK_DGRAM	数据报式 socket,针对 UDP

参　　数	描　　述
socket.SOCK_RAW	原始套接字，普通的套接字无法处理 ICMP、IGMP 等网络报文，而 SOCK_RAW 可以；其次，SOCK_RAW 也可以处理特殊的 IPv4 报文；此外，利用原始套接字，可以通过 IP_HDRINCL 套接字选项由用户构造 IP 头部
socket.SOCK_SEQPACKET	可靠的连续数据包服务

例如，创建 TCP Socket：

```
s = socket.socket(socket.AF_INET,socket.SOCK_STREAM)
```

创建 UDP Socket：

```
s = socket.socket(socket.AF_INET,socket.SOCK_DGRAM)
```

Socket 同时支持数据流 Socket 和数据报 Socket。下面是利用 Socket 进行通信连接的过程框图。其中图 8-4 是面向连接支持数据流 TCP 的时序图，图 8-5 是无连接数据报 UDP 的时序图。

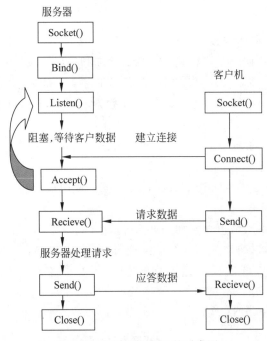

图 8-4　面向连接 TCP 的时序图

由图可以看出，客户机(Client)与服务器(Server)的关系是不对称的。

对于 TCP 的 C/S 时序，服务器首先启动，然后在某一时刻启动客户机与服务器建立连接。服务器与客户机开始都必须调用 Socket()建立一个套接字 Socket，然后服务器调用 Bind()将套接字与一个本机指定端口绑定在一起，再调用 Listen()使套接字处于一种被动的准备接收状态，这时客户机建立套接字便可通过调用 Connect()和服务器建立连接，服务器就可以调用 Accept()来接收客户机连接。然后继续侦听指定端口并发出阻塞,直到下一个请求出现,从而实现多个客户机连接。连接建立之后,客户机和服务器之间就可以通过连接发送和接收数据。最后,待数据传送结束,双方可调用 Close()关闭套接字。

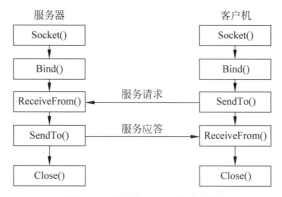

图 8-5　无连接 UDP 的时序图

对于 UDP 的 C/S,客户机并不与服务器建立一个连接,而仅仅调用函数 SendTo()给服务器发送数据报。相似地,服务器也不从客户端接收一个连接,只是调用函数 ReceiveFrom(),等待从客户端发来的数据,依照 ReceiveFrom()得到的协议地址以及数据报,服务器就可以给客户送一个应答。

在 Python 中,Socket 模块中 Socket 对象提供函数方法如表 8-2 所示。

表 8-2　Socket 对象函数方法

套接字	函　　数	描　　述
服务器套接字	s.bind(host,port)	绑定地址(host,port)到套接字,在 AF_INET 下以元组(host,port)的形式表示地址
	s.listen(backlog)	开始 TCP 监听。backlog 指定在拒绝连接之前,可以最大连接数量。该值至少为 1,大部分应用程序设为 5 就可以了
	s.accept()	被动接受 TCP 客户端连接,(阻塞式)等待连接的到来
客户端套接字	s.connect(address)	主动与 TCP 服务器连接。一般 address 的格式为元组(hostname,port),如果连接出错,返回 socket.error 错误
	s.connect_ex()	connect()函数的扩展版本,出错时返回出错码,而不是抛出异常
公共用途的套接字	s.recv(bufsize,[,flag])	接收 TCP 数据,数据以字节串形式返回,bufsize 指定要接收的最大数据量。flag 提供有关消息的其他信息,通常可以忽略
	s.send(data)	发送 TCP 数据,将 data 中的数据发送到连接的套接字。返回值是要发送的字节数量,该数量可能小于 data 的字节大小
	s.sendall(data)	完整发送 TCP 数据,完整发送 TCP 数据。将 data 中的数据发送到连接的套接字,但在返回之前会尝试发送所有数据。成功返回 None,失败则抛出异常

续表

套接字	函数	描述
公共用途的套接字	s.recvform(bufsize,[,flag])	接收 UDP 数据,与 recv()类似,但返回值是(data,address)。其中 data 是包含接收数据的字节串,address 是发送数据的套接字地址
	s.sendto(data,address)	发送 UDP 数据,将数据发送到套接字,address 是形式为(ip,port)的元组,指定远程地址。返回值是发送的字节数
	s.close()	关闭套接字
	s.getpeername()	返回连接套接字的远程地址。返回值通常是元组(ipaddr,port)
	s.getsockname()	返回套接字自己的地址。通常是一个元组(ipaddr,port)
	s.setsockopt(level,optname,value)	设置给定套接字选项的值
	s.getsockopt(level,optname)	返回套接字选项的值
	s.settimeout(timeout)	设置套接字操作的超时时间,timeout 是一个浮点数,单位是秒。值为 None 表示没有超时时间。一般,超时时间应该在刚创建套接字时设置,因为它们可能用于连接的操作(如 connect())
	s.gettimeout()	返回当前超时时间的值,单位是秒,如果没有设置超时时间,则返回 None
	s.fileno()	返回套接字的文件描述符
	s.setblocking(flag)	如果 flag 为 0,则将套接字设为非阻塞模式,否则将套接字设为阻塞模式(默认值)。非阻塞模式下,如果调用 recv()没有发现任何数据,或调用 send()无法立即发送数据,那么将引起 socket.error 异常
	s.makefile()	创建一个与该套接字相关联的文件

了解了 TCP/IP 协议、IP 地址、端口的概念和 Socket 后,就可以开始进行网络编程了。下面采用不同协议类型来开发网络通信程序。

8.3 TCP 编程

日常生活中大多数连接都是可靠的 TCP 连接。创建 TCP 连接时,主动发起连接的叫客户端,被动响应连接的叫服务器。

8.3.1 TCP 客户端编程

例如,当在浏览器中访问新浪网时,用户的计算机就是客户端,浏览器会主动向新浪网的服务器发起连接。如果一切顺利,新浪网服务器接受了用户的连接,建立了一个 TCP 连接,然后就可发送网页内容进行通信了。

【例 8-1】 访问新浪网的 TCP 客户端程序。

程序模拟浏览器向新浪网服务器发送一个 HTTP 的 GET 请求报文,请求获取新浪网首页的 HTML 文件,服务器把包含该 HTML 文件的响应报文发送回本程序,从而获取整个网页页面文件。

获取新浪网页客户端程序的整个代码如下：

```python
import socket                                          # 导入 socket 模块
s = socket.socket(socket.AF_INET, socket.SOCK_STREAM)  # 创建一个 socket
s.connect(('www.sina.com.cn', 80))                     # 建立与新浪网站连接
# 发送数据请求
s.send(b'GET / HTTP/1.1\r\nHost: www.sina.com.cn\r\nConnection: close\r\n\r\n')
# 接收数据
buffer = []
while True:
    d = s.recv(1024)                                   # 每次最多接收服务器端1K字节数据
    if d:                                              # 是否为空数据
        buffer.append(d)                               # 字节串增加到列表中
    else:
        break                                          # 返回空数据,表示接收完毕,退出循环
data = b''.join(buffer)
s.close()                                              # 关闭连接
header, html = data.split(b'\r\n\r\n', 1)
print(header.decode('utf-8'))
# 把接收的数据写入文件
with open('sina.html', 'wb') as f:
    f.write(html)
```

代码中首先要创建一个基于 TCP 连接的 Socket：

```python
import socket                                          # 导入 socket 模块
s = socket.socket(socket.AF_INET, socket.SOCK_STREAM)  # 创建一个 socket
s.connect(('www.sina.com.cn', 80))                     # 建立与新浪网站连接
```

创建 Socket 时，AF_INET 指定使用 IPv4 协议，如果要用更先进的 IPv6，就指定为 AF_INET6。SOCK_STREAM 指定使用面向流的 TCP 协议，这样，一个 Socket 对象就创建成功了，但是还没有建立连接。

客户端要主动发起 TCP 连接，必须知道服务器的 IP 地址和端口号。新浪网站的 IP 地址可以用域名 www.sina.com.cn 自动转换到 IP 地址，但如何获取新浪网服务器的端口号呢？

作为服务器，提供什么样的服务，端口号就必须固定下来。由于客户端想要访问网页，因此新浪网提供网页服务的服务器必须把端口号固定在 80 端口，因为 80 端口是 Web 服务的标准端口。其他服务都有对应的标准端口号，例如，SMTP 服务是 25 端口，FTP 服务是 21 端口。端口号小于 1024 的是 Internet 标准服务的端口，端口号大于 1024 的可以任意使用。

因此，连接新浪网服务器的代码如下：

```python
s.connect(('www.sina.com.cn', 80))
```

注意参数是一个 tuple，包含地址和端口号。

建立 TCP 连接后,就可以向新浪网服务器发送请求,要求返回首页的内容:

```
# 发送数据请求
s.send(b'GET / HTTP/1.1\r\nHost: www.sina.com.cn\r\nConnection: close\r\n\r\n')
```

TCP 连接创建的是双向通道,双方都可以同时给对方发数据。但是谁先发谁后发,怎么协调,要根据具体的协议来决定。例如,HTTP 协议规定客户端必须先发请求给服务器,服务器收到后才发数据给客户端。

发送的文本格式必须符合 HTTP 标准,如果格式没问题,接下来就可以接收新浪网服务器返回的数据了:

```
# 接收数据
buffer = []
while True:
    d = s.recv(1024)        # 每次最多接收 1K 字节
    if d:                   # 是否为空数据
        buffer.append(d)    # 字节串增加到列表中
    else:
        break               # 返回空数据,表示接收完毕,退出循环
data = b''.join(buffer)
```

接收数据时,调用 recv(max)方法,一次最多能接收指定的字节数,因此,在一个 while 循环中反复接收,直到 recv()返回空数据,表示接收完毕,退出循环。

data=b''.join(buffer)语句中,b''是一个空字节,join()是连接列表的函数,buffer 是一个字节串的列表,使用空字节把 buffer 这个字节列表连接在一起,成为一个新的字节串。这个是 Python 3 新的功能,以前 join()函数只能连接字符串,现在可以连接字节串。

当接收完数据后,调用 close()方法关闭 Socket,这样,一次完整的网络通信就结束了。

```
s.close()        # 关闭连接
```

接收到的数据包括 HTTP 头和网页本身,只需要将 HTTP 头和网页分离,把 HTTP 头打印出来,网页内容保存到文件:

```
header, html = data.split(b'\r\n\r\n', 1)    # 以'\r\n\r\n'分割,且仅仅分割 1 次
print(header.decode('utf-8'))                # decode('utf-8')以 utf-8 编码将字节串转换成字符串
# 把接收的数据写入文件
with open('sina.html', 'wb') as f:           # 以写方式打开文件 sina.html,即可以写入信息
    f.write(html)
```

现在,只需要在浏览器中打开这个 sina.html 文件,就可以看到新浪网的首页了。由于新浪网站现已改成 HTTPS 安全传输协议,即在 HTTP 的基础上加入了 SSL 协议,SSL 依靠证书来验证服务器的身份,并为浏览器和服务器之间的通信加密。读者可以换成其他网站(如当当网 www.dangdang.com),这样仍可以采用 HTTP 传输协议测试本例。

HTTPS 传输协议需要使用 SSL 模块,HTTPS 协议访问新浪网站的代码修改如下:

```
import socket                              # 导入 socket 模块
import ssl                                 # 导入 ssl 模块
s = ssl.wrap_socket(socket.socket())       # 创建一个 socket
s.connect(('www.sina.com.cn', 443))        # 建立与新浪网站连接,端口 443
# 发送数据请求
s.send(b'GET / HTTP/1.1\r\nHost:www.sina.com.cn\r\nConnection: close\r\n\r\n')
```

运行结果如下:

```
HTTP/1.1 200 OK
Server: edge-esnssl-1.17.3-14.3
Date: Mon, 24 Feb 2020 08:03:18 GMT
Content-Type: text/html
Content-Length: 542459
Connection: close
Vary: Accept-Encoding
```

HTTP 响应的头信息中 HTTP/1.1 200 OK 表示访问成功。而不再出现 HTTP/1.1 302 Moved Temporarily 错误。

通过上面例子,可以掌握采用底层 Socket 编程实现浏览网页的过程,熟悉 HTTP 通信过程。在实际的爬虫开发中,使用 Python 网页访问的标准库 urllib、第三方库 requests 等浏览网页更加容易。

8.3.2 TCP 服务器端编程

服务器端和客户端编程相比,编程要复杂一些。服务器端进程首先要绑定一个端口并监听来自其他客户端的连接。如果某个客户端连接过来了,服务器就与该客户端建立 Socket 连接,随后的通信就靠这个 Socket 连接了。

所以,服务器会打开固定端口(比如 80)监听,每来一个客户端连接,就创建该 Socket 连接。由于服务器会有大量来自客户端的连接,所以,服务器要能够区分一个 Socket 连接是与哪个客户端绑定的,要依赖服务器地址、服务器端口、客户端地址、客户端端口这 4 项来唯一确定一个 Socket。

但是服务器还需要同时响应多个客户端的请求,所以,每个连接都需要一个新的进程或者新的线程来处理,否则,服务器一次就只能服务一个客户端了。

【例 8-2】 编写一个简单的 TCP 服务器程序,它接收客户端连接,把客户端发过来的字符串加上 Hello 再发回去。

完整的 TCP 服务器端程序如下:

```
import socket                              # 导入 socket 模块
import threading                           # 导入 threading 线程模块
def tcplink(sock, addr):
    print('接收一个来自 %s:%s 连接请求' % addr)
    sock.send(b'Welcome!')                 # 发给客户端 Welcome! 信息
    while True:
```

```
                data = sock.recv(1024)                          # 接收客户端发来的信息
                time.sleep(1)                                   # 延时 1 秒
                if not data or data.decode('utf-8') == 'exit':  # 如果没数据或收到 exit 信息
                    break                                       # 终止循环
                sock.send(('Hello, %s!' % data.decode('utf-8')).encode('utf-8'))
                                                                # 收到信息加上 Hello 发回
        sock.close()                                            # 关闭连接
        print('来自%s:%s 连接关闭了.' % addr)
s = socket.socket(socket.AF_INET, socket.SOCK_STREAM)
s.bind(('127.0.0.1', 8888))                                     # 监听本机 8888 端口
s.listen(5)                                                     # 连接的最大数量为 5
print('等待客户端连接...')
while True:
        sock, addr = s.accept()                                 # 接受一个新连接
        # 创建新线程来处理 TCP 连接
        t = threading.Thread(target=tcplink, args=(sock, addr))
        t.start()
```

在程序中，首先创建了一个基于 IPv4 和 TCP 协议的 Socket：

```
s = socket.socket(socket.AF_INET, socket.SOCK_STREAM)
```

然后绑定监听的地址和端口。服务器可能有多块网卡，可以绑定到某一块网卡的 IP 地址上，也可以用 0.0.0.0 绑定到所有的网络地址，还可以用 127.0.0.1 绑定到本机地址。127.0.0.1 是一个特殊的 IP 地址，表示本机地址，如果绑定到这个地址，客户端必须同时在本机运行才能连接，也就是说，外部的计算机无法连接进来。

端口号需要预先指定。因为我们写的这个服务不是标准服务，所以用 8888 这个端口号。请注意，小于 1024 的端口号必须要有管理员权限才能绑定。

```
# 监听本机 8888 端口
s.bind(('127.0.0.1', 8888))
```

紧接着，调用 listen() 方法开始监听端口，传入的参数指定等待连接的最大数量为 5。

```
s.listen(5)
print('等待客户端连接...')
```

接下来，服务器程序通过一个无限循环来接受来自客户端的连接，accept() 会等待并返回一个客户端的连接。

```
while True:
    # 接受一个新连接
    sock, addr = s.accept()  # sock 是新建的 socket 对象，服务器通过它与对应客户端通信, addr 是
                             # IP 地址
    # 创建新线程来处理 TCP 连接
```

```
        t = threading.Thread(target = tcplink, args = (sock, addr))
        t.start()
```

每个连接都必须创建新线程(或进程)来处理,否则,单线程在处理连接的过程中,无法接受其他客户端的连接:

```
def tcplink(sock, addr):
    print('接收一个来自 % s: % s 连接请求' % addr)
    sock.send(b'Welcome!')                          #发给客户端 Welcome!信息
    while True:
        data = sock.recv(1024)                       #接收客户端发来的信息
        time.sleep(1)                                #延时 1 秒
        if not data or data.decode('utf-8') == 'exit':   #如果没数据或收到 exit 信息
            break                                    #终止循环
        sock.send(('Hello, % s!' % data.decode('utf-8')).encode('utf-8'))
                                                     #收到信息加上 Hello 发回
    sock.close()                                     #关闭连接
    print('来自 % s: % s 连接关闭了.' % addr)
```

连接建立后,服务器首先发一条欢迎消息,然后等待客户端数据,并加上 Hello 再发送给客户端。如果客户端发送了 exit 字符串,则直接关闭连接。

要测试这个服务器程序,还需要编写一个客户端程序:

```
import socket                                       #导入 socket 模块
s = socket.socket(socket.AF_INET, socket.SOCK_STREAM)
s.connect(('127.0.0.1', 8888))                       #建立连接
#打印接收到欢迎消息
print(s.recv(1024).decode('utf-8'))
for data in [b'Michael', b'Tracy', b'Sarah']:
    s.send(data)                                    #客户端程序发送人名数据给服务器端
    print(s.recv(1024).decode('utf-8'))
s.send(b'exit')
s.close()
```

需要打开两个命令行窗口,一个运行服务器端程序,另一个运行客户端程序,运行效果分别如图 8-6 和图 8-7 所示。

图 8-6 服务器端程序效果

需要注意的是,客户端程序运行完毕就退出了,而服务器端程序会永远运行下去,必须按 Ctrl+C 组合键退出程序。

图 8-7　客户端程序效果

可见，用 TCP 协议进行 Socket 编程在 Python 中十分简单：对于客户端，要主动连接服务器的 IP 和指定端口；对于服务器，首先要监听指定端口，然后对每一个新的连接创建一个线程或进程来处理。通常，服务器程序会无限运行下去。还需注意同一个端口，被一个 Socket 绑定了以后，就不能被别的 Socket 绑定了。

8.4　UDP 编程

TCP 是建立可靠连接，并且通信双方都可以以流的形式发送数据。相对于 TCP，UDP 则是面向无连接的协议。

使用 UDP 协议时，不需要建立连接，只需要知道对方的 IP 地址和端口号，就可以直接发数据包，但是不能保证会到达。虽然用 UDP 传输数据不可靠，但与 TCP 相比，速度快，对于不要求可靠到达的数据，就可以使用 UDP 协议。

通过 UDP 协议传输数据和 TCP 类似，使用 UDP 的通信双方也分为客户端和服务器端。

【例 8-3】　编写一个简单的 UDP 演示下棋程序。服务器端把 UDP 客户端发来的下棋坐标信息(x,y)显示出来，并把 x 和 y 坐标加 1 后(模拟服务器端下棋)，再发给 UDP 客户端。

服务器首先需要绑定 8888 端口：

```python
import socket                              #导入 socket 模块
s = socket.socket(socket.AF_INET, socket.SOCK_DGRAM)
s.bind(('127.0.0.1', 8888))                #绑定端口
```

创建 Socket 时，SOCK_DGRAM 指定了这个 Socket 的类型是 UDP。绑定端口和 TCP 一样，但是不需要调用 listen()方法，而是直接接收来自任何客户端的数据：

```python
print('Bind UDP on 8888...')
while True:
    #接收数据
    data, addr = s.recvfrom(1024)
    print('Received from %s:%s.' % addr)
    print('received:',data)
    p = data.decode('utf-8').split(",")    #decode()解码,将字节串转换成字符串
    x = int(p[0])
    y = int(p[1])
    print(p[0],p[1])
    pos = str(x+1) + "," + str(y+1)        #模拟服务器端下棋位置
    s.sendto(pos.encode('utf-8'),addr)     #发回客户端
```

recvfrom()方法返回数据和客户端的地址与端口,这样,服务器收到数据后,直接调用 sendto()就可以用 UDP 把数据发给客户端。

客户端使用 UDP 时,首先也要创建基于 UDP 的 Socket,然后直接通过 sendto()给服务器端发数据,而无须调用 connect():

```
import socket                           # 导入 socket 模块
s = socket.socket(socket.AF_INET, socket.SOCK_DGRAM)
x = input("请输入 x 坐标")
y = input("请输入 y 坐标")
data = str(x) + "," + str(y)
s.sendto(data.encode('utf-8'), ('127.0.0.1', 8888))    # encode()编码,将字符串转换成传送的字节串
# 接收服务器加 1 后的坐标数据
data2, addr = s.recvfrom(1024)
print("接收服务器加 1 后的坐标数据:", data2.decode('utf-8'))    # decode()解码
s.close()
```

从服务器端接收数据仍然调用 recvfrom()方法。仍然用两个命令行分别启动服务器和客户端测试,运行效果分别如图 8-8 和图 8-9 所示。

图 8-8　服务器端程序效果

图 8-9　客户端程序效果

8.5　网络五子棋游戏设计步骤

在 8.4 节中模拟了服务器端和客户端两方下棋的通信过程,本节学习基于 UDP 的网络五子棋游戏,以真正开发出实用的网络程序。

8.5.1 数据通信协议和算法

1. 数据通信协议

网络五子棋游戏设计的难点在于需要与对方通信。这里使用了面向非连接的 Socket 编程。Socket 编程用于开发 C/S 结构程序,在这类应用中,客户端和服务器端通常需要先建立连接,然后发送和接收数据,交互完成后需要断开连接。该游戏的通信采用基于 UDP 的 Socket 编程实现。这里虽然两台计算机不分主次,但设计时需假设一台做服务器端(黑方),等待其他人加入。其他人想加入的时候要输入服务器端主机的 IP。为了区分通信中传送的是输赢信息,还是下的棋子位置信息或结束游戏等,在发送信息的首部要加上标识。因此定义了如下协议:

(1) move|:下的棋子位置坐标(x,y)。

例如:"move|7,4"表示对方下子位置坐标(7,4)。

(2) over|:哪方赢的信息。

例如:"over|黑方你赢了"表示黑方赢了。

(3) exit|:表示对方离开了,游戏结束。

(4) join|:连接服务器。

当然可以根据程序功能增加协议,例如悔棋、文字聊天等协议,本程序没有设计"悔棋"和"文字聊天"功能所以没定义相应的协议。读者可以自己完善程序。

程序中根据接收的信息都是字符串,通过字符串.split("|")获取消息类型(move、join、exit 或者 over),从中区分出输赢信息 over 和下的棋子位置信息 move 等,代码如下:

```
def receiveMessage():                           #接收消息函数
    global s
    while True:
        #接收客户端发送的消息
        global addr
        data, addr = s.recvfrom(1024)
        data = data.decode('utf-8')
        a = data.split("|")                     #分割数据
        if not data:
            print('client has exited!')
            break
        elif a[0] == 'join':                    #连接服务器请求
            print('client 连接服务器!')
            label1["text"] = 'client 连接服务器成功,请你走棋!'
        elif a[0] == 'exit':                    #对方退出信息
            print('client 对方退出!')
            label1["text"] = 'client 对方退出,游戏结束!'
        elif a[0] == 'over':                    #对方赢信息
            print('对方赢信息!')
            label1["text"] = data.split("|")[0]
            showinfo(title = "提示",message = data.split("|")[1])
        elif a[0] == 'move':                    #客户端走的位置信息,如"move|7,4"
```

```
        print('received:',data,'from',addr)
        p = a[1].split(",")
        x = int(p[0])
        y = int(p[1])
        print(p[0],p[1])
        label1["text"] = "客户端走的位置" + p[0] + p[1]
        drawOtherChess(x,y)              #画对方棋子
    s.close()
```

2. 判断输赢的算法

本游戏的关键技术是判断输赢的算法。算法的具体实现大致分为以下几部分。

(1) 判断 X＝Y 轴上是否形成五子连珠。

(2) 判断 X＝－Y 轴上是否形成五子连珠。

(3) 判断 X 轴上是否形成五子连珠。

(4) 判断 Y 轴上是否形成五子连珠。

以上 4 种情况只要任何一种成立,那么就可以判断输赢。

```
def win_lose():                          #输赢判断
    #扫描整个棋盘,判断是否连成 5 颗
    a = str(turn)
    print ("a = ",a)
    for i in range(0,11):                #i 取 0～11
        #判断 X＝Y 轴上是否形成五子连珠
        for j in range(0,11):            #j 取 0～10
            if map[i][j] == a and map[i + 1][j + 1] == a and map[i + 2][j + 2] == a
                    and map[i + 3][j + 3] == a and map[i + 4][j + 4] == a:
                print("X＝Y 轴上形成五子连珠")
                return True

    for i in range(4,15):                #i 取 4～14
        #判断 X＝－Y 轴上是否形成五子连珠
        for j in range(0,11): #0--10
            if map[i][j] == a and map[i － 1][j + 1] == a and map[i － 2][j + 2] == a
                    and map[i － 3][j + 3] == a and map[i － 4][j + 4] == a:
                print("X＝－Y 轴上形成五子连珠")
                return True

    for i in range(0,15):                #i 取 0～14
        #判断 Y 轴上是否形成五子连珠
        for j in range(4,15):            #j 取 4～14
            if map[i][j] == a and map[i][j － 1] == a and map[i][j － 2] == a
                    and map[i][j － 3] == a and map[i][j － 4] == a:
                print("Y 轴上形成五子连珠")
                return True

    for i in range(0,11):                #i 取 0～11
        #判断 X 轴上是否形成五子连珠
```

```
            for j in range(0,15):                    # j 取 0～14
                if map[i][j] == a and map[i+1][j] == a and map[i+2][j] == a
                     and map[i+3][j] == a and map[i+4][j] == a:
                    print("X轴上形成五子连珠")
                    return True
    return False
```

判断输赢实际上不用扫描整个棋盘,如果能得到刚下的棋子位置(x,y),就不用扫描整个棋盘,而仅仅在此棋子附近横、竖、斜方向均判断一遍即可。

checkWin(x,y)函数判断这个棋子是否和其他的棋子连成 5 子,即输赢判断,它是以(x,y)为中心横向、纵向、斜方向的判断来统计相同个数而实现。

例如以水平方向(横向)判断为例,以(x,y)为中心计算水平方向棋子数量时,首先向右最多 4 个位置,如果同色则 count 加 1;然后向左最多 4 个位置,如果同色则 count 加 1。统计完成后如果 count 大于或等于 5 则说明水平方向连成了五子。其他方向同理。在每个方向判断前,因为落子处(x,y)还有己方一个,所以 count 初始值为 1。

```
def checkWin(x,y):
    flag = False
    count = 1                       # 保存共有多少相同颜色棋子相连
    color = map[x][y]
    # 通过循环来做棋子相连的判断
    # 横向的判断
    # 判断横向是否有 5 个棋子相连,特点是纵坐标相同,即 map[x][y]中 y 值相同
    i = 1
    while color == map[x + i][y]:        # 向右统计
        count = count + 1
        i = i + 1
    i = 1
    while color == map[x - i][y]:        # 向左统计
        count = count + 1
        i = i + 1
    if count >= 5:
        flag = True
    # 纵向的判断
    i2 = 1
    count2 = 1
    while color == map[x][y + i2]:
        count2 = count2 + 1
        i2 = i2 + 1
    i2 = 1
    while color == map[x][y - i2]:
        count2 = count2 + 1
        i2 = i2 + 1
    if count2 >= 5:
        flag = True
    # 斜方向的判断(右上和左下)
    i3 = 1
```

```
        count3 = 1
        while color == map[x + i3][y - i3]:
            count3 = count3 + 1
            i3 = i3 + 1
        i3 = 1
        while color == map[x - i3][y + i3]:
            count3 = count3 + 1
            i3 = i3 + 1
        if count3 > = 5:
            flag = True

        #斜方向的判断(右下和左上)
        i4 = 1
        count4 = 1
        while color == map[x + i4][y + i4]:
            count4 = count4 + 1
            i4 = i4 + 1
        i4 = 1
        while color == map[x - i4][y - i4]:
            count4 = count4 + 1
            i4 = i4 + 1
        if count4 > = 5:
            flag = True
        return flag
```

本程序中每下一步棋子，调用 checkWin(x,y) 函数判断是否已经连成五子，如果返回 True，则说明已经连成五子，显示输赢结果对话框。

掌握通信协议和五子棋输赢判断知识后就可以开发网络五子棋了。下面首先看看服务器端程序设计的步骤。

8.5.2　服务器端程序设计

1. 主程序

先定义包含两个棋子图片的列表 imgs，创建 Window 窗口对象 root，初始化游戏地图 map，绘制一个 15×15 的游戏棋盘，添加显示提示信息的标签 Label，绑定 Canvas 画布的鼠标左键和按钮单击事件。

同时创建 UDP 通信服务器端的 SOCKET，绑定在 8000 端口，启动线程接收客户端的消息 receiveMessage()，最后窗口 root.mainloop() 方法是进入窗口的主循环，也就是显示窗口。

```
from tkinter import *
from tkinter.messagebox import *
import socket
import threading
import os
```

```python
root = Tk()
root.title("网络五子棋 V2.0 -- 服务器端")
#五子棋 -- 夏敏捷
imgs = [PhotoImage(file = 'bmp\\BlackStone.gif'), PhotoImage(file = 'bmp\\WhiteStone.gif')]
turn = 0                              #轮到某方走棋,0是黑方,1是白方
Myturn = -1                           #保存自己的角色,-1表示还没确定下来
map = [[" "," "," "," "," "," "," "," "," "," "," "," "," "," "," "]for y in range(15)]
cv = Canvas(root, bg = 'green', width = 610, height = 610)
drawQiPan()                           #绘制15×15的游戏棋盘
cv.bind("<Button-1>", callpos)
cv.pack()
label1 = Label(root,text = "服务器端....")   #显示提示信息
label1.pack()
button1 = Button(root,text = "退出游戏")     #按钮
button1.bind("<Button-1>", callexit)
button1.pack()
#创建 UDP SOCKET
s = socket.socket(socket.AF_INET,socket.SOCK_DGRAM)
s.bind(('localhost',8000))
addr = ('localhost',8000)
startNewThread()                      #启动线程接收客户端的消息 receiveMessage()
root.mainloop()
```

2. 退出函数

退出游戏的按钮单击事件代码很简单,仅仅发送一个"exit|"命令协议消息,最后调用 os._exit(0)函数即可结束程序。

```python
def callexit(event):      #退出
    pos = "exit|"
    sendMessage(pos)
    os._exit(0)
```

3. 走棋函数

鼠标单击事件能完成走棋功能,并判断单击位置是否合法,即不能在已有棋的位置单击,也不能超出游戏棋盘边界,如果合法则将此位置信息记录到 map 列表(数组)中。

同时由于网络对战,第一次走棋时还要确定自己的角色(白方还是黑方),而且还要判断是否轮到自己走棋。这里使用两个变量 Myturn 和 turn 来解决。

```python
Myturn = -1    #保存自己的角色
```

Myturn 是-1 表示还没确定下来,第一次走棋时修改。

turn 保存轮到谁走棋,如果 turn 是 0 轮到黑方,turn 是 1 则轮到白方。

最后是本游戏关键输赢判断,程序中调用 win_lose()函数判断输赢。判断 4 种情况下是否连成五子,返回 True 或 False,根据当前走棋方 turn 的值(0 黑方,1 白方)得出谁赢。

自己走完后,当然轮到对方走棋。

```
def callpos(event):    #走棋
    global turn
    global Myturn
    if Myturn == -1:                      #第一次确定自己的角色(白方还是黑方)
        Myturn = turn
    else:
        if(Myturn!= turn):
            showinfo(title = "提示",message = "还没轮到自己走棋")
            return
    x = (event.x)//40                     #换算棋盘坐标
    y = (event.y)//40
    print ("clicked at", x, y,turn)
    if map[x][y]!= " ":
        showinfo(title = "提示",message = "已有棋子")
    else:
        img1 = imgs[turn]
        cv.create_image((x * 40 + 20,y * 40 + 20),image = img1)    #画自己棋子
        cv.pack()
        map[x][y] = str(turn)

        pos = str(x) + "," + str(y)
        sendMessage("move|" + pos)
        print("服务器走的位置",pos)
        label1["text"] = "服务器走的位置" + pos

        #输出输赢信息
        if win_lose() == True:
            if turn == 0:
                showinfo(title = "提示",message = "黑方你赢了")
                sendMessage("over|黑方你赢了")
            else:
                showinfo(title = "提示",message = "白方你赢了")
                sendMessage("over|白方你赢了")
        #换下一方走棋
        if turn == 0:
            turn = 1
        else:
            turn = 0
```

4. 画对方棋子

轮到对方走棋子后,在自己的棋盘上根据 turn 知道对方角色,根据从 socket 获取的对方走棋坐标(x,y)从而画出对方棋子。画出对方棋子后,同样换下一方走棋。

```
def drawOtherChess(x,y):            #画对方棋子
    global turn
    img1 = imgs[turn]
    cv.create_image((x * 40 + 20,y * 40 + 20),image = img1)
    cv.pack()
```

```
            map[x][y] = str(turn)
            #换下一方走棋
            if turn == 0:
                turn = 1
            else:
                turn = 0
```

5. 画棋盘

用 drawQiPan() 函数画出 15×15 的五子棋棋盘。

```
def drawQiPan():              #画棋盘
    for i in range(0,15):
        cv.create_line(20,20 + 40 * i,580,20 + 40 * i,width = 2)
    for i in range(0,15):
        cv.create_line(20 + 40 * i,20,20 + 40 * i,580,width = 2)
    cv.pack()
```

6. 输赢判断

用 win_lose() 函数从 4 个方向扫描整个棋盘，判断棋子是否连成 5 颗。代码见前文判断输赢的算法。

```
def win_lose():         #输赢判断
    #以下代码见判断输赢算法,此处略
```

7. 输出 map 地图

在程序中 map 地图主要用来显示当前棋子信息。

```
def print_map():              #输出 map 地图
    for j in range(0,15):     #取值范围为 0～14
        for i in range(0,15): #取值范围为 0～14
            print (map[i][j],end = ' ')
        print ('w')
```

8. 接收消息

本程序的关键部分就是接收消息 data，从 data 字符串.split("|")中分割出消息类型（move、join、exit 或者 over）。如果是 join，是客户端连接服务器请求；如果是 exit，是客户端退出信息；如果是 move，是客户端走的位置信息；如果是 over，是客户端赢的信息。这里重点是处理对方走棋信息如"move|7,4"，通过字符串.split(",")分割出(x,y)坐标。

```
def receiveMessage():
    global s
    while True:
        #接收客户端发送的消息
        global addr
```

```python
            data, addr = s.recvfrom(1024)
            data = data.decode('utf-8')
            a = data.split("|")                           # 分割数据
            if not data:
                print('client has exited!')
                break
            elif a[0] == 'join':                          # 连接服务器请求
                print('client 连接服务器!')
                label1["text"] = 'client 连接服务器成功,请你走棋!'
            elif a[0] == 'exit':                          # 对方退出信息
                print('client 对方退出!')
                label1["text"] = 'client 对方退出,游戏结束!'
            elif a[0] == 'over':                          # 对方赢信息
                print('对方赢信息!')
                label1["text"] = data.split("|")[0]
                showinfo(title = "提示",message = data.split("|")[1] )
            elif a[0] == 'move':                          # 客户端走的位置信息"move|7,4"
                print('received:',data,'from',addr)
                p = a[1].split(",")
                x = int(p[0])
                y = int(p[1])
                print(p[0],p[1])
                label1["text"] = "客户端走的位置" + p[0] + p[1]
                drawOtherChess(x,y)                       # 画对方棋子
    s.close()
```

9. 发送消息

发送消息的代码很简单,仅仅调用 socket 的 sendto()函数就可以把按协议写的字符串信息发出。

```python
def sendMessage(pos):              # 发送消息
    global s
    global addr
    s.sendto(pos.encode(),addr)
```

10. 启动线程接收客户端的消息

```python
# 启动线程接收客户端的消息
def startNewThread():
        # 启动一个新线程来接收客户器端的消息
        # thread.start_new_thread(function,args[,kwargs])函数原型,
        # 其中 function 参数是将要调用的线程函数,args 是传递给线程函数的参数,它必须是
        # 元组类型,而 kwargs 是可选的参数
        # receiveMessage()函数不需要参数,就传一个空元组
        thread = threading.Thread(target = receiveMessage,args = ())
        thread.setDaemon(True)
        thread.start()
```

至此，服务器端的程序设计就完成了。图 8-10 是服务器端走棋过程打印的输出信息。网络五子棋客户端程序设计基本与服务器端代码相似，主要区别在消息处理上。

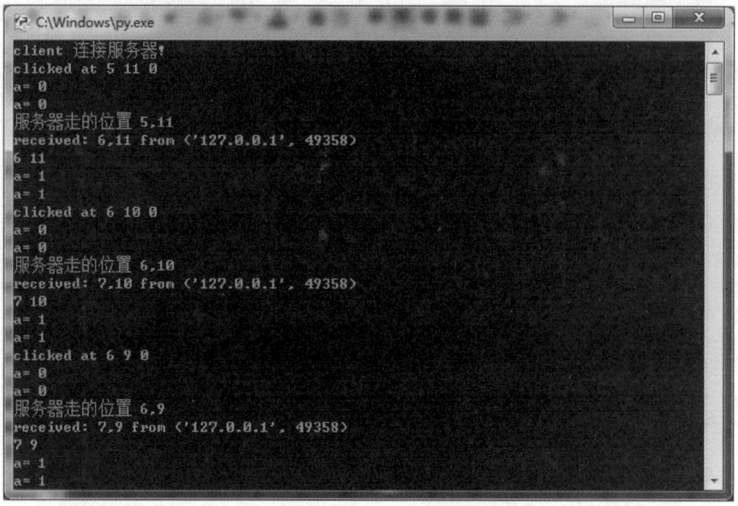

图 8-10　走棋过程打印的输出信息

8.5.3　客户端程序设计

1. 主程序

先定义包含两个棋子图片的列表 imgs，创建 Windows 窗口对象 root，初始化游戏地图 map，绘制一个 15×15 的游戏棋盘，添加显示提示信息的标签 Label，绑定 Canvas 画布的鼠标左键和按钮单击事件。

同时创建 UDP 通信客户端的 SOCKET，这里不指定端口会自动绑定某个空闲端口，由于是客户端 SOCKET，需要指定服务器端的 IP 和端口号，并发出连接服务器端请求。

启动线程接收服务器端的消息 receiveMessage()，最后窗口 root.mainloop()方法是进入窗口的主循环，也就是显示窗口。

```
from tkinter import *
from tkinter.messagebox import *
import socket
import threading
import os

root = Tk()
root.title(" 网络五子棋 V2.0 -- UDP 客户端")
imgs = [PhotoImage(file = 'bmp\\BlackStone.gif'),
                PhotoImage(file = 'bmp\\WhiteStone.gif')]
turn = 0
Myturn = -1

map = [[" "," "," "," "," "," "," "," "," "," "," "," "," "," "," "]for y in range(15)]
```

```
cv = Canvas(root, bg = 'green', width = 610, height = 610)
drawQiPan()
cv.bind("<Button-1>", callback)
cv.pack()
label1 = Label(root,text = "客户端...")
label1.pack()
button1 = Button(root,text = "退出游戏")
button1.bind("<Button-1>", callexit)
button1.pack()
#创建 UDP SOCKET
s = socket.socket(socket.AF_INET,socket.SOCK_DGRAM)
port = 8000                 #服务器端口
host = 'localhost'          #服务器地址 192.168.0.101
pos = 'join|'               #连接服务器命令
sendMessage(pos)            #发送连接服务器请求
startNewThread()            #启动线程接收服务器端的消息 receiveMessage()
root.mainloop()
```

2. 退出函数

退出游戏的按钮单击事件代码很简单,仅仅发送一个"exit|"命令协议消息,最后调用 os._exit(0)函数即可结束程序。

```
def callexit(event):            #退出
    pos = "exit|"
    sendMessage(pos)
    os._exit(0)
```

3. 走棋函数

客户端走棋的功能与服务器端类似,只是提示信息与服务器端不同。

```
def callback(event):                        #走棋
    global turn
    global Myturn
    if Myturn == -1:                        #第一次确定自己的角色(白方还是黑方)
        Myturn = turn
    else:
        if(Myturn!= turn):
            showinfo(title = "提示",message = "还没轮到自己走棋")
            return
    x = (event.x)//40                       #换算棋盘坐标
    y = (event.y)//40
    print ("clicked at", x, y,turn)
    if map[x][y]!= " ":
        showinfo(title = "提示",message = "已有棋子")
    else:
        img1 = imgs[turn]
        cv.create_image((x * 40 + 20,y * 40 + 20),image = img1)
```

```
        cv.pack()
        map[x][y] = str(turn)

        pos = str(x) + "," + str(y)
        sendMessage("move|" + pos)
        print("客户端走的位置",pos)
        label1["text"] = "客户端走的位置" + pos

        # 输出输赢信息
        if win_lose() == True:
            if turn == 0:
                showinfo(title = "提示",message = "黑方你赢了")
                sendMessage("over|黑方你赢了")
            else:
                showinfo(title = "提示",message = "白方你赢了")
                sendMessage("over|白方你赢了")
        # 换下一方走棋
        if turn == 0:
            turn = 1
        else:
            turn = 0
```

4. 画棋盘

用 drawQiPan()函数画出一个 15×15 的五子棋棋盘。

```
def drawQiPan():          # 画棋盘
    for i in range(0,15):
        cv.create_line(20,20 + 40 * i,580,20 + 40 * i,width = 2)
    for i in range(0,15):
        cv.create_line(20 + 40 * i,20,20 + 40 * i,580,width = 2)
    cv.pack()
```

5. 输赢判断

用 win_lose()函数从 4 个方向扫描整个棋盘,判断棋子是否连成 5 颗。功能同服务器端,代码没有区别,这里代码省略了。

6. 接收消息

接收消息 data,从 data 字符串.split("|")中分割出消息类型(move、join、exit 或者 over)。功能同服务器端没有区别,只是不再有连接服务器请求 join 消息类型,因为是客户端请求连接服务器,而不是服务器请求连接客户端。所以少了一个 join 消息类型判断。

```
def receiveMessage():                          # 接收消息
    global s
    while True:
        data = s.recv(1024).decode('utf - 8')
        a = data.split("|")                    # 分割数据
        if not data:
```

```
                print('server has exited!')
                break
            elif a[0] == 'exit':                    #对方退出信息
                print('对方退出!')
                label1["text"] = '对方退出,游戏结束!'
            elif a[0] == 'over':                    #对方赢信息
                print('对方赢信息!')
                label1["text"] = data.split("|")[0]
                showinfo(title = "提示",message = data.split("|")[1] )
            elif a[0] == 'move':                    #服务器走棋的位置信息
                print('received:',data)
                p = a[1].split(",")
                x = int(p[0])
                y = int(p[1])
                print(p[0],p[1])
                label1["text"] = "服务器走的位置" + p[0] + p[1]
                drawOtherChess(x,y)                 #画对方棋子,函数代码同服务器端
    s.close()
```

7. 发送消息

发送消息代码很简单,仅仅调用 socket 的 sendto()函数,就可以把按协议写的字符串信息发出。

```
def sendMessage(pos):           #发送消息
    global s
    s.sendto(pos.encode(),(host,port))
```

8. 启动线程接收服务器端的消息

```
#启动线程接收服务器端的消息
def startNewThread():
            #启动一个新线程来接收服务器端的消息
            #thread.start_new_thread(function,args[,kwargs])函数原型,
            #其中 function 参数是将要调用的线程函数,args 是传递给线程函数的参数,它必须是个
#元组类型,而 kwargs 是可选的参数
            #receiveMessage()函数不需要参数,就传一个空元组
            thread = threading.Thread(target = receiveMessage,args = ())
            thread.setDaemon(True)
            thread.start()
```

至此,就完成客户端的程序设计。

思考与练习

1. 设计简单的网络聊天程序。
2. 设计带有悔棋功能的网络五子棋游戏。
3. 设计网络三子棋(井字棋)游戏。

第 9 章

Python图像处理——人物拼图游戏

本章讲解 Python 操作和处理图像的基础知识,通过实例介绍处理图像所需的 Python 图像处理类库(PIL),并介绍用于读取图像、图像转换和缩放、保存结果等的基本图像操作函数,最后应用 Python 图像处理类库(PIL)实现人物拼图游戏。

9.1 人物拼图游戏介绍

所谓拼图游戏,是将一幅图片分割成若干个拼块并将它们随机打乱顺序,再将所有拼块都放回原位置时,就完成了拼图,即游戏结束。

本人物拼图游戏为 3 行 3 列,拼块以随机顺序排列,玩家用鼠标单击空白块四周的拼块来交换它们的位置,直到所有拼块都回到原位置。拼图游戏运行界面如图 9-1 所示。

9.2 程序设计的思路

游戏程序首先将图片分割成相应 3 行 3 列等面积的拼块,并按顺序编号。动态地生成一个大小为 3×3 的列表 board,用于存放数字 0~8,其中,每个数字代表一个拼块,这里 8 号拼块不显,游戏拼块编号如图 9-2 所示。

图 9-1 拼图游戏运行界面

游戏开始时,随机打乱这个数组 board,如 board[0][0] 是 5 号拼块,则在左上角显示编号是 5 的拼块。根据玩家用鼠标单击的拼块和空白块所在位置,来交换该 board 数组对应的元素,最后通过元素排列顺序来判断是否已经完成游戏。

图 9-2　拼块编号示意图

9.3　Python 图像处理

9.3.1　Python 图像处理类库(PIL)

图像处理类库(Python Imaging Library,PIL)提供了通用的图像处理功能,以及大量实用的基本图像操作,如图像缩放、裁剪、旋转、颜色转换等。PIL 是 Python 语言的第三方库,安装 PIL 库的方法如下,需要安装库的名字是 pillow。

```
C:\> pip install pillow 或者 pip3 install pillow
```

PIL 库支持图像存储、显示和处理,它能够处理几乎所有的图片格式,可以完成对图像的缩放、剪裁、叠加,以及向图像添加线条和文字等操作。

PIL 库主要可以实现图像归档和图像处理两方面的功能需求。

(1) 图像归档:对图像进行批处理、生成图像预览、图像格式转换等。

(2) 图像处理:对图像进行基本处理、像素处理、颜色处理等。

根据功能不同,PIL 库共包括 21 个与图像相关的类,这些类可以被看作子库或 PIL 库中的模块,包括:Image、ImageChops、ImageCrackCode、ImageDraw、ImageEnhance、ImageFile、ImageFileIO、ImageFilter、ImageFont、ImageGrab、ImageOps、ImagePath、ImageSequence、ImageStat、ImageTk、ImageWin、PSDraw 等模块。其中最常用的有以下 7 个模块。

1. Image 模块

Image 模块是 PIL 中最重要的模块,它提供了诸多图像操作的功能,比如:创建、打开、显示、保存图像等功能;合成、裁剪、滤波等功能;获取图像属性功能,如图像直方图、通道数等。

PIL 中 Image 模块提供 Image 类,可以使用 Image 类从大多数图像格式的文件中读取数据,然后写入最常见的图像格式文件中。要读取一幅图像,可以使用:

```
from PIL import Image
pil_im = Image.open('empire.jpg')
```

上述代码的返回值 pil_im 是一个 PIL 图像对象。

也可以直接用 Image.new(mode,size,color=None)创建图像对象,color 的默认值是黑色。

```
newIm = Image.new ('RGB', (640, 480), (255, 0, 0))      #新建一个 image 对象
```

这里新建一个红色背景、大小为 640×480 的 RGB 空白图像。

图像的颜色转换可以使用 Image 类 convert() 方法来实现。要读取一幅图像,并将其转换成灰度图像,只需要加上 convert('L'),如下所示:

```
pil_im = Image.open('empire.jpg').convert('L')      #转换成灰度图像
```

2. ImageChops 模块

ImageChops 模块包含一些算术图形操作,叫作 channel operations(即 chops)。这些操作可用于诸多目的,比如图像特效、图像组合、算法绘图等。通道操作只用于位图像(比如 L 模式和 RGB 模式)。大多数通道操作有一个或者两个图像参数,返回一个新的图像。

通道概念是每张图片都是由一个或者多个数据通道构成的。以 RGB 图像为例,每张图片都是由 3 个数据通道构成的,分别为 R 通道、G 通道和 B 通道。而对于灰度图像,则只有一个通道。

ImageChops 模块的使用如下:

```
from PIL import Image
im = Image.open('D:\\1.jpg')
from PIL import ImageChops
im_dup = ImageChops.duplicate(im)           #复制图像,返回给定图像的拷贝
print(im_dup.mode)                          #输出模式:RGB
im_diff = ImageChops.difference(im, im_dup) #返回由两幅图像各像素差的绝对值形成的图像
im_diff.show()
```

由于图像 im_dup 是 im 复制过来的,所以它们的差为 0,图像 im_diff 显示时为黑图。

3. ImageDraw 模块

ImageDraw 模块为 image 对象提供了基本的图形处理功能。例如它可以为图像添加几何图形。

ImageDraw 模块的使用如下:

```
from PIL import Image, ImageDraw
im = Image.open('D:\\1.jpg')
draw = ImageDraw.Draw(im)
draw.line((0,0) + im.size, fill = 128)
draw.line((0, im.size[1], im.size[0], 0), fill = 128)
im.show()
```

结果是在原有图像上画了两条对角线。

4. ImageEnhance 模块

ImageEnhance 模块包括一些用于图像增强的类,分别为 Color 类、Brightness 类、Contrast 类和 Sharpness 类。

ImageEnhance 模块的使用如下：

```
from PIL import Image, ImageEnhance
im = Image.open('D:\\1.jpg')
enhancer = ImageEnhance.Brightness(im)
im0 = enhancer.enhance(0.5)
im0.show()
```

结果是图像 im0 的亮度为图像 im 的一半。

5．ImageFile 模块

ImageFile 模块为图像打开和保存功能提供了相关支持功能。

6．ImageFilter 模块

ImageFilter 模块包括各种滤波器的预定义集合，与 Image 类的 filter 方法一起使用。该模块包含一些图像增强的滤波器：BLUR、CONTOUR、DETAIL、EDGE_ENHANCE、EDGE_ENHANCE_MORE、EMBOSS、FIND_EDGES、SMOOTH、SMOOTH_MORE 和 SHARPEN。

ImageFilter 模块的使用如下：

```
from PIL import Image
im = Image.open('D:\\1.jpg')
from PIL import ImageFilter
imout = im.filter(ImageFilter.BLUR)
print(imout.size)     ＃图像的尺寸大小为300×450,是一个二元组,即水平和垂直方向上的像素数
imout.show()
```

7．ImageFont 模块

ImageFont 模块定义了一个同名的类，即 ImageFont 类。这个类的实例中存储着 bitmap 字体，需要与 ImageDraw 类的 text 方法一起使用。

Image 模块是 PIL 中最重要的模块，它提供了一个相同名称的类，即 Image 类，用于表示 PIL 图像。Image 类提供很多方法对图像进行处理，接下来对 image 类的方法进行介绍。

9.3.2 复制和粘贴图像区域

要想对图像进行复制和粘贴，可使用 crop()方法从一幅图像中裁剪指定区域。

```
from PIL import Image
im = Image.open("D:\\test.jpg")
box = (100,100,400,400)
region = im.crop(box)
```

该区域使用四元组来指定。四元组的坐标依次是左、上、右、下。PIL 中指定坐标系的左上角坐标为(0,0)。可以旋转上面代码中获取的区域，然后使用 paste()方法将该区域放回去，具体实现如下：

```
region = region.transpose(Image.ROTATE_180)    #逆时针旋转 180
im.paste(region,box)
```

9.3.3 调整尺寸和旋转

要调整一幅图像的尺寸,可以调用 resize()方法。该方法的参数是一个元组,用来指定新图像的大小:

```
out = im.resize((128,128))
```

要旋转一幅图像,可以使用逆时针方式表示旋转角度,然后调用 rotate()方法:

```
out = im.rotate(45)                            #逆时针旋转 45 度
```

9.3.4 转换成灰度图像

对于彩色图像,不管其图像格式是 PNG、BMP,还是 JPG,在 PIL 中,使用 Image 模块的 open()函数打开后,返回的图像对象的模式都是 RGB。而对于灰度图像,不管其图像格式是 PNG、BMP,还是 JPG,打开后其模式即为 L。

对于 PNG、BMP 和 JPG 彩色图像格式之间的互相转换都可以通过 Image 模块的 open()和 save()函数来完成。即在打开这些图像时,PIL 会将它们解码为三通道的 RGB 图像,用户可以基于这个 RGB 图像对其进行处理完毕,使用函数 save()可以将处理结果保存成 PNG、BMP 和 JPG 中的任何格式。这样也就完成了几种格式之间的转换。当然,对于不同格式的灰度图像,也可通过类似途径完成,只是 PIL 解码后是模式为 L 的图像。

这里,详细介绍一下 Image 模块的 convert()函数,用于不同模式图像之间的转换。Convert()函数有 3 种形式的定义,它们定义形式如下:

```
im.convert(mode)
im.convert('P', ** options)
im.convert(mode, matrix)
```

使用不同的参数,将当前的图像转换为新的模式(PIL 中有 9 种不同模式,分别为 1、L、P、RGB、RGBA、CMYK、YCbCr、I、F),并产生新的图像作为返回值。

例如:

```
from PIL import Image                          #或直接 import Image
im = Image.open('a.jpg')
im1 = im.convert('L')                          #将图片转换成灰度图
```

模式 L 为灰色图像,它的每像素用 8bit 表示,0 表示黑,255 表示白,其他数字表示不同的灰度。在 PIL 中,从 RGB 模式转换为 L 模式是按照下面的公式进行转换的:

```
L = R * 299/1000 + G * 587/1000 + B * 114/1000
```

打开图片并转换成灰度图的方法是：

```
im = Image.open('a.jpg').convert('L')
```

如果转换成黑白图片(为二值图像)，也就是模式1(非黑即白)，其中每像素都用8bit表示，0表示黑，255表示白。下面代码将彩色图像转换为黑白图像。

```
from PIL import Image          #或直接 import Image
im = Image.open('a.jpg')
im1 = im.convert('1')          #将彩色图像转换成黑白图像
```

9.3.5 对像素进行操作

getpixel(x,y)函数用于获取指定像素的颜色，如果图像为多通道，则返回一个元组。该方法执行比较慢；如果用户需要使用Python处理图像中较大部分数据，可以使用像素访问对象load()或者方法getdata()。putpixel(xy,color)可改变单像素的颜色。

```
img = Image.open("smallimg.png")
img.getpixel((4,4))            #获取(4,4)像素的颜色
img.putpixel((4,4),(255,0,0))  #改变(4,4)像素为红色
img.save("img1.png","png")
```

说明：getpixel得到图片img的坐标为(4,4)的像素。putpixel将坐标为(4,4)的像素变为(255,0,0)颜色，即红色。

9.4 程序设计的步骤

9.4.1 Python处理图片切割

使用PIL库中crop()方法可以从一幅图像中裁剪指定区域。该区域使用四元组来指定。四元组的坐标依次是左、上、右、下。PIL中指定坐标系的左上角坐标为(0,0)。具体实现如下：

```
from PIL import Image
img = Image.open(r'c:\woman.jpg')     #r表示原义字符串
box = (100,100,400,400)
region = img.crop(box)                #裁切图片
#保存裁切后的图片
cropImg.save('crop.jpg')
```

本游戏中需要把图片分割成3列图片块，在上面的基础上指定不同的区域即可裁剪保存。为了更通用一些，编成splitimage(src, rownum, colnum, dstpath)函数，可以将指定的src图片文件分隔成rownum×colnum数量的小图片块。具体实现如下：

```python
import os
from PIL import Image
def splitimage(src, rownum, colnum, dstpath):
    img = Image.open(src)
    w, h = img.size                    #图片大小
    if rownum <= h and colnum <= w:
        print('Original image info: %sx%s, %s, %s' % (w, h, img.format, img.mode))
        print('开始处理图片切割,请稍候...')
        s = os.path.split(src)
        if dstpath == '':              #没有输入路径
            dstpath = s[0]             #使用源图片所在目录 s[0]
        fn = s[1].split('.')           #s[1]是源图片文件名
        basename = fn[0]               #主文件名
        ext = fn[-1]                   #扩展名
        num = 0
        rowheight = h // rownum
        colwidth = w // colnum
        for r in range(rownum):
            for c in range(colnum):
                box = (c * colwidth, r * rowheight, (c + 1) * colwidth, (r + 1) * rowheight)
                img.crop(box).save(os.path.join(dstpath, basename + '_' + str(num) + '.' + ext))
                num = num + 1
        print('图片切割完毕,共生成 %s 张小图片.' % num)
    else:
        print('不合法的行列切割参数!')

src = input('请输入图片文件路径:')      # src = "c:\\woman.png"
if os.path.isfile(src):
    dstpath = input('请输入图片输出目录(不输入路径则表示使用源图片所在目录):')
    if (dstpath == '') or os.path.exists(dstpath):
        row = int(input('请输入切割行数:'))
        col = int(input('请输入切割列数:'))
        if row > 0 and col > 0:
            splitimage(src, row, col, dstpath)
        else:
            print('无效的行列切割参数!')
    else:
        print('图片输出目录 %s 不存在!' % dstpath)
else:
    print('图片文件 %s 不存在!' % src)
```

运行结果如下:

```
请输入图片文件路径:c:\ woman.png
请输入图片输出目录(不输入路径则表示使用源图片所在目录):
请输入切割行数:3
```

```
请输入切割列数:3
Original image info: 283x212, PNG, RGBA
开始处理图片切割,请稍候...
图片切割完毕,共生成 9 张小图片.
```

9.4.2 游戏逻辑实现

1. 常量定义及加载图片

游戏中一些常量的定义及图片加载的代码如下:

```python
from tkinter import *
from tkinter.messagebox import *
import random
#定义常量
#画布的尺寸
WIDTH = 312
HEIGHT = 450
#图像块的边长
IMAGE_WIDTH = WIDTH // 3
IMAGE_HEIGHT = HEIGHT // 3
#游戏的行数和列数
ROWS = 3
COLS = 3
#移动步数
steps = 0
#保存所有图像块的列表
board = [[0, 1, 2],
         [3, 4, 5],
         [6, 7, 8]]
root = Tk('拼图')
root.title("拼图 -- 夏敏捷")
#载入外部事先生成的 9 个小图像块
Pics = []
for i in range(9):
    filename = "woman_" + str(i) + ".png"
    Pics.append(PhotoImage(file = filename))
```

2. 图像块(拼块)类

每个图像块是个 Square 对象,具有 draw 功能,即将本拼块图片绘制到 canvas 上。orderID 属性是每个图像块对应的编号。

```python
#图像块(拼块)类
class Square:
    def _init_(self, orderID):
        self.orderID = orderID
```

```python
def draw(self, canvas, board_pos):
    img = Pics[self.orderID]
    canvas.create_image(board_pos, image = img)
```

3. 初始化游戏

random.shuffle(board)函数打乱二维列表只能按行进行,所以使用一维列表来实现编号打乱。打乱图像块后,根据编号生成对应的图像块到 board 列表中。

```python
def init_board():
    #打乱图像块
    L = list(range(9))              #L列表中[0,1,2,3,4,5,6,7,8]
    random.shuffle(L)
    #填充拼图板
    for i in range(ROWS):
        for j in range(COLS):
            idx = i * ROWS + j
            orderID = L[idx]
            if orderID is 8:        #8号拼块不显示,所以存为None
                board[i][j] = None
            else:
                board[i][j] = Square(orderID)
```

4. 绘制游戏界面各元素

接下来绘制游戏界面中的一些元素,其代码如下:

```python
def drawBoard(canvas):
    #画黑框
    canvas.create_polygon((0, 0, WIDTH, 0, WIDTH, HEIGHT, 0, HEIGHT),width = 1,outline = '
Black')
    #画所有图像块
    for i in range(ROWS):
        for j in range(COLS):
            if board[i][j] is not None:
                board[i][j].draw(canvas, (IMAGE_WIDTH * (j + 0.5),IMAGE_HEIGHT * (i +
0.5) ))
```

5. 鼠标事件

将单击位置换算成拼图板上的棋盘坐标,如果单击的是空白位置则不进行任何移动,否则依次检查被单击的当前图像块的上、下、左、右是否有空位,如果有就移动当前图像块。

```python
def mouseclick(pos):
    global steps
    #将单击位置换算成拼图板上的棋盘坐标
    r = int(pos.y // IMAGE_HEIGHT)
    c = int(pos.x // IMAGE_WIDTH)
    if r < 3 and c < 3:                         #单击位置在拼图板内才移动图片
```

```
        if board[r][c] is None:              #单击空白位置时不进行任何移动
            return
        else:
        #依次检查被单击的当前图像块的上、下、左、右是否有空位,如果有就移动当前图像块
            current_square = board[r][c]
            if r - 1 >= 0 and board[r-1][c] is None:    #判断上面
                board[r][c] = None
                board[r-1][c] = current_square
                steps += 1
            elif c + 1 <= 2 and board[r][c+1] is None:  #判断右面
                board[r][c] = None
                board[r][c+1] = current_square
                steps += 1
            elif r + 1 <= 2 and board[r+1][c] is None:  #判断下面
                board[r][c] = None
                board[r+1][c] = current_square
                steps += 1
            elif c - 1 >= 0 and board[r][c-1] is None:  #判断左面
                board[r][c] = None
                board[r][c-1] = current_square
                steps += 1
            #print(board)
            label1["text"] = "步数:" + str(steps)
            cv.delete('all')                            #清除canvas画布上的内容
            drawBoard(cv)
    if win():
        showinfo(title = "恭喜",message = "你成功了!")
```

6. 输赢判断

判断拼块的编号是否是有序的,如果不是有序的则返回 False。

```
def win():
    for i in range(ROWS):
        for j in range(COLS):
            if board[i][j] is not None and board[i][j].orderID!= i * ROWS + j:
                return False
    return True
```

7. 重置游戏

重置游戏的代码如下:

```
def play_game():
    global steps
    steps = 0
    init_board()
```

8. "重新开始"按钮的单击事件

如果要单击"重新开始"按钮来重新进入游戏,按钮的单击事件代码如下:

```
def callBack2():
    print("重新开始")
    play_game()
    cv.delete('all')      #清除 canvas 画布上的内容
    drawBoard(cv)
```

9. 主程序

人物拼图游戏的主程序代码如下:

```
#设置窗口
cv = Canvas(root, bg = 'green', width = WIDTH, height = HEIGHT)
b1 = Button(root, text = "重新开始", command = callBack2, width = 20)
label1 = Label(root, text = "步数:" + str(steps), fg = "red", width = 20)
label1.pack()
cv.bind("<Button-1>", mouseclick)
cv.find
cv.pack()
b1.pack()
play_game()
drawBoard(cv)
root.mainloop()
```

至此,完成了人物拼图游戏的程序设计。

思考与练习

1. 实现 5 行、5 列的人物拼图游戏设计。
2. 实现 n 行、n 列的人物拼图游戏设计。

实 战 篇

第 10 章

连连看游戏

10.1 连连看游戏介绍

连连看游戏是源自中国台湾的桌面小游戏,曾风靡一时,吸引了众多程序员开发出多种版本的"连连看"。连连看游戏考验的是玩家的眼力,在有限的时间内,玩家要把所有能连接的相同图案每两个一对地找出来。每找出一对,它们就会自动消失,只要把所有的图案全部消除完即可获得胜利。两个图案之间能够连接,指的是无论横向或者纵向,从一个图案到另一个图案之间的连线不能包含两个以上的拐弯,并且连线不能从尚未消失的图案上经过。

连连看游戏的规则总结如下:

(1) 两个选中的方块是相同的。

(2) 两个选中的方块之间连接线的折点不超过两个(连接线由 x 轴和 y 轴的平行线组成)。

本章讲解如何开发连连看游戏,游戏运行界面如图 10-1 所示。

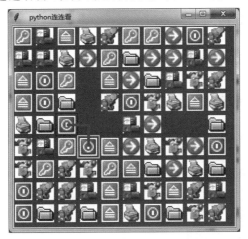

图 10-1 连连看运行界面

本游戏增加智能查找功能,当玩家自己无法找到时,可以右击画面,则会突出显示可以被消去的两个方块(被加上红色边框线)。

10.2 程序设计的思路

对于连连看游戏的程序设计,首先要设计游戏中的图标方块及方块布局,然后用算法实现相同图标方块的消除。

1. 图标方块布局

首先,游戏中有 10 种方块如图 10-2 所示,并且每种方块有 10 个,可以先按顺序把每种图标方块排好(按数字编号)放入列表 tmpMap(临时的地图)中,然后 random.shuffle 打乱列表元素的顺序后,依次从 tmpMap 中取一个图标方块放入地图 map 中。实际上程序内部不需要认识图标方块的图像,只需要用一个 ID 来表示,运行界面上显示出来的图标是根据地图中 ID 获取资源里的图片生成的。如果 ID 的值为空(" "),则说明此处已经被消除掉了。

图 10-2 连连看游戏图标

```
#所有图标图案
imgs = [PhotoImage(file = 'H:\\连连看\\gif\\bar_0'+ str(i) + '.gif') for i in range(0,10)]
```

所有图标图案存储在列表 imgs 中,地图 map 中存储的是图标图案存储在列表 imgs 中的索引号。如果是 bar_02.gif 图标,在地图 map 中实际存储的是索引号 2;如果是 bar_08.gif 图标,则在地图 map 中实际存储的是索引号 8。

```
#初始化地图,将地图中所有方块区域位置置为空方块状态
map = [[" " for y in range(Height)]for x in range(Width)]
#存储图像对象
image_map = [[" " for y in range(Height)]for x in range(Width)]
cv = Canvas(root, bg = 'green', width = 610, height = 610)
def create_map():  #产生 map 地图
    global map
    #生成随机地图
    #将所有匹配成对的图标索引号放进一个临时的地图中
    tmpMap = []
    m = (Width) * (Height)//10
    print('m = ',m)
    for x in range(0,m):
        for i in range(0,10):           #每种方块有 10 个
            tmpMap.append(x)
```

```
        random.shuffle(tmpMap)                    #生成随机地图
        for x in range(0,Width):
            for y in range(0,Height):
                map[x][y] = tmpMap[x * Height + y]    #从上面的临时地图中获取
```

2. 连通算法

对于连连看游戏中图标方块连接的情况，一般分 3 种，如图 10-3 所示，有直线连接方式、一个折点连接方式、两个折点连接方式。

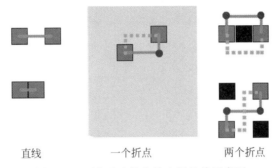

　　直线　　　　　一个折点　　　　两个折点

图 10-3　两个选中的方块之间连接示意图

（1）直连方式：在直连方式中，要求两个选中的方块 x 或 y 相同，即在一条直线上。并且之间没有其他任何图案的方块，在 3 种连接方式中最简单。

（2）一个折点：其实相当于两个方块画出一个矩形，这两个方块是一对对角顶点，另外两个顶点中某个顶点（即折点）如果可以同时和这两个方块直连，那就说明可以"一折连通"。

（3）两个折点：这种方式的两个折点（z1、z2）必定在两个目标点（两个选中的方块）p1 和 p2 所在的 x 方向或 y 方向的直线上。

按 p1(x1,y1)点向 4 个方向探测，例如向右探测，每次 x1+1，判断 z1(x1+1,y1)与 p2(x2,y2)点可否形成一个折点连通性，如果可以形成连通，则两个折点连通，否则直到超过图形右边界区域。假如超过图形右边界区域，则还需判断两个折点在选中方块的右侧，且两个折点在图案区域之外连通情况是否存在。此时判断可以简化为判断 p2(x2,y2)点是否可以水平直通到边界。经过上面的分析，两个方块是否可以抵消的算法流程图如图 10-4 所示。

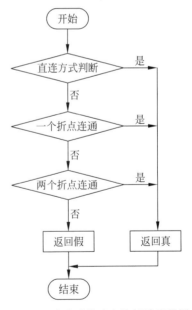

图 10-4　连连看游戏方块抵消流程图

根据图 10-4 所示的流程图，对选中的两个方块（分别在(x1,y1)、(x2,y2)位置）是否可以抵消的判断可按如下实现。把该功能封装在 IsLink()方法里面，其代码如下。

```
'''
判断选中的两个方块是否可以被消除
'''
def IsLink(p1,p2):
    if lineCheck(p1, p2):
        return True
    if OneCornerLink(p1, p2):      #一个转弯(折点)的连通方式
        return True
    if TwoCornerLink(p1, p2):      #两个转弯(折点)的连通方式
        return True
    return False
```

直连方式分为 x 相同或 y 相同两种情况,同行或同列情况消除的原理是如果两个相同行/列的被消除方块之间的空格数 spaceCount 等于它们的(列/行差-1),则两者可以连通,即被消除。

```
class Point:
    #点类
    def __init__(self,x,y):
        self.x = x
        self.y = y

'''
* x 代表列,y 代表行
* param p1 第一个保存上次选中点坐标的点对象
* param p2 第二个保存上次选中点坐标的点对象
'''
#直接连通
def lineCheck(p1, p2):
    absDistance = 0
    spaceCount = 0
    if (p1.x == p2.x or p1.y == p2.y):               #判断是同行还是同列的情况
        print("同行同列的情况------")
        #同列的情况
        if (p1.x == p2.x and p1.y != p2.y):
            print("同列的情况")
            #绝对距离(中间隔着的空格数)
            absDistance = abs(p1.y - p2.y) - 1
            #正负值
            if p1.y - p2.y > 0:
                zf = -1
            else:
                zf = 1
            for i in range(1,absDistance + 1):
                if (map[p1.x][p1.y + i * zf] == " "):
                    #空格数加 1
                    spaceCount += 1
                else:
                    break;                           #遇到阻碍就不用再探测了
```

```python
        elif (p1.y == p2.y and p1.x != p2.x):          # 同行的情况
            print(" 同行的情况")
            absDistance = abs(p1.x - p2.x) - 1
            # 正负值
            if p1.x - p2.x > 0:
                zf = -1
            else:
                zf = 1
            for i in range(1, absDistance + 1):
                if (map[p1.x + i * zf][p1.y] == " "):
                    # 空格数加 1
                    spaceCount += 1
                else:
                    break;                              # 遇到阻碍就不用再探测了
            if (spaceCount == absDistance):
                # 可连通
                print(absDistance, spaceCount)
                print("行/列可直接连通")
                return True
            else:
                print("行/列不能消除!")
                return False
        else:
            # 不是同行同列的情况所以直接返回 false
            return False;
```

一个折点连通使用 OneCornerLink() 方法实现判断。其实相当于两个方块画出一个矩形，这两个方块是一对对角顶点，见图 10-5 两个黑色目标方块的连通情况，右上角打叉的位置就是折点。左下角打叉的位置因与上方黑色目标方块之间有其他图案方块，因此不能与左上角黑色目标方块连通，所以不能作为折点。

如果找到一个折点连通的情况，则把一折连通的折点 linePointStack 列表中。

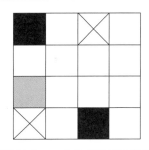

图 10-5　一个折点连通示意图

```python
# 一个折点连通(直角连通)
'''
一个折点连通
@param first:选中的第一个点
@param second:选中的第二个点
'''
def OneCornerLink (p1, p2):
    # 第一个直角检查点
    checkP = Point(p1.x, p2.y)
    # 第二个直角检查点
    checkP2 = Point(p2.x, p1.y);
    # 第一个直角点检测
```

```python
            if (map[checkP.x][checkP.y] == " "):
                if (lineCheck(p1, checkP) and lineCheck(checkP, p2)):
                    linePointStack.append(checkP)
                    print("直角消除 ok",checkP.x,checkP.y)
                    return True
            #第二个直角点检测
            if (map[checkP2.x][checkP2.y] == " "):
                if (lineCheck(p1, checkP2) and lineCheck(checkP2, p2)):
                    linePointStack.append(checkP2)
                    print("直角消除 ok",checkP2.x,checkP2.y)
                    return True
    print("不能直角消除")
    return False
```

两个折点连通(双直角连通)使用 TwoCornerLink() 方法实现判断。双直角连通的判定可分为以下两步。

(1) 在 p1 点周围 4 个方向寻找空块 checkP 点；

(2) 调用 OneCornerLink(checkP，p2) 检测 checkP 与 p2 点可否形成一个折点连通性。

两个折点连通即遍历 p1 点周围 4 个方向的空格，使之成为 checkP 点，然后调用 OneCornerLink(checkP，p2)判定是否为真，如果为真则可以判定为双直角连通，否则当所有的空格都遍历完而没有找到折点则失败。如果找到则把两个折点放到 linePointStack 列表中。

```python
'''
#两个折点连通(双直角连通)
@param p1 第一个点
@param p2 第二个点
'''
def TwoCornerLink(p1, p2):
    checkP = Point(p1.x, p1.y)
    #向 4 个方向探测开始
    for i in range(0,4):
        checkP.x = p1.x
        checkP.y = p1.y
        #向下
        if (i == 3):
            checkP.y += 1
            while (( checkP.y < Height) and map[checkP.x][checkP.y] == " "):
                linePointStack.append(checkP)
                if (OneCornerLink(checkP, p2)):
                    print("下探测 OK")
                    return True
                else:
                    linePointStack.pop()
                checkP.y += 1
        #向右
```

```python
        elif (i == 2):
            checkP.x += 1
            while ((checkP.x < Width) and map[checkP.x][checkP.y] == " "):
                linePointStack.append(checkP)
                if (OneCornerLink(checkP, p2)):
                    print("右探测 OK")
                    return True
                else:
                    linePointStack.pop()
                checkP.x += 1
        #向左
        elif (i == 1):
            checkP.x -= 1
            while ((checkP.x >= 0) and map[checkP.x][checkP.y] == " "):
                linePointStack.append(checkP)
                if (OneCornerLink(checkP, p2)):
                    print("左探测 OK")
                    return True
                else:
                    linePointStack.pop()
                checkP.x -= 1
        #向上
        elif (i == 0):
            checkP.y -= 1
            while ((checkP.y >= 0) and map[checkP.x][checkP.y] == " "):
                linePointStack.append(checkP)
                if (OneCornerLink(checkP, p2)):
                    print("上探测 OK")
                    return True
                else:
                    linePointStack.pop()
                checkP.y -= 1
    #四个方向都寻完,没找到适合的 checkP 点
    print("两直角连接没找到适合的 checkP 点")
    return False;
```

注意上面代码在测试两个折点连通时,并没有考虑两个折点都在游戏区域的外部情况,有些连连看游戏不允许折点在游戏区域外侧(即边界外)。如果允许这种情况的话,对上面代码进行如下修改:

```python
    #向下
    if (i == 3):
        checkP.y += 1
        while ((checkP.y < Height) and map[checkP.x][checkP.y] == " "):
            linePointStack.append(checkP)
            if (OneCornerLink(checkP, p2)):
                print("下探测 OK")
                return True
            else:
```

```
            linePointStack.pop()
        checkP.y += 1
    # 补充两个折点都在游戏区域底侧外部
    if checkP.y == Height:              # 出了底部,则仅需判断 p2 能否也达到底部边界
        z = Point(p2.x, Height - 1)     # 底部边界点
        if lineCheck(z,p2):             # 两个折点在区域外部的底侧
            linePointStack.append(Point(p1.x, Height))
            linePointStack.append(Point(p2.x, Height))
            print("下探测到游戏区域外部 OK")
            return True
```

对于其余 3 个方向的边界外部两个折点连通情况的判断,读者可以举一反三自己思考添加。

3. 智能查找功能的实现

在地图上自动查找出一组相同且可以抵消的方块,可采用遍历算法。下面通过图 10-6 来协助分析此算法。

在图中找相同图案的方块时,将按方块地图 map 的下标位置对每个方块进行查找,一旦找到一组相同可以抵消的方块则马上返回。查找相同方块组的时候,必须先确定第 1 个选定方块(例如 0 号方块),然后在这个基础上做遍历查找第 2 个选定方块,即从 1 开始按照 1、2、3…顺序进行查找第 2 个选定方块,并判断选定的两个方块是否连通抵消,假如 0 号方块与 5 号方块连通,则经历(0,1)、(0,2)、(0,3)、(0,4)、(0,5)等 5 组数据的判断对比,成功后立即返回。

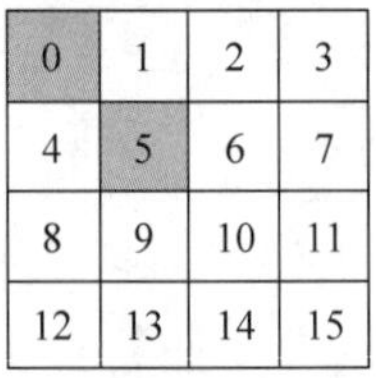

如果找不到匹配的第 2 个选定方块,则按如图 10-7(a)所示编号加 1 重新选定第 1 个选定方块(即 1 号方块)进入下一轮查找,然后在这个基础上做遍历查找第 2 个选定方块,即按如图 10-7(b)所示从 2 号开始按照 2、3、4…顺序进行查找第 2 个选定方块,直到搜索到最后一个方块(即 15 号方块);那么为什么从 2 开始查找第 2 个选定方块,而不是 0 号开始呢?因为将 1 号方块选定为第 1 个选定方块前,0 号已经作为第 1 个选定方块对后面的方块进行可连通的判断了,即 1 号必然不会与 0 号方块连通,因此,不必再做判断。

图 10-6 匹配示意图(1)

如果找不到与 1 号方块连通且相同的,于是编号加 1 重新选定第 1 个选定方块(即 2 号方块)进入下一轮,从 3 号开始按照 3、4、5…顺序进行查找第 2 个选定方块。

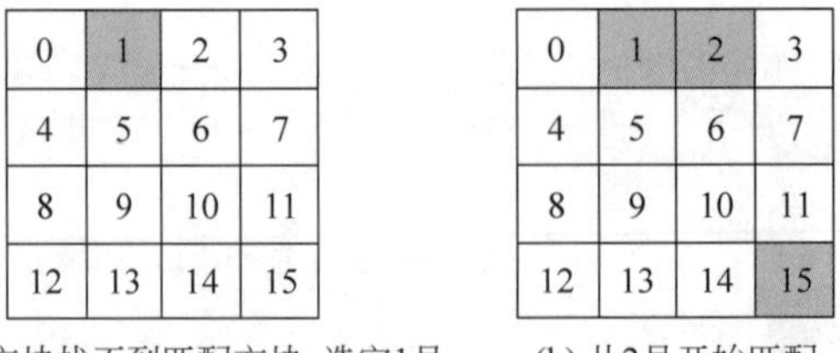

(a) 0号方块找不到匹配方块,选定1号   (b) 从2号开始匹配

图 10-7 匹配示意图(2)

按照上面设计的算法,整个查找的流程如图 10-8 所示。

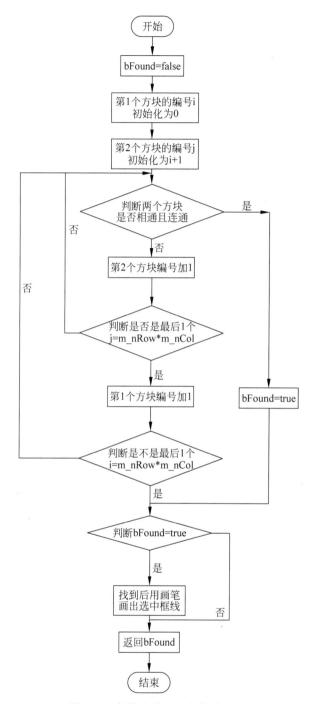

图 10-8 智能查找匹配方块流程图

根据流程图,把自动查找出一组相同且可以抵消的方块功能封装在 Find2Block() 方法里面,其代码如下:

```python
def find2Block(event):                          #自动查找
    global firstSelectRectId,SecondSelectRectId
    m_nRoW = Height
    m_nCol = Width
    bFound = False;
    #第1个方块从地图的0位置开始
    for i in range(0, m_nRoW * m_nCol):
        #找到则跳出循环
        if (bFound):
            break
        #算出对应的虚拟行列位置
        x1 = i % m_nCol
        y1 = i // m_nCol
        p1 = Point(x1,y1)
        #无图案的方块跳过
        if (map[x1][y1] == ' '):
            continue
        #第2个方块从前一个方块的后面开始
        for j in range( i + 1, m_nRoW * m_nCol):
            #算出对应的虚拟行列位置
            x2 = j % m_nCol
            y2 = j // m_nCol
            p2 = Point(x2,y2)
            #第2个方块不为空 且与第1个方块的图标相同
            if (map[x2][y2] != ' ' and IsSame(p1,p2)):
                #判断是否可以连通
                if (IsLink(p1, p2)):
                    bFound = True;
                    break
    #找到后的情况
    if (bFound):                                #p1(x1,y1)与p2(x2,y2)连通
        print('找到后',p1.x,p1.y,p2.x,p2.y)
        #画选定(x1,y1)处的框线
        firstSelectRectId = cv.create_rectangle(x1 * 40,y1 * 40,x1 * 40 + 40,y1 * 40 + 40,width = 2, outline = "red")
        #画选定(x2,y2)处的框线
        secondSelectRectId = cv.create_rectangle(x2 * 40, y2 * 40, x2 * 40 + 40, y2 * 40 + 40, outline = "red")
        #t = Timer(timer_interval,delayrun)     #定时函数自动消除
        #t.start()
    return bFound
```

10.3 程序设计的步骤

在 10.2 节中已经设计了连连看游戏的图标方块布局,以及算法查找,接下来要讲解游戏程序设计步骤。

1. 设计点类 Point

点类 Point 比较简单,主要存储方块所在棋盘坐标(x,y)。

```
class Point:                    #点类
    def _init_(self,x,y):
        self.x = x
        self.y = y
```

2. 设计游戏主逻辑

整个游戏在 Canvas 对象中,调用 create_map()函数实现将图标图案随机放到地图中,地图 map 中记录的是图案的数字编号。最后调用 print_map(),按地图 map 中记录的图案信息将图 10-2 中图标图案绘制在 Canvas 对象中,生成游戏开始的界面。同时绑定 Canvas 对象鼠标左键和右键事件,并进入窗体显示线程中。

```
#所有图标图案
imgs = [PhotoImage(file = 'H:\连连看\gif\bar_0' + str(i) + '.gif') for i in range(0,10) ]
Select_first = False                        #判断是否已经选中第 1 块
firstSelectRectId = - 1                     #选中第 1 块地图对象
SecondSelectRectId = - 1                    #选中第 2 块地图对象
linePointStack = []                         #存储连接的折点棋盘坐标
Line_id = []
Height = 9
Width = 10
map = [[" " for y in range(Height)]for x in range(Width)]
image_map = [[" " for y in range(Height)]for x in range(Width)]
cv = Canvas(root, bg = 'green', width = 610, height = 610)
cv.bind("< Button - 1 >", callback)         #鼠标左键事件
cv.bind("< Button - 3 >", find2Block)       #鼠标右键事件
cv.pack()
create_map()                                #产生 map 地图
print_map()                                 #打印 map 地图
root.mainloop()
```

3. 编写函数代码

print_map()函数按地图 map 中记录的图标图案信息将图 10-2 中图标图案显示在 Canvas 对象中,生成游戏开始的界面。

```
def print_map():                #输出 map 地图
    global image_map
    for x in range(0,Width):
        for y in range(0,Height):
            if(map[x][y]!= ' '):
                img1 = imgs[int(map[x][y])]
                id = cv.create_image((x * 40 + 20,y * 40 + 20),image = img1)
                image_map[x][y] = id
```

```
        cv.pack()
        for y in range(0,Height):
            for x in range(0,Width):
                print (map[x][y],end = ' ')
            print(",",y)
```

用户在窗口中单击时,由屏幕像素坐标(event.x,event.y)计算被单击方块的地图棋盘位置坐标(x,y)。判断是否是第 1 次选中方块,如果是则仅对选定方块加上蓝色示意框线。如果是第 2 次选中方块,则加上黄色示意框线,同时要判断图案是否相同且连通。假如连通则画出选中方块之间的连接线,延时 0.3s 后,清除第 1 个选定方块和第 2 个选定方块图案,并清除选中方块之间的连接线。假如不连通则清除选定两个方块的示意框线。

Canvas 对象鼠标右键单击事件则调用智能查找功能 Find2Block()。

```
def find2Block(event):                    #自动查找
    …… //见前文程序设计的思路
```

Canvas 对象鼠标左键单击事件的代码如下:

```
def callback(event):                      #鼠标左键单击事件代码
    global Select_first,p1,p2
    global firstSelectRectId,SecondSelectRectId
    #print ("clicked at", event.x, event.y,turn)
    x = (event.x)//40                     #换算棋盘坐标
    y = (event.y)//40
    print ("clicked at", x, y)

    if map[x][y] == " ":
        showinfo(title = "提示",message = "此处无方块")
    else:
        if Select_first == False:
            p1 = Point(x,y)
            #画出选定(x1,y1)处的框线
            firstSelectRectId = cv.create_rectangle(x * 40,y * 40,x * 40 + 40,y * 40 + 40,outline = "blue")
            Select_first = True
        else:
            p2 = Point(x,y)
            #判断第 2 次单击的方块是否已被第 1 次单击选取,如果是则返回.
            if (p1.x == p2.x) and (p1.y == p2.y):
                return
            #画出选定(x2,y2)处的框线
            print('第 2 次单击的方块',x,y)
            SecondSelectRectId = cv.create_rectangle(x * 40,y * 40,x * 40 + 40,y * 40 + 40,outline = "yellow")
            print('第 2 次单击的方块',SecondSelectRectId)
            cv.pack()
            if IsSame(p1,p2) and IsLink(p1,p2):        #判断是否连通
```

```
                    print('连通',x,y)
                    Select_first = False
                    # 画选中方块之间连接线
                    drawLinkLine(p1,p2)
                    t = Timer(timer_interval,delayrun)      # 定时函数
                    t.start()
                else:                                        # 不能连通则取消选定的两个方块
                    cv.delete(firstSelectRectId)             # 清除第1个选定框线
                    cv.delete(SecondSelectRectId)            # 清除第2个选定框线
                    Select_first = False
```

IsSame(p1,p2)用来判断 p1（x1，y1）与 p2(x2，y2)处的方块图案是否相同。

```
def IsSame(p1,p2):
    if map[p1.x][p1.y] == map[p2.x][p2.y]:
        print ("clicked at IsSame")
        return True
    return False
```

以下是画出方块之间的连接线，以及清除连接线的方法。

drawLinkLine(p1,p2)绘制 p1 和 p2 所在两个方块之间的连接线。判断 linePointStack 列表长度，如果为 0，则是直接连通。linePointStack 列表长度为 1，则是一折连通，linePointStack 存储的是一折连通的折点。linePointStack 列表长度为 2，则是二折连通，linePointStack 存储的是二折连通的两个折点。

```
def drawLinkLine(p1,p2):                # 画连接线
    if ( len(linePointStack) == 0 ):
        Line_id.append(drawLine(p1,p2))
    else:
        print(linePointStack,len(linePointStack))
    if ( len(linePointStack) == 1 ):
        z = linePointStack.pop()
        print("一折连通点 z",z.x,z.y)
        Line_id.append(drawLine(p1,z))
        Line_id.append(drawLine(p2,z))
    if ( len(linePointStack) == 2 ):
        z1 = linePointStack.pop()
        print("二折连通点 z1",z1.x,z1.y)
        Line_id.append(drawLine(p2,z1))
        z2 = linePointStack.pop()
        print("二折连通点 z2",z2.x,z2.y)
        Line_id.append(drawLine(z1,z2))
        Line_id.append(drawLine(p1,z2))
```

drawLinkLine(p1,p2)函数用来绘制 p1 和 p2 之间的直线。

```python
def drawLine(p1,p2):
    print("drawLine p1,p2",p1.x,p1.y,p2.x,p2.y)
    id = cv.create_line(p1.x * 40 + 20,p1.y * 40 + 20,p2.x * 40 + 20,p2.y * 40 + 20,width = 5,
fill = 'red')
    #cv.pack()
    return id
```

undrawConnectLine()删除 Line_id 记录的连接线。

```python
def undrawConnectLine():
    while len(Line_id)> 0:
        idpop = Line_id.pop()
        cv.delete(idpop)
```

clearTwoBlock()函数用来清除 p1 和 p2 之间的连线及所在的方块图案。

```python
def clearTwoBlock():            #清除连线及方块
    #清除第 1 个选定框线
    cv.delete(firstSelectRectId)
    #清除第 2 个选定框线
    cv.delete(SecondSelectRectId)
    #清空记录方块的值
    map[p1.x][p1.y] = " "
    cv.delete(image_map[p1.x][p1.y])
    map[p2.x][p2.y] = " "
    cv.delete(image_map[p2.x][p2.y])
    Select_first = False
    undrawConnectLine()          #清除选中方块之间连接线
```

delayrun()函数是定时函数,timer_interval 延时(0.3s)后清除 p1 和 p2 之间的连线及所在方块图案。

```python
timer_interval = 0.3           #0.3s
def delayrun():
    clearTwoBlock()             #清除连线及方块
```

IsWin()函数用来检测是否尚有未被消除的方块,即地图 map 中元素值是否非空(" "),如果没有则已经赢得了游戏。

```python
'''
#检测是否已经赢得了游戏
'''
def IsWin()
    #检测是否尚有非未被消除的方块
    #(非 BLANK_STATE 状态)
    for y in range(0,Height):
```

```
        for x in range(0,Width):
            if map[x][y] != " ":
                return False;
    return True;
```

至此已完成了连连看游戏的程序设计。

第 11 章

推箱子游戏

11.1 推箱子游戏介绍

推箱子游戏是一个来自日本的经典的古老游戏,目的是在游戏中训练玩家的逻辑思考能力。游戏玩法是:在一个狭小的仓库中,要求玩家把木箱放到指定的位置,游戏过程中稍不小心就会出现箱子无法移动或者通道被堵住的情况,所以玩家需要巧妙地利用有限的空间和通道,合理安排移动的次序和位置,才能顺利地完成任务。

推箱子游戏功能如下:游戏运行载入相应的地图,屏幕中出现一个推箱子的工人,其周围是围墙、人可以走的通道、几个可以移动的箱子和箱子放置的目的地。让玩家通过按上下左右键控制工人推箱子,当箱子都推到了目的地后即出现过关信息,并显示下一关。若推错了,则玩家需要按空格键重新玩过这关,直到通过全部关卡。

本章讲解如何开发推箱子游戏,推箱子游戏界面如图 11-1 所示。

图 11-1 推箱子游戏界面

本游戏使用的图片元素含义如图 11-2 所示。

目的地　　工人　　箱子　　通道　　围墙　　箱子已在目的地

图 11-2 游戏所用图片元素

11.2 程序设计的思路

对于推箱子游戏的开发，工人的操作很简单，就是在四个方向移动，工人移动箱子也移动，所以对按键处理也比较简单些。当箱子到达目的地位置时，就会产生游戏过关事件。这些所有的事件都发生在一张地图中，这张地图包括箱子的初始化位置、箱子最终放置的位置和围墙障碍等，每一关地图都要更换，这些位置也要变，所以每关的地图数据是最关键的，它决定了每关的不同场景和物体位置，那么就需要重点分析一下地图。因此在游戏的过程中，需要有一个逻辑判断。

把地图想象成一个网格，每个格子就是工人每次移动的步长，也是箱子移动的距离，这样想问题就简化多了。首先设计一个 7×7 的二维列表 myArray，按照这样的框架来设置游戏内容。对于格子的 X、Y 坐标，可以由二维列表下标换算。

每个格子的状态值如下：常量 Wall(0) 代表墙，Worker(1) 代表人，Box(2) 代表箱子，Passageway(3) 代表路，Destination(4) 代表目的地，WorkerInDest(5) 代表人在目的地，RedBox(6) 代表放到目的地的箱子。文件中存储的原始地图中格子的状态值采用相应的整数形式存放。

在玩家通过键盘控制工人推箱子的过程中，需要按游戏规则进行判断是否响应该按键指示。如图 11-3 所示，分析一下工人将会遇到什么情况，以便归纳出所有的规则和对应算法。为了描述方便，可以假设工人移动趋势方向向右，其他方向原理是一致的。P1、P2 分别代表工人移动趋势方向前两个方格。

（1）前方 P1 是通道：如果工人前方是通道，则工人可以进到 P1 方格；修改相关位置格子的状态值。

（2）前方 P1 是围墙或出界：如果工人前方是围墙或出界（即阻挡工人的路线），则退出规则判断，布局不做任何改变。

（3）前方 P1 是目的地：如果工人前方是目的地，则工人可以进到 P1 方格；修改相关位置格子的状态值。

（4）前方 P1 是箱子。

在前面 3 种情况中，只要根据前方 P1 处的物体就可以判断出工人是否可以移动，而在第 4 种情况中，需要判断箱子前方 P2 处的物体才能判断出工人是否可以移动，如图 11-4 所示。此时有以下可能。

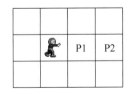

图 11-3　工人移动趋势分析

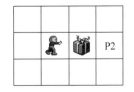

图 11-4　根据箱子前方的物体判断工人是否移动

- P1 处为箱子，P2 处为墙或出界：如果工人前方 P1 处为箱子，P2 处为墙或出界，退出规则判断，布局不做任何改变。

- P1 处为箱子，P2 处为通道：如果工人前方 P1 处为箱子，P2 处为通道，工人可以进到 P1 方格，P2 方格状态为箱子，修改相关位置格子的状态值。
- P1 处为箱子，P2 处为目的地：如果工人前方 P1 处为箱子，P2 处为目的地，工人可以进到 P1 方格，P2 方格状态为放置好的箱子，修改相关位置格子的状态值。
- P1 处为放到目的地的箱子，P2 处为通道：如果工人前方 P1 处为放到目的地的箱子，P2 处为通道，工人可以进到 P1 方格，P2 方格状态为箱子，修改相关位置格子的状态值。
- P1 处为放到目的地的箱子，P2 处为目的地：如果工人前方 P1 处为放到目的地的箱子，P2 处为目的地，工人可以进到 P1 方格，P2 方格状态为放置好的箱子，修改相关位置格子的状态值。

综合前面的分析，即可以设计出整个游戏的实现流程。

11.3 关键技术

游戏中设计"重玩"功能便于玩家无法通过时重玩此关游戏，这时需要将地图信息恢复到初始状态，所以需要将 7×7 的二维列表 myArray 复制，注意此时需要了解列表复制与深复制的问题。可以通过下面的例子来了解。

问题描述：已知一个列表 a，生成一个新的列表 b，列表元素是原列表的复制。

```
a = [1,2]
b = a
```

这种做法其实并未真正生成一个新的列表，b 指向的仍然是 a 所指向的对象。这样，如果对 a 或 b 的元素进行修改，则 a 和 b 列表的值同时发生变化。

针对上面问题的解决方法为：

```
a = [1,2]
b = a[:]              #切片，或者使用 copy() 函数 b = copy.copy(a)
```

这样修改 a 对 b 没有影响。修改 b 对 a 也没有影响。

但这种方法只适用于简单列表，也就是列表中的元素都是基本类型，如果列表元素还存在列表的话，这种方法就不适用了。原因就是 a[:] 这种处理，只是将列表元素的值生成一个新的列表，如果列表元素也是一个列表，如：a=[1,[2]]，那么这种复制对于元素[2]的处理只是复制[2]的引用，而并未生成[2]的一个新的列表复制。为了证明这一点，测试步骤如下：

```
>>> a = [1,[2]]
>>> b = a[:]
>>> b
[1, [2]]
>>> a[1].append(3)
```

```
>>> a
[1, [2, 3]]
>>> b
[1, [2, 3]]
```

可见,对 a 的修改影响到了 b。如果解决这一问题,可以使用 copy 模块中的 deepcopy() 函数。修改测试如下:

```
>>> import copy
>>> a = [1,[2]]
>>> b = copy.deepcopy(a)
>>> b
[1, [2]]
>>> a[1].append(3)
>>> a
[1, [2, 3]]
>>> b
[1, [2]]
```

知道这一点是非常重要的,因为在本游戏中需要一个新的二维列表(当前的状态地图),并且对这个新的二维列表进行操作,同时不想影响原来的二维列表(原始地图)。

11.4 程序设计的步骤

前面已经介绍了推箱子游戏的游戏规则,并讲解了游戏过程设计思路及关键技术,接下来实现游戏的程序设计步骤。

1. 设计游戏地图

整个游戏在 7×7 大小的区域中,使用 myArray 二维列表存储。其中方格中的状态值 0 代表墙,1 代表人,2 代表箱子,3 代表路,4 代表目的地,5 代表人在目的地,6 代表放到目的地的箱子。如图 11-5 所示为推箱子游戏界面对应的数据。

0	0	0	3	3	0	0
3	3	0	3	4	0	0
1	3	3	2	3	3	0
4	2	0	3	3	3	0
3	3	3	0	3	3	0
3	3	3	0	0	3	0
3	0	0	0	0	0	0

图 11-5 游戏界面对应的数据

方格中的状态值采用 myArray1 存储(注意按列存储):

```
#原始地图
myArray1 = [[0,3,1,4,3,3,3],
            [0,3,3,2,3,3,0],
            [0,0,3,0,3,3,0],
            [3,3,2,3,0,0,0],
            [3,4,3,3,3,0,0],
            [0,0,3,3,3,3,0],
            [0,0,0,0,0,0,0]]
```

为了明确表示方格的状态信息,这里通过定义变量名(Python 没有枚举类型)来表示。并使用 imgs 列表存储图像,并且按照图形代号的顺序储存图像。

```
Wall = 0
Worker = 1
Box = 2
Passageway = 3
Destination = 4
WorkerInDest = 5
RedBox = 6
#原始地图
myArray1 = [[0,3,1,4,3,3,3],
            [0,3,3,2,3,3,0],
            [0,0,3,0,3,3,0],
            [3,3,2,3,0,0,0],
            [3,4,3,3,3,0,0],
            [0,0,3,3,3,3,0],
            [0,0,0,0,0,0,0]]
imgs = [PhotoImage(file = 'bmp\\Wall.gif'),
        PhotoImage(file = 'bmp\\Worker.gif'),
        PhotoImage(file = 'bmp\\Box.gif'),
        PhotoImage(file = 'bmp\\Passageway.gif'),
        PhotoImage(file = 'bmp\\Destination.gif'),
        PhotoImage(file = 'bmp\\WorkerInDest.gif'),
        PhotoImage(file = 'bmp\\RedBox.gif') ]
```

2. 绘制整个游戏区域图形

绘制整个游戏区域图形就是按照地图 myArray 储存图形代号,从 imgs 列表获取对应图像,显示到 Canvas 上。全局变量 x、y 代表工人的当前位置(x,y),从地图 myArray 读取时如果是 1(Worker 值为 1),则记录当前位置。

```
def drawGameImage():
    global x,y
    for i in range(0,7):                    #i 为 0~6
        for j in range(0,7):                #j 为 0~6
            if myArray[i][j] == Worker:
                x = i                       #工人当前位置(x,y)
                y = j
```

```
            print("工人当前位置:",x,y)
            img1 = imgs[myArray[i][j]]                    # 从 imgs 列表获取对应图像
            cv.create_image((i * 32 + 20,j * 32 + 20),image = img1)    # 显示到 Canvas 上
            cv.pack()
```

3. 按键事件处理

游戏中对用户按键操作,采用 Canvas 对象的 KeyPress 按键事件处理。KeyPress 按键处理函数 callback()根据用户的按键消息,计算出工人移动趋势方向前两个方格位置坐标($x1$,$y1$)和($x2$,$y2$),将所有位置作为参数调用 MoveTo($x1$,$y1$,$x2$,$y2$)判断并做地图更新。如果用户按空格键则恢复游戏界面到原始地图状态,实现"重玩"功能。

```
def callback(event):                          # 按键处理
    #(x1, y1)、(x2, y2)分别代表工人移动趋势方向前两个方格
    global x,y,myArray
    print ("按下键:" )
    print ("按下键:", event.char)
    KeyCode = event.keysym
    # 工人当前位置(x,y)
    if KeyCode == "Up":                       # 分析按键消息
    # 向上
            x1 = x
            y1 = y - 1
            x2 = x
            y2 = y - 2
            # 将所有位置输入以进行判断并更新地图
            MoveTo(x1, y1, x2, y2)
    # 向下
    elif KeyCode == "Down":
            x1 = x
            y1 = y + 1
            x2 = x
            y2 = y + 2
            MoveTo(x1, y1, x2, y2)
    # 向左
    elif KeyCode == "Left":
            x1 = x - 1
            y1 = y
            x2 = x - 2
            y2 = y
            MoveTo(x1, y1, x2, y2)
    # 向右
    elif KeyCode == "Right":
            x1 = x + 1
            y1 = y
            x2 = x + 2
            y2 = y
            MoveTo(x1, y1, x2, y2)
    elif KeyCode == "Space":                  # 空格键
```

```
            print ("按下键:", event.char)
            myArray = copy.deepcopy(myArray1)      #恢复原始地图
            drawGameImage()
```

IsInGameArea(row, col)用来判断对象是否在游戏区域中。

```
def IsInGameArea(row, col):
    return (row >= 0 and row < 7 and col >= 0 and col < 7)
```

MoveTo(x1,y1,x2,y2)方法是最复杂的部分,用来实现前面所分析的所有规则和对应算法。

```
def MoveTo(x1, y1, x2, y2):
    global x, y
    P1 = None                                      #P1、P2 是移动趋势方向前两个格子
    P2 = None
    if IsInGameArea(x1, y1):                       #判断是否在游戏区域
        P1 = myArray[x1][y1]
    if IsInGameArea(x2, y2):
        P2 = myArray[x2][y2]
    if P1 == Passageway:                           #P1 处为通道
        MoveMan(x, y)
        x = x1; y = y1
        myArray[x1][y1] = Worker
    if P1 == Destination:                          #P1 处为目的地
        MoveMan(x, y)
        x = x1; y = y1
        myArray[x1][y1] = WorkerInDest
    if P1 == Wall or not IsInGameArea(x1, y1):     #P1 处为墙或出界
        return
    if P1 == Box:                                  #P1 处为箱子
        if P2 == Wall or not IsInGameArea(x1, y1) or P2 == Box:    #P2 处为墙或出界
            return

    #以下 P1 处为箱子
    #P1 处为箱子,P2 处为通道
    if P1 == Box and P2 == Passageway:
        MoveMan(x, y)
        x = x1; y = y1
        myArray[x2][y2] = Box
        myArray[x1][y1] = Worker
    if P1 == Box and P2 == Destination:
        MoveMan(x, y)
        x = x1; y = y1
        myArray[x2][y2] = RedBox
        myArray[x1][y1] = Worker
    #P1 处为放到目的地的箱子,P2 处为通道
    if P1 == RedBox and P2 == Passageway:
        MoveMan(x, y)
        x = x1; y = y1
        myArray[x2][y2] = Box
        myArray[x1][y1] = WorkerInDest
    #P1 处为放到目的地的箱子,P2 处为目的地
```

```
            if P1 == RedBox and P2 == Destination:
                MoveMan(x, y)
                x = x1; y = y1
                myArray[x2][y2] = RedBox
                myArray[x1][y1] = WorkerInDest
            drawGameImage()
            #这里要验证是否过关
            if IsFinish():
                showinfo(title = "提示",message = " 恭喜你顺利过关" )
                print("下一关")
```

MoveMan(x，y)函数用来移走(x,y)处的工人,并修改格子状态值。

```
def MoveMan(x, y):
    if myArray[x][y] == Worker:
        myArray[x][y] = Passageway
    elif myArray[x][y] == WorkerInDest:
        myArray[x][y] = Destination
```

IsFinish()函数用来验证是否过关。只要方格状态存在目的地(Destination)或人在目的地上(WorkerInDest)则表明有没放好的箱子,游戏还未成功,否则成功。

```
def IsFinish():                #验证是否过关
    bFinish = True
    for i in range(0,7):#0 -- 6
        for j in range(0,7):#0 -- 6
            if (myArray[i][j] == Destination
                    or myArray[i][j] == WorkerInDest):
                bFinish = False
    return bFinish
```

4. 主程序
下面是推箱子游戏的主程序：

```
cv = Canvas(root, bg = 'green', width = 226, height = 226)
myArray = copy.deepcopy(myArray1)
drawGameImage()
cv.bind("<KeyPress>", callback)
cv.pack()
cv.focus_set()            #将焦点设置到 cv 上
root.mainloop()
```

至此完成了推箱子游戏。读者可以考虑在这基础上多关推箱子游戏如何开发,例如把10关游戏地图信息实现存储在 map.txt 文件里,需要时从文件中读取下一关数据即可。

第 12 章

两人麻将游戏

12.1 麻将游戏介绍

麻将游戏起源于中国,它集益智性、趣味性、博弈性于一体,是中国传统文化的一个重要组成部分。不同地区的游戏规则稍有不同。麻将每副牌 136 张,主要有"饼(文钱)""条(索子)""万(万贯)"等。与其他牌形式相比,麻将的玩法最为复杂有趣,它的基本打法简单,因此成为中国历史上一种比较吸引人的博戏形式之一。

1. 麻将术语

麻将术语有"吃""碰""杠""听"等。

(1) 吃:如果任何一位牌手手中的牌,其中的两张再加上上家牌手刚打下的一张牌恰好构成"顺子",他就可"吃"牌。

(2) 碰:如果某方打出一张牌,而自己手中有两张或两张以上与该牌相同牌的时候,可以选择"碰"牌。碰牌后,取得对方打出的这张牌,加上自己的两张相同牌成为"刻子",放倒这个刻子,不能再出,然后再出另外一张牌。"碰"比"吃"优先,如果要碰的牌刚好是出牌方下家要吃的牌,则吃牌失败,碰牌成功。

(3) 杠:其他人打出一张牌,自己手中有 3 张相同的牌,即可"杠"牌。分明杠和暗杠两种。

(4) 听:当牌手将手中的牌都凑成了有用的牌,只需再加上第 14 张便可胡牌,则牌手就可以进入"听"牌的阶段。

2. 牌数

麻将游戏中的牌数共有 136 张,分为万牌、饼牌、条牌和字牌几种。

(1) 万牌:从一万至九万,各 4 张,共 36 张。

(2) 饼牌:从一饼至九饼,各 4 张,共 36 张。

(3) 条牌：从一条至九条，各 4 张，共 36 张。
(4) 字牌：东、南、西、北、中、发、白，各 4 张，共 28 张。

本章设计的是两人麻将程序，可以实现玩家（人）和计算机对下。游戏有吃、碰功能，以及胡牌判断。为了降低程序复杂度，游戏没有设计"杠"的功能。同时对计算机出牌进行了智能设计，游戏中上方为计算机的牌，下方为玩家的牌，有"吃牌""碰牌""胡牌""摸牌"按钮供玩家选择，游戏运行初始界面如图 12-1 所示。

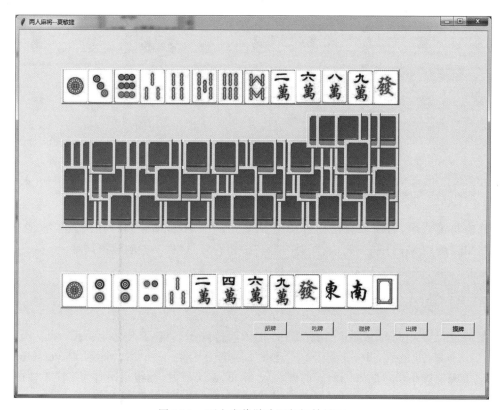

图 12-1　两人麻将游戏运行初始界面

12.2　两人麻将游戏设计的思路

对于两人麻将游戏，根据其游戏规则进行游戏设计。设计游戏思路时要有游戏所需素材图片，以及游戏的逻辑实现和算法实现。

12.2.1　素材图片

麻将牌数共有 136 张。万牌从一万至九万，饼牌从一饼至九饼，条牌从一条至九条，字牌有东、南、西、北和中、发、白。设计时麻将牌图片文件按以下规律编号。一饼至九饼为 11.jpg～19.jpg，一条至九条为 21.jpg～29.jpg，一万至九万为 31.jpg～39.jpg，字牌为 41.jpg～47.jpg，如图 12-2 所示。

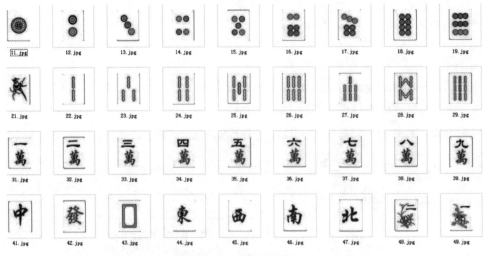

图 12-2　素材图片

12.2.2　游戏逻辑实现

在麻将游戏中,若玩家自己出过牌则 MyTurn=False,即轮到计算机人工智能出牌。计算机出完牌则 MyTurn=True,同时"摸牌"按钮有效,这样又轮到玩家出牌。

```
MyTurn = True                    #轮到玩家出牌
Get_btn["state"] = NORMAL        #摸牌有效
```

游戏过程中,playersCard 列表(数组)记录两位牌手的牌,其中 playersCard[0]记录玩家自己(0 号牌手)的牌,playersCard[1]记录计算机(1 号牌手)的牌。同理 playersOutCard 数组记录两位牌手出过的牌。所有的牌存入 m_aCards 列表(数组),同时为了便于知道该发哪张牌,这里 k 记录已发出的牌的张数,从而知道要摸的牌是 m_aCards[k]。

12.2.3　碰吃牌判断

游戏过程中玩家自己可以碰牌和吃牌,所以需要判断计算机(1 号牌手)刚出的牌玩家是否可以碰、吃,如果能够碰、吃,则"碰牌""吃牌""摸牌"按钮有效。

(1) 能否碰牌的判断比较简单,由于每张牌对应文件的主文件名是 imageID,所以仅统计相同 imageID 的牌即可知道是否有两张以上,如果有则可以碰牌。

```
#是否可以碰牌
def canPeng(a,card):             #定义碰牌文件列表(List a,Card card)
    n = 0
    for i in range(0,len(a)):
        c = a[i]
        if (c.imageID == card.imageID):
            n += 1
    if n >= 2:
```

```
            return True
    print("不能碰牌!!!",card.imageID)
    return False
```

（2）能否吃牌的判断也比较简单，由于牌手手里的牌（a 列表）已经排过序了，只要判断以下情况即可决定是否可以吃牌。

```
1 * *
* 1 *
* * 1
```

1 代表对方刚出的牌，如果符合这 3 种情况则可以"吃牌"。

```
#是否可以吃牌
def canChi(a,card):
    n = 0
    if card.m_nType == 4:              #字牌不用判断能否"吃牌"
        return False
    for i in range(0,len(a) - 1):      # 1 * *
        c1 = a[i]
        c2 = a[i + 1]
        if(c1.m_nNum == card.m_nNum + 1 and c1.m_nType == card.m_nType
           and c2.m_nNum == card.m_nNum + 2 and c2.m_nType == card.m_nType):
            return True
    for i in range(0,len(a) - 1):      # * 1 *
        c1 = a[i]
        c2 = a[i + 1]
        if(c1.m_nNum == card.m_nNum - 1 and c1.m_nType == card.m_nType
           and c2.m_nNum == card.m_nNum + 1 and c2.m_nType == card.m_nType):
            return True
    for i in range(0,len(a) - 1):      # * * 1
        c1 = a[i]
        c2 = a[i + 1]
        if(c1.m_nNum == card.m_nNum - 2 and c1.m_nType == card.m_nType
           and c2.m_nNum == card.m_nNum - 1 and c2.m_nType == card.m_nType):
            return True
    print("不能吃牌!!!",card.imageID)
    return False
```

12.2.4 胡牌算法

1. 数据结构的定义

麻将由"万""饼（筒）""条（索）""字"4 类牌组成，其中"万"又分为一万、二万、三万等 9 种，共 36 张，"饼"和"条"类似，也各有 9 种、36 张，"字"分为东、南、西、北、中、发、白各 4 张，共 28 张。

这里定义了一个 4×10 的二维列表（相当于其他语言的 4×10 的二维数组 int allPai

[4][10]),它记录着手中的牌的全部信息,行号记录类别信息,第 0~3 行分别代表"饼""条""万""字"。

以第 2 行为例,它的第 0 列记录了牌中所有"万"的总数,第 1~9 列分别对应着"一万"至"九万"的个数,"饼"和"条"也类似。"字"不同的是第 1~7 列分别对应的是"中""发""白""东""南""西""北"的个数,第 8、9 列恒为 0。

根据麻将的规则,数组中的牌总数一定为 $3n+2$,其中 $n=0,1,2,3,4$,即会有下面的数组:

```
allPai = [
    [6,1,1,1,0,3],        ♯饼,6 个饼牌,"一饼""二饼""三饼"各 1 个和 3 个"五饼"
    [5,0,2,0,3],          ♯条,5 个条牌,2 个"二条"和 3 个"四条"
    [0],                  ♯万,无万牌
    [3,0,3]               ♯字,3 个字牌"发"
]
```

上面数组表示手中的牌为:"一饼""二饼""三饼""五饼""五饼""五饼""二条""二条""四条""四条""四条""发""发""发",共 6 张饼牌,5 张条牌,0 张万牌,3 张字牌。

2. 算法设计

由于"七对子""十三幺"这种特殊的牌型胡牌的依据不是牌的相互组合,而且规则也不尽相同,这里将这类情况排除在外。

尽管能构成胡牌的形式千变万化,但稍加分析可以看出它离不开一个模型:它可以分解为"三、三、……、三、二"的形式(即总牌数为 $3n+2$ 张),其中的"三"表示的是"顺子"或"刻子"(连续 3 张牌叫作"顺子",如"三饼""四饼""五饼","字"牌不存在"顺子";3 张同样的牌叫作"刻子",如"三饼""三饼""三饼"),其中的"二"表示的是"将"(两张相同的牌可作为"将",如"三饼""三饼")。

在代码实现中,首先要判断牌手手中的牌是否符合这个模型,这样就用极少的代价排除了大多数情况,具体做法是用 3 除 allPai[i][0](存储每种牌型数量),其中 $i=0,1,2,3$,只有在余数有且仅有一个为 2,其余全为 0 的情况下才可能构成胡牌。

对于余数为 0 的牌,它一定要能分解成一个"刻子"和"顺子"的组合,这是一个递归的过程,由函数 bool Analyze(list,bool)处理。

对于余数为 2 的牌,一定要能分解成一对"将"与"刻子"和"顺子"的组合,由于任何数目大于或等于 2 的牌均有作为"将"的可能,需要对每张牌进行轮询,如果它的数目大于或等于 2,去掉这对"将"后再分析它能否分解为"刻子"和"顺子"的组合,这个过程的开销相对较大,放在了程序的最后进行处理。在递归和轮询过程中,尽管每次去掉了某些牌,但最终都会再次将这些牌加上,使得数组中的数据保持不变。

最后分析递归函数 bool Analyze(list, bool),列表(数组)参数表示一类牌:"万"、"饼"、"条"和"字"类之一,布尔参数指示列表(数组)参数判断是否是"字"牌,这是因为"字"牌只能"刻子"而不能"顺子"。对于列表(数组)中的第一张牌,要构成胡牌它就必须与其他牌构成"顺子"或"刻子"。

如果数目大于或等于 3,那么它们一定是以"刻子"的形式组合。例如:当前有 3 张"五

万",如果它们不构成"刻子",则必须有 3 张"六万"3 张"七万"与其构成 3 个"顺子"(注意此时"五万"是数组中的第一张牌),否则就会剩下"五万"不能组合,而此时的 3 个"顺子"实际上也是 3 个"刻子"。去掉这 3 张牌,递归调用 bool Analyze(list,bool)函数,成功则胡牌。当该牌不是字牌且它的下两张牌均存在时,它还可以构成"顺子",去掉这 3 张牌,递归调用 bool Analyze(list,bool)函数,成功则胡牌。如果此时还不能构成胡牌,说明该牌不能与其他牌顺利组合,传入的参数不能分解为"顺子"和"刻子"的组合,不可以构成胡牌。

这里根据上述思想单独设计一个类文件(huMain.py),用来验证胡牌算法,代码如下:

```
class huMain():

    def __init__(self):                             #构造函数
        #定义手中的牌 int allPai[4][10]
        self.allPai = [[6,1,4,1,0,0,0,0,0,0],       #饼
                       [3,1,1,1,0,0,0,0,0,0],       #条
                       [0,0,0,0,0,0,0,0,0,0],       #万
                       [5,2,3,0,0,0,0,0,0,0]]       #字
        if self.Win(self.allPai):
            print("Hu!\n")
        else:
            print("Not Hu!\n")
    #判断是否胡牌的函数
    def Win(self,allPai):
        jiangPos = 0                                #"将"的位置
        jiangExisted = False
        #第一步 是否满足 3、3、3、3、2 模型
        for i in range(0,4):
            #yuShu                                  #余数
            yuShu = allPai[i][0] % 3
            if yuShu == 1:
                return False                        #不满足 3、3、3、3、2 模型
            if yuShu == 2:
                if jiangExisted == True:
                    return False                    #不满足 3、3、3、3、2 模型
                jiangPos = i                        #"将"所在的行
                jiangExisted = True

        #不含"将"处理
        for i in range(0,4):
            if i!= jiangPos:
                if not self.Analyze(allPai[i],i == 3):
                    return False

        #该类牌中要包含"将"因为要对"将"进行轮询,效率较低,放在最后
        success = False                             #指示除掉"将"后能否通过
        for j in range(1,10):                       #对列进行操作,用 j 表示
            if (allPai[jiangPos][j] >= 2):
                #除去这 2 张将牌
                allPai[jiangPos][j] -= 2
```

```
                    allPai[jiangPos][0] -= 2
                    if self.Analyze(allPai[jiangPos],jiangPos == 3):
                        success = True
                    #还原这 2 张将牌
                    allPai[jiangPos][j] += 2
                    allPai[jiangPos][0] += 2
                    if success == True:
                        break
            return success

    #分解成"刻子"和"顺子"组合
    def Analyze(self,aKindPai,ziPai):  #(int aKindPai[],Boolean ziPai)
        if aKindPai[0] == 0:
            return True
        #寻找第一张牌
        for j in range(1,10):
            if aKindPai[j]!= 0:
                break
        if aKindPai[j] >= 3:  #作为"刻子"
            #除去这 3 张"刻子"
            aKindPai[j] -= 3
            aKindPai[0] -= 3
            result = self.Analyze(aKindPai,ziPai)
            #还原这 3 张"刻子"
            aKindPai[j] += 3
            aKindPai[0] += 3
            return result
        #作为"顺子"
        if (not ziPai)and(j < 8) and(aKindPai[j + 1]> 0) and(aKindPai[j + 2]> 0):
            #除去这 3 张"顺子"
            aKindPai[j] -= 1
            aKindPai[j + 1] -= 1
            aKindPai[j + 2] -= 1
            aKindPai[0] -= 3
            result = self.Analyze(aKindPai,ziPai)
            #还原这 3 张"顺子"
            aKindPai[j] += 1
            aKindPai[j + 1] += 1
            aKindPai[j + 2] += 1
            aKindPai[0] += 3
            return result
        return False
```

12.2.5 实现计算机智能出牌

游戏中有两位牌手,一个是玩家自己(0 号牌手),一个是计算机(1 号牌手)。计算机如果只能随机出牌,则游戏可玩性较差,所以智能出牌是一个设计重点。

为了判断出牌需要首先计算牌手手中各种牌型的数量。paiArray 二维列表存储同胡牌算法数据结构,它记录着牌手手中的牌的全部信息,行号记录类别信息,第 0~3 行分别代表"饼""条""万""字"。

这里给出本游戏一个智能出牌的算法。

假设 Cards 为手中所有的牌。

(1) 判断字牌的单张,即 paiArray 行号为 3 的元素是否为 1。有则找到,返回在 Cards 的索引号。

(2) 判断"顺子""刻子"(即 3 张相同的),有则在 paiArray 中消去,即不需要考虑这些牌。

(3) 判断单张非字牌(饼、条、万),有则找到,返回在 Cards 的索引号。

(4) 判断两张牌(饼、条、万,包括字牌),有则找到(即拆双牌),返回在 Cards 的索引号。

(5) 如果以上情况均没出现则随机选出一张牌。当然此种情况一般不会出现。

```
#计算机智能出牌 V1.0,计算出牌的索引号
def ComputerCard(cards):
    #计算玩家手中各种牌型的数量
    paiArray = [[0,0,0,0,0,0,0,0,0,0],
                [0,0,0,0,0,0,0,0,0,0],
                [0,0,0,0,0,0,0,0,0,0],
                [0,0,0,0,0,0,0,0,0,0]]
    for i in range(0,14):
        card = cards[i]
        if(card.imageID > 10 and card.imageID < 20):      #饼
            paiArray[0][0] += 1
            paiArray[0][card.imageID - 10] += 1
        if(card.imageID > 20 and card.imageID < 30):      #条
            paiArray[1][0] += 1
            paiArray[1][card.imageID - 20] += 1
        if(card.imageID > 30 and card.imageID < 40):      #万
            paiArray[2][0] += 1
            paiArray[2][card.imageID - 30] += 1
        if(card.imageID > 40 and card.imageID < 50):      #字
            paiArray[3][0] += 1
            paiArray[3][card.imageID - 40] += 1
    print(paiArray)
    #计算机智能选牌
    #1.判断字牌的单张,有则找到
    for j in range(1,10):
        if(paiArray[3][j] == 1):
            #获取手中牌的位置下标
            k = ComputerSelectCard(cards,3 + 1,j)
            return k

    #2.判断顺子、刻子(3 张相同的牌)
    for i in range(0,3):
        for j in range(1,10):
            if(paiArray[i][j] >= 3):                       #刻子
                paiArray[i][j] -= 3
            if(j <= 7 and paiArray[i][j] >= 1 and paiArray[i][j + 1] >= 1
```

```
                    and paiArray[i][j+2]>=1):        #顺子
                        paiArray[i][j] -= 1
                        paiArray[i][j+1] -= 1
                        paiArray[i][j+2] -= 1

    #3.判断单张非字牌(饼、条、万),有则找到
    for i in range(0,3):
        for j in range(1,10):
            if(paiArray[i][j] == 1):
                #获取手中牌的位置下标
                k = ComputerSelectCard(cards,i+1,j)
                return k

    #4.判断两张牌(饼、条、万,包括字牌),有则找到,拆双牌
    for i in range(3,-1):
        for j in range(1,10):
            if(paiArray[i][j] == 2):
                #获取手中牌的位置下标
                k = ComputerSelectCard(cards,i+1,j)
                return k

    #5.如果以上情况均没出现则随机选出 1 张牌
    k = random.randint(0,13)               #随机选出 1 张牌
    return k
#根据牌(花色 nType,点数 nNum)找在 a 数组索引位置
def ComputerSelectCard(a, nType,nNum):
    for i in range(0,len(a)):
        card = a[i]
        if(card.m_nType == nType and card.m_nNum == nNum):
            return i
    return -1
```

12.3 关键技术

对于麻将游戏的实现过程,会有以下几种关键技术。

12.3.1 声音播放

winsound 模块提供访问由 Windows 平台提供的基本的声音播放设备,它包含数个声音播放函数和常量。

1. Beep(frequency,duration)函数

蜂鸣 PC 的喇叭。frequency 参数指定声音的频率,以赫兹表示,并且必须是在 37~32 767 的范围之中。duration 参数指定声音应该持续的毫秒数。

2. PlaySound(sound,flags)函数

从 Windows 平台 API 中调用 PlaySound()函数。sound 参数必须是一个文件名、音频

数据形成的字符串,或为 None。它的解释依赖于 flags 的值,该值可以是一个位方式或下面描述的变量的组合。
- SND_FILENAME:sound 参数是一个 WAV 文件的文件名;
- SND_LOOP:重复地播放声音;
- SND_MEMORY:提供给 PlaySound()的 sound 参数是一个 WAV 文件的内存映像形成的一个字符串;
- SND_PURGE:停止播放所有指定声音的实例;
- SND_ASYNC:立即返回,允许声音异步播放;
- SND_NOSTOP:不中断当前播放的声音;
- MB_ICONASTERISK:播放 SystemDefault 声音;
- MB_ICONEXCLAMATION:播放 SystemExclamation 声音。

例如,播放"八饼.wav"声音文件的代码如下:

```
import winsound
winsound.PlaySound("res\\sound\\八饼.wav", winsound.SND_FILENAME)
```

12.3.2 返回对应位置的组件

Python Tkinter 中鼠标单击某组件,如何得到对应位置的组件呢?实际上当鼠标单击时,参数 event 的 event.x 和 event.y 可以获取鼠标坐标的时候,event.widget 返回的就是事件发生时所在的组件,也就是被用户所单击的组件。

例如,当用户单击麻将牌时,系统自动调用鼠标按下事件函数,其中将被单击的麻将牌上移 20 像素。如果此麻将牌已被选过则下移 20 像素恢复到原来正常位置。

```
def btn_MouseDown(event):                    #鼠标单击按下事件函数
    #找到相应的麻将牌对象
    card = event.widget                      # event.widget 获取触发事件的对象
    card.y -= 20                             #上移 20 像素
    card.place(x = event.widget.x, y = event.widget.y)
    if(m_LastCard == None):                  #未选过的牌
        m_LastCard = card
        PlayerSelectCard = card
    else:                                    #已经选过的牌
        m_LastCard.MoveTo(m_LastCard.getX(), m_LastCard.getY() + 20) #下移 20 像素
        m_LastCard = card
        PlayerSelectCard = card
```

12.3.3 对保存麻将牌的列表排序

Python 语言中的列表排序方法有 3 个:reverse 反转/倒序排序,sort 正序排序,sorted 可以获取排序后的列表。后两种方法还可以加入条件参数进行排序。

1. reverse()方法

将列表中元素倒序,把原列表中的元素顺序从右至左进行重新存放。比如下面这样:

```
>>> x = [1,5,2,3,4]
>>> x.reverse()
>>> x              #结果是[4, 3, 2, 5, 1]
```

2. sort()排序方法

此函数方法对列表内容进行正向排序,排序后的新列表会覆盖原列表(id 不变),是就地排序,以节约空间。也就是 sort 排序方法是直接修改原列表 list。

```
>>> a = [5,7,6,3,4,1,2]
>>> a.sort()
>>> a              #结果是[1, 2, 3, 4, 5, 6, 7]
```

3. sorted()方法

该方法既可以保留原列表,又能得到已经排序好的列表。sorted()操作方法如下:

```
>>> a = [5,7,6,3,4,1,2]
>>> b = sorted(a)
>>> a              #结果是[5, 7, 6, 3, 4, 1, 2]
>>> b              #结果是[1, 2, 3, 4, 5, 6, 7]
```

注意:使用 sort()排序和 sorted()方法可以加入参数。

List 的元素可以是各种类型,如字符串、字典或自己定义的类。不使用内置比较函数,这时可以使用参数:

```
sort(cmp = None, key = None, reverse = False)
sorted(cmp = None, key = None, reverse = False)
```

其中,cmp()和 key()都是函数,这两个函数作用于 List 列表的元素上产生一个结果,sorted()方法根据这个结果来排序。reverse 是一个布尔值,表示是否反转比较结果。

cmp(e1, e2)函数是带两个参数的比较函数,返回值如下:为负数时,e1＜e2;为 0 时 e1==e2;为正数时 e1＞e2;默认为 None,即用内置的比较函数。例如:

```
>>> students = [('张海',20),('李斯',19),('赵大强',31),('王磊',14)]
>>> students.sort(cmp = lambda x,y:cmp(x[1],y[1]))    #按年龄数字大小排序
>>> students
```

结果是:[('王磊', 14), ('李斯', 19), ('张海', 20), ('赵大强', 31)]

key()是带一个参数的函数,用来为每个元素提取比较值。默认为 None,即直接比较每个元素。通常,key()比 cmp()的速度快很多,因为对每个元素它们只处理一次;而 cmp()会处理多次。例如:

```
>>> students = [('张海',20),('李斯',19),('赵大强',31),('王磊',14)]
>>> students.sort(key = lambda x:x[1])
>>> students
```

结果是：[('王磊',14),('李斯',19),('张海',20),('赵大强',31)]
用元素已经命名的属性作 key,代码如下：

```
students.sort(key = lambda student: student.age)    #根据年龄排序
```

用 operator 函数来加快速度,上面排序等价于：

```
>>> from operator import itemgetter, attrgetter
>>> students.sort( key = itemgetter(2))
>>> students.sort( key = attrgetter('age'))
```

说明：cmp 参数在 Python 3.0 以后不再支持,所以 Python 3.7 只能使用 key 和 reverse 参数。

在本章中需要按花色整理牌手手中的牌,使用的就是 sort()排序,参数 key 使用的是麻将牌的图像 ID 属性。由于麻将牌图像 ID 是有次序的,从而实现按花色理牌。

```
def sortPoker2(cards):                              #按花色理好牌手手中的牌
    n = len(cards)                                  #元素(牌)的个数
    cards.sort(key = operator.attrgetter('imageID'))  #按麻将牌图像 ID 属性排序
    print("排序后")
```

12.4 两人麻将游戏设计的步骤

前面介绍了两人麻将游戏的规则说明,以及游戏设计的思路和关键技术,那么接下来将讲解游戏设计的步骤。

12.4.1 麻将牌类设计

Card.as 为麻将牌类(继承按钮组件 Button),构造函数根据参数 type 指定麻将牌的类型,参数 num 指定麻将牌的点数。从牌的类型和牌的点数计算出对应的麻将牌图片。麻将牌的所有图片文件见图 12-2 的素材。

Card 麻将牌类可以实现麻将牌正面、背面的显示,以及移动的功能。

```
#Card 麻将牌类
'''m_bFront 表示是否显示牌正面的标志
    m_nType 表示牌的类型 饼 = 1 条 = 2 万 = 3 字牌 = 4
    m_nNum 表示牌的点数(1～9)
    FrontURL 表示牌文件的 URL 路径
    imageID 表示牌自己图像编号 ID
    cardID 表示牌自己在数组索引 ID
    x,y 表示牌的坐标
'''
#可以实现麻将牌正面、背面的显示,以及移动的功能
class Card(Button):
```

```python
#构造函数,参数 type 指定牌的类型,参数 num 指定牌的点数
def __init__(self,cardtype,num,bm,master):
    Button.__init__(self,master)
    self.m_nType = cardtype          #牌的类型:饼=1,条=2,万=3,字牌=4
    self.m_nNum = num                #牌的点数(1~9)
    #根据牌的类型及编号来设置牌文件的路径及文件名
    if self.m_nType == 1:            #饼(筒)
        FrontURL = "res/nan/1"
    elif self.m_nType == 2:          #条
        FrontURL = "res/nan/2"
    elif self.m_nType == 3:          #万
        FrontURL = "res/nan/3"
    elif self.m_nType == 4:          #字
        FrontURL = "res/nan/4"
    self.img = bm
    self.imageID = self.m_nType * 10 + self.m_nNum    #牌的图像编号 ID
    FrontURL = FrontURL + str(self.m_nNum)  #URL 地址
    FrontURL = FrontURL + ".png"
    self["width"] = 51               #麻将牌方块的宽度
    self["height"] = 67              #麻将牌方块的高度
    self["text"] = str(self.imageID) + ".png"
    self.setFront(False)
    #self.MoveTo(100, 100)
    self.bind("<ButtonPress>",btn_MouseDown)
    self.cardID = 0

def _cmp_(self, other):
    return cmp(self.imageID, other.imageID)

def setFront(self, b):               #是否显示牌正面
    self.m_bFront = b
    if (b == True):
        self["image"] = self.img     #显示牌正面图片
    else:
        self["image"] = back         #显示牌背面图片

def MoveTo(self, x1, y1):            #移到指定(x1, y1)位置
    self.place(x = x1, y = y1)
    self.x = x1                      #牌的坐标
    self.y = y1

def getX(self):
    return self.x
def getY(self):
    return self.y
def getImageID(self):                #牌的图像编号 ID
    return imageID
```

12.4.2 设计游戏主程序

在设计麻将游戏的主程序时,导入包及相关的类:

```
from tkinter import *
import random
from threading import Timer
import time
import operator
import winsound          #声音模块
from tkinter.messagebox import *
```

创建窗口对象,imgs 存储麻将图片,代码如下:

```
win = Tk()                                  #创建窗口对象
win.title("两人麻将 -- 夏敏捷")              #设置窗口标题
win.geometry("995x750")
imgs = []                                   #存储牌正面图片
back = PhotoImage(file = 'res\\bei.png')    #存储牌背面图片
m_aCards = []                               #存储所有136张牌的列表
playersCard = [[],[]]                       #记录两位牌手拿到的牌
playersOutCard = [[],[]]                    #记录两位牌手出过的牌
k = 0                                       #记录已发出牌的个数
m_LastCard = None                           #用户是否选过牌
PlayerSelectCard = None                     #用户选中的牌
MyTurn = True                               #轮到玩家出牌(游戏开始玩家先出牌)
```

实例化"吃牌""碰牌""胡牌""摸牌"按钮,由于还未发牌,所以这些按钮均设置为无效。

```
#功能按钮
Get_btn = Button(win,text = "摸牌", command = OnBtnGet_Click )
Peng_btn = Button(win,text = "碰牌", command = OnBtnChi_Click )
Chi_btn = Button(win,text = "吃牌", command = OnBtnChi_Click )
Out_btn = Button(win,text = "出牌", command = OnBtnOut_Click )
Win_btn = Button(win,text = "胡牌", width = 70,height = 27)

Win_btn.place(x = 500,y = 600,width = 70,height = 27)
Chi_btn.place(x = 600,y = 600,width = 70,height = 27)
Peng_btn.place(x = 700,y = 600,width = 70,height = 27)
Out_btn.place(x = 800,y = 600,width = 70,height = 27)
Get_btn.place(x = 900,y = 600,width = 70,height = 27)
#Get_btn.pack_forget()                      #隐藏 button
#Get_btn["state"] = DISABLED                #摸牌按钮无效
Peng_btn["state"] = DISABLED                #碰牌按钮无效
Chi_btn["state"] = DISABLED                 #吃牌按钮无效
Out_btn["state"] = DISABLED                 #出牌按钮无效
```

```
Win_btn["state"] = DISABLED            # 胡牌按钮无效
BeginGame()                            # 开始游戏,玩家先出牌
win.mainloop()
```

BeginGame()函数加载136张麻将牌到游戏界面,同时重置游戏,完成洗牌功能即随机交换m_aCards中的两张牌。并将136张麻将牌背面显示在舞台上,设置两家26张初始麻将牌的位置。

```
def BeginGame():                       # 开始游戏,玩家先出牌
    MyTurn = True
    LoadCards()                        # 加载136张麻将牌到界面
    random.shuffle(m_aCards)           # 洗牌操作,将列表中元素打乱达到洗牌目的
    ResetGame()                        # 发初始26张牌给玩家和计算机
```

LoadCards()创建136张麻将牌,并将牌添加到游戏界面和m_aCards列表(数组)中。

```
def LoadCards():                                        # 加载136张麻将牌到舞台
    for m_nType in range(1,4):                          # 1~3分别代表饼、条、万
        for num in range(1,10):                         # 每类牌中的编号为1~9
            # 根据牌的类型及编号来设置牌文件的路径及文件名
            if m_nType == 1:                            # 饼(筒)
                FrontURL = "res/nan/1"
            elif m_nType == 2:                          # 条
                FrontURL = "res/nan/2"
            elif m_nType == 3:                          # 万
                FrontURL = "res/nan/3"

            FrontURL = FrontURL + str(num)              # URL地址
            FrontURL = FrontURL + ".png"
            imgs.append(PhotoImage(file = FrontURL))
            for n in range(1,5):                        # 1~4,每种牌有4张
                card = Card(m_nType, num, imgs[len(imgs) - 1], win)  # 创建饼、条、万牌
                # card.MoveTo(100 + num * 60,100 + m_nType * 80)
                m_aCards.append(card)                   # 将牌添加到列表(数组)

    cardtype = 4                                        # 字牌
    for num in range(1,8):                              # 1~7,7种字牌
        FrontURL = "res/nan/4"
        FrontURL = FrontURL + str(num)                  # URL地址
        FrontURL = FrontURL + ".png"
        imgs.append(PhotoImage(file = FrontURL))
        for n in range(1,5):                            # 每种牌有4张
            card = Card(cardtype, num, imgs[len(imgs) - 1], win)  # 创建字牌
            # card.MoveTo(100 + num * 60,100 + 4 * 80)
            # card["state"] = DISABLED
            m_aCards.append(card)                       # 将牌添加到列表(数组)
```

ResetGame()在洗牌操作后,首先将136张麻将牌背面显示在舞台上,并完成发牌功

能。然后发给两家 26 张麻将牌,并设置 26 张初始麻将牌的位置。

```
def ResetGame():                            #发给两家 26 张麻将牌
    playersCard[0] = []                     #玩家手中的牌
    playersCard[1] = []                     #计算机手中的牌
    for n in range(0,len(m_aCards)):        #重新设置 136 张牌在场景中的位置
        m_aCards[n].x = 90 + 20 * (n % 34)
        m_aCards[n].y = 170 + 55 * (n - n % 34)/34
        m_aCards[n].MoveTo(m_aCards[n].x, m_aCards[n].y)
        #m_aCards[n].setComponentZOrder(m_aCards[n], n)
        m_aCards[n].setFront(False)         #显示麻将牌背面
    #开始发牌
    ShiftCards()
    m_LastCard = None                       #上次用户所选择的牌
    playersOutCard[0] = []                  #玩家出过的牌
    playersOutCard[1] = []                  #计算机出过的牌
```

ShiftCards()发两家的 26 张麻将牌,每人发完 13 张牌以后,需要调用 sortPoker2(cards)按花色整理手中的牌。

```
def ShiftCards():
    global k
    for k in range(0,26):                   #发牌,设置最初发的 26 张麻将牌的位置
        Shift(k)
    print("玩家按花色理好手中的牌")
    sortPoker2(playersCard[0])              #玩家按花色整理手中的牌
    print("计算机按花色理好手中的牌")
    sortPoker2(playersCard[1])              #计算机按花色整理手中的牌
    OuterPlayerNum = 0                      #出牌人数为 0
    k = 26                                  #发牌数量
```

Shift()发牌函数设置最初 26 张麻将牌的位置。同时对发给玩家自己的麻将牌加上"<ButtonPress>"事件监听,当鼠标单击麻将牌时,系统将调用 btn_MouseDown 事件处理函数。对发给玩家的对家(计算机)的麻将牌则不需要监听。

```
def Shift(k):                               #设置每张麻将牌位置
    i = k % 2
    j = (k - k % 2)/2
    if i == 0:                              #玩家自己
        m_aCards[k].setFront( True )        #显示麻将牌正面
        m_aCards[k].MoveTo(80 + 55 * j, 500)
        #监听每张麻将牌,当单击麻将牌时,系统将调用 btn_MouseDown 事件函数
        m_aCards[k].bind("<ButtonPress>",btn_MouseDown)
    elif i == 1:                            #玩家的对家(计算机)
        m_aCards[k].MoveTo(80 + 55 * j, 80)
        m_aCards[k].setFront(True)          #显示麻将牌正面
    playersCard[(k % 2)].append(m_aCards[k])  #按顺序存储到记录两位牌手的牌的数组
```

sortPoker2(ArrayList cards)按花色整理玩家手中的牌 cards。由于 imageID 是按照花色编号的,所以可以按照 imageID 大小排序就可以了。

```python
def sortPoker2(cards):              # 按花色整理牌手手中的牌
    n = len(cards)                  # 元素(牌)的个数
    # 排序
    cards.sort(key = operator.attrgetter('imageID'))
    print("排序后")
    for index in range(0,n):        # 重新设置各张牌在场景中的位置
        print(cards[index].imageID)
        newx = 90 + 55 * index
        y = cards[index].getY()
        cards[index].MoveTo(newx, y)
        cards[index].cardID = index
```

玩家手中的牌可以响应鼠标单击,当用户单击麻将牌时,系统将调用 btn_MouseDown 事件处理函数。event.widget 可以获取用户单击的麻将牌对象,将此牌上移 20 像素。如果已经选过牌,则还需要将已经选过的牌下移 20 像素。

```python
# 当用户单击麻将牌时,系统自动调用此函数
def btn_MouseDown(event):           # 鼠标单击按下事件函数
    global m_LastCard,PlayerSelectCard
    if event.widget["state"] == DISABLED:
        return
    if(event.widget.m_bFront == False):
        return
    # 找到相应的麻将牌对象
    card = event.widget              # event.widget 获取触发事件的对象
    card.y -= 20
    card.place(x = event.widget.x, y = event.widget.y)
    if(m_LastCard == None):          # 未选过的牌
        m_LastCard = card
        PlayerSelectCard = card
    else:                            # 已经选过的牌
        m_LastCard.MoveTo(m_LastCard.getX(), m_LastCard.getY() + 20)   # 下移 20 像素
        m_LastCard = card
        PlayerSelectCard = card
```

以下是"摸牌""出牌""碰牌""吃牌"4 个按钮的单击事件处理。

"摸牌"按钮单击事件中,将 m_aCards[k]牌移动到玩家牌所在位置,并按花色排序整理牌。调用 ComputerCardNum(playersCard[0])计算玩家手中各种牌型的数量并判断出是否胡牌。如果胡牌则游戏结束。

```python
def OnBtnGet_Click():                # 摸牌按钮事件
    global k
    global playersCard,MyTurn
    # 玩家按花色整理手中的牌
```

```
    m_aCards[k].MoveTo(90 + 55 * 13, 500)
    m_aCards[k].setFront(True)                      #显示麻将牌正面
    print("玩家手中牌 1111",len(playersCard[0]))
    playersCard[0].append(m_aCards[k])              #第 14 张牌
    #监听第 14 张牌
    m_aCards[k].bind("<ButtonPress>",btn_MouseDown)
    print("玩家手中牌 2222",len(playersCard[0]))
    sortPoker2(playersCard[0])                      #按顺序存储到记录牌手的牌的数组
    result1 = ComputerCardNum(playersCard[0])       #计算手中各种牌型的数量,判断胡牌
    if(result1):  #胡牌了
        Win_btn["state"] = NORMAL
        showinfo(title = "恭喜",message = "玩家 Win!")
        return                                      #玩家不需要再出牌
    k = k + 1                                       #下一张要摸的牌在 m_aCards 中的索引号
    Out_btn["state"] = NORMAL                       #出牌按钮有效
    Chi_btn["state"] = DISABLED                     #吃牌按钮无效
    Peng_btn["state"] = DISABLED                    #碰牌按钮无效
    Get_btn["state"] = DISABLED                     #摸牌按钮无效
    MyTurn = True
```

"出牌"按钮单击事件中,将被选中的牌 PlayerSelectCard 移到左侧,并从 playersCard[0] 中删除被选中的牌 PlayerSelectCard。然后轮到计算机出牌,ComputerOut()实现计算机智能出牌。

```
def OnBtnOut_Click():
    global MyTurn
    global PlayerSelectCard,m_LastCard,MyTurn
    print("出牌")
    if(MyTurn == False):                            #没轮到自己出牌
        return
    if(PlayerSelectCard == None):                   #还没选择出的牌
        showinfo(title = "提示",message = "还没选择出的牌")
        return
    print(PlayerSelectCard)
    if not(PlayerSelectCard == None):
        Out_btn["state"] = DISABLED                 #"出牌"按钮无效
        playersOutCard[0].append(PlayerSelectCard);
        PlayerSelectCard.x = len(playersOutCard[0]) * 25 - 25; #移动被选中的牌
        PlayerSelectCard.y = 420;
        PlayerSelectCard.MoveTo(PlayerSelectCard.x, PlayerSelectCard.y);
        #outCardOrder(playersOutCard[0]);           #整理玩家出的牌的 Z 轴深度
        #玩家牌减少
        print(PlayerSelectCard.cardID)
        del(playersCard[0][PlayerSelectCard.cardID])
        #playersCard[0].remove(PlayerSelectCard);
        m_LastCard = None
        PlayerSelectCard = None
        MyTurn = False
        Out_btn["state"] = DISABLED
```

```
            ComputerOut()                    # 计算机智能出牌
            fun2()                           # 游戏顺序逻辑控制
```

对于碰牌和吃牌，这里不再区分处理，仅仅将对家的牌加入玩家自己 playersCard[0] 列表（数组）中。对玩家自己 playersCard[0] 记录的牌进行排序达到理牌目的。最后计算手中各种牌型的数量，判断是否胡牌，如果胡牌则"出牌"按钮无效，否则"出牌"按钮出现，玩家选择牌后可以出牌。

```
        # 对于碰牌和吃牌，这里不再区分处理
        def OnBtnChi_Click():                            # 吃牌按钮单击事件
            global MyTurn
            card = playersOutCard[1][len(playersOutCard[1]) - 1];
            card.MoveTo(90 + 55 * 13, 500);
            card.setFront( True );                       # 显示麻将牌正面
            playersCard[0].append(card);                 # 第 14 张牌
            # 监听第 14 张牌
            # card.bind("<ButtonPress>",btn_MouseDown)   # 不绑定事件，则可以防止此牌被玩家再次出
            print("碰吃的牌是",card.imageID)
            sortPoker2(playersCard[0]);                  # 按顺序存储到记录玩家牌手的牌的列表（数组）中
            result1 = ComputerCardNum(playersCard[0]);   # 计算手中各种牌型的数量，判断胡牌
            if(result1):                                 # 胡牌了
                Win_btn["state"] = NORMAL
                Out_btn["state"] = DISABLED              # 出牌按钮无效
                showinfo(title = "恭喜",message = "玩家 Win!")
                return                                   # 玩家不需要再出牌
            Out_btn["state"] = NORMAL                    # 出牌按钮有效
            Get_btn["state"] = DISABLED                  # 摸牌按钮无效
            Chi_btn["state"] = DISABLED                  # 吃牌按钮无效
            Peng_btn["state"] = DISABLED                 # 碰牌按钮无效
            MyTurn = True
```

fun2()实现游戏过程出牌顺序控制逻辑。游戏中有两位牌手，一个是玩家自己（0 号牌手），一个是计算机（1 号牌手）。当玩家出牌后，自动调用 ComputerOut() 函数实现计算机智能出牌，这时又轮到玩家出牌，需要判断计算机出的牌玩家是否可以吃牌、碰牌，如果可以则"吃牌""碰牌"按钮有效。

```
        def fun2():                                      # 出牌顺序控制
            MyTurn = True                                # 轮到玩家出牌
            Get_btn["state"] = NORMAL                    # 摸牌按钮有效
            if(len(playersOutCard[1]) > 0):
                # 取计算机出的牌，即最后一张
                card = playersOutCard[1][len(playersOutCard[1]) - 1]
                # 判断计算机出的牌玩家是否可以吃碰
                if(canPeng(playersCard[0],card)):        # 玩家是否可以碰牌
                    Peng_btn["state"] = NORMAL           # 碰牌按钮有效
                if (canChi(playersCard[0],card)):        # 玩家是否可以吃牌
```

```
                Chi_btn["state"] = NORMAL           # 吃牌按钮有效
        # 不能吃牌和碰牌,则只能直接摸牌
        if ( not canChi(playersCard[0],card)and not canPeng(playersCard[0],card)):
                Peng_btn["state"] = DISABLED
                Chi_btn["state"] = DISABLED
                # OnBtnGet_Click() ;                # 直接摸牌
    else:                                           # 计算机没出过牌,直接摸牌
        Get_btn["state"] = NORMAL                   # 摸牌按钮有效
```

为了达到在不能"吃""碰"的情况下自动摸牌,即不需玩家单击"摸牌"按钮后才摸牌,可以将上面的"直接摸牌"行注释掉,就可以减少让玩家摸牌的麻烦,但是如果可以"吃""碰"的话,这时还是可以让玩家选择"摸牌"按钮的,因为玩家可以放弃"吃""碰"。

ComputerOut(Order:int)实现计算机智能出牌,首先将 m_aCards[k]牌移动到对家(计算机)牌所在位置,并按花色排序理牌。调用 ComputerCardNum(playersCard[0])计算玩家手中各种牌型的数量并判断出是否胡牌。如果胡牌则游戏结束,否则调用 ComputerCard(playersCard[1])智能出牌。

```
def ComputerOut():                                  # 计算机智能出牌
    global k,MyTurn
    # 对家(计算机)摸牌
    m_aCards[k].MoveTo(90 + 55 * 13, 80);
    m_aCards[k].setFront( True );                   # 显示麻将牌正面
    playersCard[1].append(m_aCards[k]);             # 第 14 张牌
    
    result1 = ComputerCardNum(playersCard[1]);      # 计算计算机手中各种牌型的数量,判断是否胡牌
    if(result1):                                    # 胡牌
        showinfo(title = "遗憾",message = "计算机 Win!")
        return;                                     # 对家(计算机)不需要再出牌
    
    i = ComputerCard(playersCard[1]);               # 智能出牌
    # i = 0;                                        # 总是出第一张牌,没有智能出牌
    card = playersCard[1][i]
    del(playersCard[1][i])
    # 加到计算机出过牌的数组
    playersOutCard[1].append(card)
    # outCardOrder(playersOutCard[1]);              # 整理出过的牌,Z 轴深度问题
    card.setFront( True );                          # 显示麻将牌正面
    playSound(card)                                 # 根据计算机出牌选择声音文件播放
    
    # 计算机按花色整理手中的牌
    sortPoker2(playersCard[1]);
    card.x = len(playersOutCard[1]) * 25 - 25;
    card.y = 10;
    card.MoveTo(card.x, card.y);
    k = k + 1                                       # 发过牌的总数
    MyTurn = True                                   # 轮到玩家
```

playSound(card)实现播放牌对应的声音文件。

```python
def playSound(card):
    # music = "res/sound/二条.wav";
    # 根据牌的类型及编号来设置牌文件的路径及文件名
    music = "res/sound/" + toChineseNumString(card.m_nNum);
    if card.m_nType == 1:              # 饼
        music += "饼.wav";
    elif card.m_nType == 2:            # 条
        music += "条.wav";
    elif card.m_nType == 3:            # 万
        music += "万.wav";
    elif card.m_nType == 4:            # 字
        music = "res/sound/give.wav";
    winsound.PlaySound(music, winsound.SND_FILENAME)
```

由于声音文件命名是汉字，如"一万.mp3"和"二万.mp3"，所以在计算机出牌时，toChineseNumString(n: int)将牌面的数字转换成汉字。

```python
def toChineseNumString(n):
    if n == 1:
        music = "一"
    elif n == 2:
        music = "二"
    elif n == 3:
        music = "三"
    elif n == 4:
        music = "四"
    elif n == 5:
        music = "五"
    elif n == 6:
        music = "六"
    elif n == 7:
        music = "七"
    elif n == 8:
        music = "八"
    elif n == 9:
        music = "九"
    return music
```

在胡牌算法中需要计算每种花色麻将牌的数量，以及每种牌型的数量，ComputerCardNum(cards)根据 cards 计算出数据按胡牌的数据结构存入 paiArray 中，调用胡牌算法类中 Win(paiArray)判断是否胡牌。

```python
def ComputerCardNum(cards):              # 玩家手中牌 playersCard[0]
    # 计算手中各种牌型的数量
    paiArray = [[0,0,0,0,0,0,0,0,0,0],
                [0,0,0,0,0,0,0,0,0,0],
                [0,0,0,0,0,0,0,0,0,0],
                [0,0,0,0,0,0,0,0,0,0]]
```

```python
print("玩家手中牌",len(cards))
for i in range(0,14):
    card = cards[i]
    if(card.imageID > 10 and card.imageID < 20): #饼
        paiArray[0][0] += 1
        paiArray[0][card.imageID - 10] += 1
    if(card.imageID > 20 and card.imageID < 30): #条
        paiArray[1][0] += 1
        paiArray[1][card.imageID - 20] += 1
    if(card.imageID > 30 and card.imageID < 40): #万
        paiArray[2][0] += 1
        paiArray[2][card.imageID - 30] += 1
    if(card.imageID > 40 and card.imageID < 50): #字
        paiArray[3][0] += 1
        paiArray[3][card.imageID - 40] += 1
print(paiArray)
hu = huMain()              #胡牌算法类
result = hu.Win(paiArray)  #是否胡牌判断
return result
```

两人麻将游戏的运行界面如图12-3所示,这个两人麻将游戏还有许多地方需要完善,例如"碰""吃"牌功能,需要记录哪几张牌"吃"和"碰",这几张牌以后不能再出,当然这可以通过在Card类里增加Selected属性真假来记录是否用于"吃"和"碰"。这样玩家在选择出牌时通过判断Selected属性真假就可以知道是否能出。还有"杠"的处理,本游戏中没有考虑,读者可以进一步去完善。

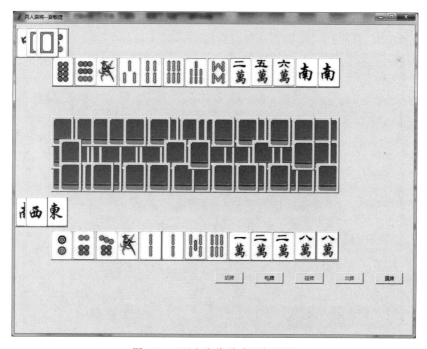

图12-3 两人麻将游戏运行界面

第 13 章

贪吃蛇游戏

13.1 贪吃蛇游戏介绍

贪吃蛇游戏说明：在该游戏中，玩家操纵一条贪吃的蛇在长方形场地里行走，贪吃蛇按玩家所按的方向键折行，蛇头吃到豆(食物)后，分数加 10 分，蛇身会变长，如果贪吃蛇碰上墙壁或者自身的话，则游戏结束(当然也可能是减去一条生命)。在游戏过程中，用字母 P 键或空格键来控制"暂停"或"继续"。游戏运行界面如图 13-1 所示。

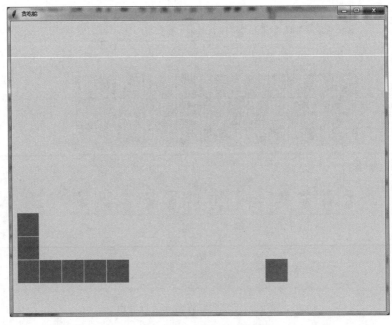

图 13-1 贪吃蛇游戏运行界面

13.2　程序设计的思路

游戏画面可以看成由 16×12 的方格组成。豆和组成蛇的块均在屏幕上占据一个方格。游戏设计中主要用到了以下 4 个类。

（1）SnakeGame 类：主要处理键盘输入事件和蛇的移动游戏逻辑。
（2）Grid 类：表示蛇运动的场地。在场地上可以显示蛇身的方块和豆。
（3）Food 类：抽象了豆的属性和动作，随机放置豆，绘制豆。
（4）Snake 类：抽象了贪吃蛇的属性和动作。一条蛇可以看成有许多"块"（或称节）拼凑成，块是蛇身上最小的单位。

13.3　程序设计的步骤

13.3.1　Grid 类（场地类）

游戏的主场地默认是由 16×12 的方格组成的（即长、宽分别为 800 像素和 600 像素），每个格子为 50×50 像素大小，组成蛇身的"块"以及豆都是一个格子。draw(self,pos,color)函数用来绘制方格，既可以是蛇身的"块"也可以是豆。

Grid 类中最主要的是 grid_list(self)方法，用于获取游戏场地的所有格子，以后用来计算蛇身有效位置，还可以用来判断出界。

```python
from tkinter import *
from tkinter.messagebox import *
from random import randint
import sys
class Grid(object):
    def __init__(self,master = None,window_width = 800,window_height = 600,grid_width = 50,offset = 10):
        self.height = window_height
        self.width = window_width
        self.grid_width = grid_width
        self.offset = offset
        self.grid_x = self.width//self.grid_width          #计算格子 X 方向数量
        self.grid_y = self.height//self.grid_width         #计算格子 Y 方向数量
        self.bg = "#EBEBEB"
        self.canvas = Canvas(master, width = self.width + 2 * self.offset,
                            height = self.height + 2 * self.offset, bg = self.bg)
                                                            #设置画布大小
        self.canvas.pack()
        self.grid_list()                                    #获取游戏场地的所有格子,可以用来判断出界
    def draw(self, pos, color):                             #绘制方格
        x = pos[0] * self.grid_width + self.offset
        y = pos[1] * self.grid_width + self.offset
```

```
                self.canvas.create_rectangle(x, y, x + self.grid_width, y + self.grid_width, fill =
color, outline = self.bg)
    def grid_list(self):
        grid_list = []
        for y in range(0, self.grid_y):
            for x in range(0, self.grid_x):
                grid_list.append((x, y))
        self.grid_list = grid_list
```

13.3.2　Food 类(豆类)

在此游戏中,首先会在场地的特定位置出现一个豆,豆会不断被蛇吃掉,当豆被吃掉后,原豆消失,又在新的位置出现新的豆。这些豆都是由豆类(Food)创建的对象。

```
class Food(object):
    def __init__(self, Grid):
        self.grid = Grid
        self.color = "#23D978"
        self.set_pos()
    def set_pos(self):
        x = randint(0, self.grid.grid_x - 1)        #随机新的位置
        y = randint(0, self.grid.grid_y - 1)
        self.pos = (x, y)
    def display(self):                              #显示豆
        self.grid.draw(self.pos, self.color)
```

13.3.3　Snake 类(蛇类)

构造函数_init_(self,Grid)根据游戏开始时蛇运动的默认方向(向上)和给定的参数,确定组成蛇的初始有 5 个"块"的位置坐标,然后把各块添加到 Body 中去;并初始化蛇的速度为 0.3 秒和吃到豆的标志为 False。

move(self,food)函数采用"添头去尾"方式来实现蛇的移动。根据蛇的运行方向,在蛇头前面增加一个块。在蛇头前增加的块的位置坐标由原来的蛇头块位置坐标和蛇的运动方向决定。如果没有吃到豆,则同时去掉蛇尾;如果吃到豆,则设置吃到豆的标志为 True。这样就实现蛇的移动。在蛇的移动过程中计算蛇身是否在有效位置,即不要出界或碰到自身。

```
class Snake(object):
    def __init__(self, Grid):                                   #构造函数
        self.grid = Grid
        self.body = [(10,6),(10,7),(10,8),(10,9),(10,10)]   #蛇身初始有 5 个"块"(或称节)
        self.direction = "Up"                                    #运动方向
        self.status = ['run','stop']                             #游戏状态——运行或暂停(结束)
        self.speed = 300                                          #速度(每 0.3 秒移动一次)
        self.color = "#5FA8D9"
```

```python
            self.gameover = False
            self.hit = False                    # 是否吃到豆
        def available_grid(self):               # 计算蛇身有效位置,可以用来判断出界和碰到自身
            return [i for i in self.grid.grid_list if i not in self.body[1:]]
        def change_direction(self, direction):  # 转向
            self.direction = direction
        def display(self):                      # 显示蛇
            for (x,y) in self.body:
                self.grid.draw((x,y),self.color)
        def move(self, food):                   # 蛇的移动
            head = self.body[0]
            if self.direction == 'Up':          # 向上
                new = (head[0], head[1] - 1)
            elif self.direction == 'Down':      # 向下
                new = (head[0], head[1] + 1)
            elif self.direction == 'Left':      # 向左
                new = (head[0] - 1, head[1])
            else:
                new = (head[0] + 1, head[1])    # 向右
            if not food.pos == head:            # 没吃到食物豆
                pop = self.body.pop()           # 去掉蛇尾
                self.grid.draw(pop,self.grid.bg)
            else:                               # 吃到食物豆
                self.hit = True
            self.body.insert(0,new)             # 添到蛇身中
            if not new in self.available_grid():  # 计算蛇身不在有效位置,即出界或碰到自身
                self.status.reverse()           # 游戏状态反转,即运行或暂停(结束)反转
                self.gameover = True            # 游戏结束标志
            else:
                self.grid.draw(new,color = self.color)    # 绘制新块
```

13.3.4 SnakeGame(游戏逻辑类)

SnakeGame 类的功能是依次显示场地内的所有对象,包括场地边框、豆和蛇;还要检查蛇是否吃了豆,如果豆被蛇吃掉,得分增加 10 分,并显示新豆。游戏结束用消息框显示得分。

绑定的 key_release 事件方法 key_release(self,event),它包含与此事件相关的数据。参数中 event.keysym 获取按键的键值。根据按键情况,调用蛇的 change_direction()方法,改变蛇的运行方向。如果按键为字母 P 键,则改变游戏的状态。

```python
class SnakeGame(Frame):
    def __init__(self,master = None):
        Frame._init_(self, master)
        self.score = 0
        self.master = master
        self.grid = Grid(master = master)
```

```python
            self.snake = Snake(self.grid)
            self.food = Food(self.grid)
            self.display_food()
            self.bind_all("<KeyRelease>", self.key_release)
            self.snake.display()

        def display_food(self):
            while(self.food.pos in self.snake.body):
                self.food.set_pos()
            self.food.display()
        def run(self):
            if not self.snake.status[0] == 'stop':
                self.snake.move(self.food)
                if self.snake.hit == True:              #吃到豆
                    self.display_food()                 #重新产生位置
                    self.score += 10
                    self.snake.hit = False              #恢复没吃到的豆

            if self.snake.gameover == True:
                message = messagebox.showinfo("Game Over", "your score: %d" % self.score)
                if message == 'ok':
                    sys.exit()
            self.after(self.snake.speed, self.run)
        def key_release(self, event):
            key = event.keysym                          #获取按键的键值
            key_dict = {"Up":"Down","Down":"Up","Left":"Right","Right":"Left"}
            #根据当前蛇的运行方向和传递来的参数设置蛇的新运动方向
            #蛇不可以向自己的反方向走
            if key in key_dict.keys() and not key == key_dict[self.snake.direction]:
                self.snake.change_direction(key)
                self.snake.move(self.food)
            elif key == 'p' or key == 'space':          #字母p和空格
                self.snake.status.reverse()
```

以下是主程序：

```python
if __name__ == '__main__':
    root = Tk()
    root.title("贪吃蛇")
    snakegame = SnakeGame(root)
    snakegame.run()
    snakegame.mainloop()
```

至此，贪吃蛇游戏的程序设计就完成了。

第 14 章

人机对战黑白棋游戏

14.1 黑白棋游戏介绍

黑白棋又叫反棋（Reversi）、奥赛罗棋（Othello）、苹果棋、翻转棋，在西方和日本很流行。游戏通过相互翻转对方的棋子，最后以棋盘上谁的棋子多来判断胜负。

黑白棋的棋盘是一个有 8×8 方格的棋盘。下棋时将棋下在空格中间，而不是像围棋一样下在交叉点上。开始时在棋盘正中有两白两黑 4 个棋子交叉放置，黑棋总是先下子。游戏开始时运行效果如图 14-1 所示。

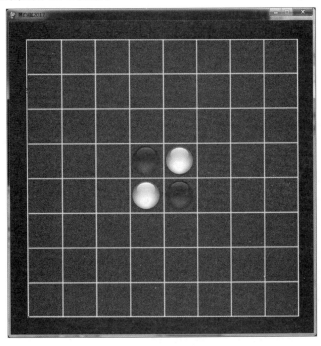

图 14-1 黑白棋运行效果

1. 黑白棋游戏规则

黑白棋游戏的规则如下。

(1) 将棋子下在棋盘的空格上,而放下的棋子在横、竖、斜几个方向内都有一个自己的棋子,则被夹在中间的异色棋子将全部翻转变成自己的棋子。

(2) 只有在可以翻转棋子的地方才可以下子。

(3) 如果玩家在棋盘上没有地方可以下子,则该玩家的对手可以连下。

2. 胜负判定条件

游戏中胜负判定条件如下:

(1) 双方都没有棋子可以下时,棋局结束,以棋子数目来计算胜负,棋子多的一方获胜。

(2) 在棋盘还没有下满时,如果一方的棋子已经被对方吃光,则棋局也结束,将对手棋子吃光的一方获胜。

14.2 黑白棋游戏设计的思路

黑白棋游戏程序设计的核心思想是处理棋盘 64 个小方格里面棋子的颜色。按照游戏规则规定黑棋先走,玩家先走或计算机先走随机选择。设计该游戏的主要难点有如下两个:

(1) 按照规则,找出计算机或玩家可以落子的方格。

(2) 计算机下棋的 AI 算法。如果计算机在所有落子的选择中,有 4 个边角,可落子在边角,因为边角的棋子无法被翻转。如果没有边角,则选择可以翻转对手最多的位置进行落子。

14.3 游戏逻辑实现

在游戏的设计中,首先导入相关模块和定义所有图片的列表。

```
from tkinter import *
from tkinter.messagebox import *
import random
root = Tk('人机黑白棋')
#加载图片
imgs = [PhotoImage(file = 'black.png'), PhotoImage(file = 'white.png'),
        PhotoImage(file = 'board.png'),PhotoImage(file = 'info2.png')]
```

1. 重置棋盘

(1) 按照黑白棋的规则,开局时先放置上黑白各两个棋子在中间。

(2) 用一个 8×8 列表保存棋子。

```
#重置棋盘
def resetBoard(board):
    for x in range(8):
        for y in range(8):
            board[x][y] = 'none'
```

```python
# 开局时先放置上黑白各两个棋子在中间
board[3][3] = 'black'
board[3][4] = 'white'
board[4][3] = 'white'
board[4][4] = 'black'

# 开局时建立新棋盘
def getNewBoard():
    board = []
    for i in range(8):
        board.append(['none'] * 8)
    return board
```

2. 游戏规则实现

(1) 是否允许落子。

(2) 落子后的翻转。

```python
# 是否是合法的走法,如果合法则返回需要翻转的棋子列表
def isValidMove(board, tile, xstart, ystart):
    # 如果该位置已经有棋子或者出界了,则返回 False
    if not isOnBoard(xstart, ystart) or board[xstart][ystart] != 'none':
        return False
    # 临时将 tile 放到指定的位置
    board[xstart][ystart] = tile
    if tile == 'black':
        otherTile = 'white'
    else:
        otherTile = 'black'
    # 要被翻转的棋子
    tilesToFlip = []
    for xdirection, ydirection in [ [0, 1], [1, 1], [1, 0], [1, -1], [0, -1], [-1, -1], [-1, 0], [-1, 1] ]:
        x, y = xstart, ystart
        x += xdirection
        y += ydirection
        # 一直走到出界或不是对方棋子的位置
        while isOnBoard(x, y) and board[x][y] == otherTile:
            x += xdirection
            y += ydirection
            # 出界了,则没有棋子要翻转 OXXXXX
            if not isOnBoard(x, y):
                continue
            # 是自己的棋子 OXXXXXXO
            if board[x][y] == tile:
                while True:
                    x -= xdirection
                    y -= ydirection
                    # 回到了起点则结束
```

```
                    if x == xstart and y == ystart:
                        break
                    # 需要翻转的棋子
                    tilesToFlip.append([x, y])
    # 将前面临时放上的棋子去掉,即还原棋盘
    board[xstart][ystart] = 'none'           # 恢复空位
    # 没有要被翻转的棋子,则走法不合法.不符合翻转棋的规则
    if len(tilesToFlip) == 0:
        return False
    return tilesToFlip


# 是否出界
def isOnBoard(x, y):
    return x >= 0 and x <= 7 and y >= 0 and y <= 7
```

3. 获取可落子的位置

获取可落子位置的代码如下：

```
def getValidMoves(board, tile):
    validMoves = []
    for x in range(8):
        for y in range(8):
            if isValidMove(board, tile, x, y) != False:
                validMoves.append([x, y])
    return validMoves
```

4. 获取棋盘上黑白双方的棋子数

游戏的输赢判断需要获取黑白双方的棋子数目,获取棋子数的代码如下：

```
def getScoreOfBoard(board):
    xscore = 0
    oscore = 0
    for x in range(8):
        for y in range(8):
            if board[x][y] == 'black':
                xscore += 1
            if board[x][y] == 'white':
                oscore += 1
    return {'black':xscore, 'white':oscore}
```

5. 随机决定谁先走棋

在游戏中,可随机决定谁先走棋,代码如下：

```
def whoGoesFirst():              # 决定谁先走
    if random.randint(0, 1) == 0:
        return 'computer'
```

```
    else:
        return 'player'
```

6. 计算机 AI 走法

如果计算机在所有落子的选择中，有 4 个边角，可落子在边角，因为边角的棋子无法被翻转。如果没有边角，则选择可以翻转对手最多的位置进行落子。

```
#计算机 AI 走法
def getComputerMove(board, computerTile):
    #获取所有合法的走法
    possibleMoves = getValidMoves(board, computerTile)
    if not possibleMoves:                    #如果没有合法走法
        print("计算机没有合法走法")
        return None

    #打乱所有合法走法
    random.shuffle(possibleMoves)
    #[x, y]在角上，则优先走，因为角上的不会被再次翻转
    for x, y in possibleMoves:
        if isOnCorner(x, y):
            return [x, y]
    bestScore = -1
    for x, y in possibleMoves:
        dupeBoard = getBoardCopy(board)
        makeMove(dupeBoard, computerTile, x, y)
        #按照分数选择走法，优先选择翻转后分数最多的走法
        score = getScoreOfBoard(dupeBoard)[computerTile]
        if score > bestScore:
            bestMove = [x, y]
            bestScore = score
    return bestMove

#将一个 tile 棋子放到(xstart, ystart)
def makeMove(board, tile, xstart, ystart):
    tilesToFlip = isValidMove(board, tile, xstart, ystart)
    if tilesToFlip == False:
        return False
    board[xstart][ystart] = tile
    for x, y in tilesToFlip:                 #tilesToFlip 是需要翻转的棋子列表
        board[x][y] = tile                   #翻转棋子
    return True

#复制棋盘
def getBoardCopy(board):
    dupeBoard = getNewBoard()
    for x in range(8):
        for y in range(8):
            dupeBoard[x][y] = board[x][y]
```

```
        return dupeBoard

#是否在角上
def isOnCorner(x, y):
    return (x == 0 and y == 0) or (x == 7 and y == 0) or (x == 0 and y == 7) or (x == 7 and y == 7)
```

7. 实现计算机走棋

用计算机 AI 走法实现计算机走棋,编码如下:

```
def computerGo():                                              #计算机走棋
    global turn
    if (gameOver == False and turn == 'computer'):
        x, y = getComputerMove(mainBoard, computerTile)        #计算机 AI 走法
        makeMove(mainBoard, computerTile, x, y)
        savex, savey = x, y
        #玩家没有可行的走法了,则计算机继续,否则切换到玩家走
        if getValidMoves(mainBoard, playerTile) != []:
            turn = 'player'
        else:
            if getValidMoves(mainBoard, computerTile) != []:
                showinfo(title = "计算机继续", message = "计算机继续")
                computerGo()
```

8. 鼠标事件

(1) 鼠标操纵落子,完成玩家走棋。
(2) 计算机和玩家轮流走棋。

```
def callback(event):                                           #走棋
    global turn
    #print ("clicked at", event.x, event.y,turn)
    #x = (event.x)//40                                         #换算棋盘坐标
    #y = (event.y)//40
    if (gameOver == False and turn == 'computer'):             #没轮到玩家走棋
        return
    col = int((event.x - 40)/80)                               #换算棋盘坐标
    row = int((event.y - 40)/80)
    if mainBoard[col][row]!= "none":
        showinfo(title = "提示", message = "已有棋子")
    if makeMove(mainBoard, playerTile, col, row) == True:      #将一个玩家棋子放到(col, row)
        if getValidMoves(mainBoard, computerTile) != []:
            turn = 'computer'
    #计算机走棋
    if getComputerMove(mainBoard, computerTile) == None:
        turn = 'player'
        showinfo(title = "玩家继续", message = "玩家继续")
    else:
```

```
            computerGo()
        #重画所有棋子和棋盘
        drawAll()
        drawCanGo()
        if isGameOver(mainBoard): #游戏结束,显示双方棋子数量
            scorePlayer = getScoreOfBoard(mainBoard)[playerTile]
            scoreComputer = getScoreOfBoard(mainBoard)[computerTile]
            outputStr = gameoverStr + "玩家:" + str(scorePlayer) + ":" + "计算机:" + str(scoreComputer)
            showinfo(title = "游戏结束提示", message = outputStr)
```

9. 重画所有棋子和棋盘

游戏结束后,重画所有棋子和棋盘,代码如下:

```
def drawAll():                  #重画所有棋子和棋盘
    drawQiPan()
    for x in range(8):
        for y in range(8):
            if mainBoard[x][y] == 'black':
                cv.create_image((x * 80 + 80, y * 80 + 80), image = imgs[0])
                cv.pack()
            elif mainBoard[x][y] == 'white':
                cv.create_image((x * 80 + 80, y * 80 + 80), image = imgs[1])
                cv.pack()
def drawQiPan():                #画棋盘
    img1 = imgs[2]
    cv.create_image((360, 360), image = img1)
    cv.pack()
```

10. 画提示位置

当玩家对落子位置不确定时,可画一个提示位置,代码如下:

```
#画提示位置
def drawCanGo():
    list1 = getValidMoves(mainBoard, playerTile)
    for m in list1:
        x = m[0]
        y = m[1]
        cv.create_image((x * 80 + 80, y * 80 + 80), image = imgs[3])
        cv.pack()
```

11. 判断游戏是否结束

判断游戏是否结束的实现代码如下:

```
def isGameOver(board):          #游戏是否结束
    for x in range(8):
        for y in range(8):
            if board[x][y] == 'none':
                return False
    return True
```

12. 主程序

黑白棋游戏的主程序代码如下：

```
#初始化
gameOver = False
gameoverStr = 'Game Over Score '
mainBoard = getNewBoard()
resetBoard(mainBoard)
turn = whoGoesFirst()
showinfo(title = "游戏开始提示",message = turn + "先走!")
print(turn,"先走!")
if turn == 'player':
    playerTile = 'black'
    computerTile = 'white'
else:
    playerTile = 'white'
    computerTile = 'black'
    computerGo()

#设置窗口
cv = Canvas(root, bg = 'green', width = 720, height = 780)
#重画所有棋子和棋盘
drawAll()
drawCanGo()
cv.bind("<Button-1>", callback)
cv.pack()
root.mainloop()
```

至此完成人机黑白棋的游戏设计，游戏运行效果如图 14-2 所示。

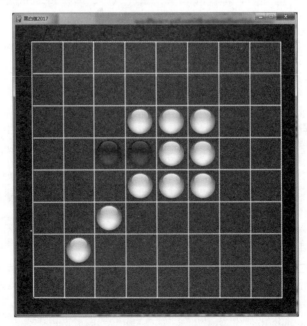

图 14-2 人机黑白棋运行效果

第 15 章

扫 雷 游 戏

15.1 游戏介绍

在扫雷游戏中,游戏的主区域由很多个方块组成。游戏开始时,系统会随机在若干方块中布下地雷。使用鼠标左键随机单击一个方块,方块即被打开并显示出方块中的数字;方块中数字表示其周围的 8 个方块中有多少雷;如果点开的方块为空白块(0),即其周围有 0 颗雷,则其周围方块自动打开;如果其周围还有空白块(0),则会引发连锁反应。如果方块下有雷的,单击鼠标右键即可标记有雷(插上红旗),如果再次右键单击该方块则取消标记。如果单击到有雷方块则失败。游戏的程序运行及失败界面如图 15-1 所示。当用户点开所有无雷方块,并把有雷的方块做上标记,则游戏成功。游戏成功界面如图 15-2 所示。如果

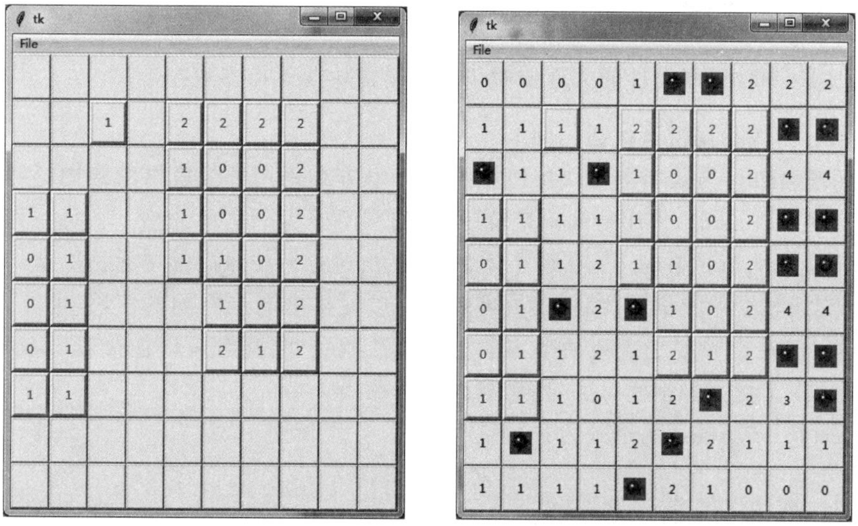

图 15-1 扫雷游戏运行及失败界面

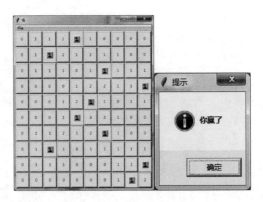

图 15-2　扫雷游戏成功界面

失败,则可以选择 File→New 命令重新开始新游戏。

15.2　程序设计的思路

游戏主区域由很多个方块组成,这些方块可以由按钮控件列表(数组)实现。为使编程方便,此处使用了一个二维按钮列表 buttongroups[ ][ ],每个按钮元素代表一个方块。按钮的['text']属性保存其周围的 8 个方块有雷的个数。

方块状态通过方块按钮['state']和['text']属性来识别,如果方块被翻开,按钮控件变成无效,其['state']属性=DISABLED,成为无效按钮。如果方块被插上红旗,其按钮['text']属性="X",表示这个位置插上红旗。

雷的位置信息采用 items 列表存储。items[r][c]存储第 r 行 c 列的地雷信息,items[r][c]存储 1 为有雷,0 为无雷。

15.3　关键技术

对于扫雷游戏,程序设计的关键技术包括布局雷块及无雷方块拓展。

1. grid()方式布局雷块按钮控件

Frame 里 grid()方式布局雷块按钮控件,grid()方式采用类似表格的结构组织控件,使用起来非常灵活。grid()采用行列确定位置,行列交汇处为一个单元格。在每一列中,列宽由这一列中最宽的单元格确定;在每一行中,行高由这一行中最高的单元格决定。组件(控件)并不是充满整个单元格的,编程人员可以指定单元格中剩余空间的使用,也可以空出这些空间,还可以在水平或竖直或两个方向上填满这些空间,甚至可以连接若干个相邻单元格,使其成为一个更大的空间,这一操作被称为跨越。

使用 grid()布局的通用格式为:

```
WidgetObject.grid(参数, …)
```

grid()的布局参数如表 15-1 所示。

表 15-1　grid()布局参数

名　　称	描　　述	取 值 范 围
column	组件所置单元格的列号	自然数(起始默认值为0,而后累加)
columnspan	从组件所置单元格算起在列方向上的跨度	自然数(起始默认值为0)
ipadx, ipady	组件内部在 x/y 方向上填充的空间大小,默认单位为像素,可选单位为 c(厘米)、m(毫米)、i(英寸)、p(打印机的点,即 1/27 英寸),用法为在值后加上一个后缀即可	非负浮点数(默认值为0.0)
padx, pady	组件外部在 x/y 方向上填充的空间大小,默认单位为像素,可选单位为 c(厘米)、m(毫米)、i(英寸)、p(打印机的点,即 1/27 英寸),用法为在值后加上一个后缀既可	非负浮点数(默认值为0.0)
row	组件所置单元格的行号	自然数(起始默认值为0)
rowspan	从组件所置单元格算起在行方向上的跨度	自然数(起始默认值为0)
sticky	组件紧靠所在单元格的某一边角	"n"、"s"、"w"、"e"、"nw"、"sw"、"se"、"ne"、"center"(默认为"center")

例如以下代码：

```
self.buttongroups[r][c].grid(row = r,column = c,sticky = (W,E,N,S))
```

则是指定 self.buttongroups[r][c]按钮在第 r 行 c 列的位置,并且是 4 个方向都对齐。

具体 grid()方式布局雷块按钮控件代码如下：

```
def createWidgets(self):
    self.rowconfigure(self.model.height,weight = 1)
    self.columnconfigure(self.model.width,weight = 1)
    self.buttongroups = [[Button(self,height = 1,width = 2) for i in range(self.model.width)]
            for j in range(self.model.height)]
    for r in range(self.model.height):
        for c in range(self.model.width):
            self.buttongroups[r][c].grid(row = r,column = c,sticky = (W,E,N,S))
            self.buttongroups[r][c].bind('<Button-1>',self.clickevent)         #左键事件
            self.buttongroups[r][c].bind('<Button-3>',self.Rightclickevent)    #右键事件
            self.buttongroups[r][c]['padx'] = r
            self.buttongroups[r][c]['pady'] = c
```

2. 无雷方块拓展(对于周围无雷的空白块)

对于无雷方块拓展,首先判断该方块是否为空白块(其相邻的 8 个方块都不是雷块),如果是,则向这相邻的 8 个方块进行递归拓展,直到不可拓展为止。

```
def recureshow(self,r,c):
    if 0 <= r <= self.model.height - 1 and 0 <= c <= self.model.width - 1:
```

```python
            if model.checkValue(r,c,0) and self.buttongroups[r][c]['state'] == NORMAL and model.
countValue(r,c,1) == 0:                                    #本身不是雷且周围雷数是零
                self.buttongroups[r][c]['state'] = DISABLED    #无效按钮
                self.buttongroups[r][c]['bd'] = 4              #边框为4像素
                self.buttongroups[r][c]['disabledforeground'] = 'red'   #前景色为红色
                self.buttongroups[r][c]['text'] = '0'
                #递归翻开周围8个button
                self.recureshow(r-1,c-1)
                self.recureshow(r-1,c)
                self.recureshow(r-1,c+1)
                self.recureshow(r,c-1)
                self.recureshow(r,c+1)
                self.recureshow(r+1,c-1)
                self.recureshow(r+1,c)
                self.recureshow(r+1,c+1)
            elif model.countValue(r,c,1)!= 0:                  #仅仅翻开本身
                self.buttongroups[r][c]['text'] = model.countValue(r,c,1)
                self.buttongroups[r][c]['state'] = DISABLED
                self.buttongroups[r][c]['bd'] = 4              #边框为4像素
                self.buttongroups[r][c]['disabledforeground'] = 'red'   #前景色为红色
        else:
            pass
```

15.4　程序设计的步骤

对于扫雷游戏,了解了游戏的玩法,以及游戏实现的程序设计思路和关键技术,接下来来实现程序设计。

1. 设计数据类 Model

self.items 主要存储所有方块所在(r,c)位置的雷信息,有雷为 1,无雷为 0。countValue(self,r,c,value) 统计某个位置(r,c)周围的 8 个位置中值为 value 的个数,如果 value=1,则统计周围 8 个位置中雷的个数。

```python
class Model:
    def __init__(self,row,col):
        self.width = col                #列数
        self.height = row               #行数
        self.items = [[0 for c in range(col)] for r in range(row)]   #所有方块初始为无雷

    def setItemValue(self,r,c,value):
        """
        设置某个位置(r,c)的值为value
        """
        self.items[r][c] = value;

    def checkValue(self,r,c,value):
        """
```

        检测某个位置(r,c)的值是否为 value
        """
        if self.items[r][c] == value:
            return True
        else:
            return False

    def countValue(self,r,c,value):
        """
        统计某个位置(r,c)周围的 8 个位置中值为 value 的个数(value 为 1 表示该位置上是雷)
        """
        count = 0
        if r - 1 >= 0 and c - 1 >= 0:
            if self.items[r - 1][c - 1] == value:count += 1
        if r - 1 >= 0 and c >= 0:
            if self.items[r - 1][c] == value:count += 1
        if r - 1 >= 0 and c + 1 <= self.width - 1:
            if self.items[r - 1][c + 1] == value:count += 1
        if c - 1 >= 0:
            if self.items[r][c - 1] == value:count += 1
        if c + 1 <= self.width - 1:
            if self.items[r][c + 1] == value:count += 1
        if r + 1 <= self.height - 1 and c - 1 >= 0:
            if self.items[r + 1][c - 1] == value:count += 1
        if r + 1 <= self.height - 1:
            if self.items[r + 1][c] == value:count += 1
        if r + 1 <= self.height - 1 and c + 1 <= self.width - 1:
            if self.items[r + 1][c + 1] == value:count += 1
        return count
```

## 2. 设计 Mines 类

继承 Frame 的 Mines 类，实现显示游戏方块和无雷的方块区域拓展，完成标记地雷和输赢判断功能。

```
class Mines(Frame):
    def __init__(self,m,master = None):
        Frame.__init__(self,master)
        self.model = m
        self.initmine()   #布雷
        self.grid()   #表格布局
        self.createWidgets()   #产生 model.width * model.height 个按钮组件

    def createWidgets(self):
        self.rowconfigure(self.model.height,weight = 1)
        self.columnconfigure(self.model.width,weight = 1)
        self.buttongroups = [[Button(self,height = 1,width = 2) for i in range(self.model.width)]
                for j in range(self.model.height)]
        for r in range(self.model.height):
```
```

```python
        for c in range(self.model.width):
            # button 放置到 r 行 c 列,sticky = (W,E,N,S)填满整个单元格
            self.buttongroups[r][c].grid(row = r,column = c,sticky = (W,E,N,S))
            self.buttongroups[r][c].bind('<Button-1>',self.clickevent)          # 左键事件
            self.buttongroups[r][c].bind('<Button-3>',self.Rightclickevent)     # 右键事件
            self.buttongroups[r][c]['padx'] = r                                 # 记录行列号
            self.buttongroups[r][c]['pady'] = c
```

showall(self)函数用于将地图中所有雷标识出来。

```python
def showall(self):
    for r in range(model.height):
        for c in range(model.width):
            self.showone(r,c)
def showone(self,r,c):
    if model.checkValue(r,c,0):         # 此方块无雷
        self.buttongroups[r][c]['text'] = model.countValue(r,c,1)
    else:
        self.buttongroups[r][c]['text'] = 'Q'
        self.buttongroups[r][c]['image'] = mineImage
```

recureshow(self,r,c)实现(r,c)坐标点周围无雷的方块区域拓展。

```python
def recureshow(self,r,c):
    …… 见前文
```

按钮的鼠标左键单击事件中,首先获取行列坐标(r, c),判断(r, c)处是不是雷,是雷,所有雷都显示出来,游戏结束。不是雷,递归翻开周围雷数是零的方块按钮。最后检测是否胜利。

```python
def clickevent(self,event):
    """
    左键单击事件
    """
    r = int(str(event.widget['padx']))
    c = int(str(event.widget['pady']))
    if model.checkValue(r,c,1):              # 是雷
        self.showall()                        # 单击到的是雷,所有都显示出来,游戏结束
        showinfo(title = "提示",message = "你挑战失败了")
    else:                                     # 不是雷
        self.recureshow(r,c)                  # 递归翻开周围雷数是零的方块按钮
        if(self.Victory()):                   # 检测是否胜利
            showinfo(title = "提示",message = "你赢了")
```

在按钮的鼠标右键单击事件中,首先获取行列坐标(r, c),判断(r, c)处是否已标记被插上红旗图案,如果是则取消红旗标记图案,显示问号标记图案。如果未标记过红旗,标记的是雷,显示旗帜。最后检测是否胜利,因为把所有的雷标记出来也是胜利。

```python
def Rightclickevent(self,event):
    """
    右键单击事件
    """
    r = int(str(event.widget['padx']))
    c = int(str(event.widget['pady']))
    if(self.buttongroups[r][c]['text'] == "X"):        #已标记被插上红旗,则取消标记
        self.buttongroups[r][c]['image'] = askImage    #换成问号标记
    else:
        self.buttongroups[r][c]['image'] = flagImage   #本身标记是雷,显示旗帜图形
        self.buttongroups[r][c]['text'] = "X"

    if(self.Victory()):                                #检测是否胜利
        showinfo(title = "提示",message = "你赢了")
```

Victory()函数用于实现游戏胜利判断并处理。

```python
def Victory(self):          #检测是否胜利
    for r in range(model.height):
        for c in range(model.width):
            #没翻开且未标示旗帜则未成功
            if (self.buttongroups[r][c]['state'] == NORMAL and self.buttongroups[r][c]['text']!= "X"):
                return False
            #不是雷却误标示为雷则也未成功
            if (model.checkValue(r,c,0) and self.buttongroups[r][c]['text'] == "X"):
                return False
    return True
```

initmine(self)函数实现埋雷功能,每行埋(1,height/width)区间随机数量的雷。

```python
def initmine(self):
    """
    埋雷,每行埋(1,height/width)区间随机数量的雷
    """
    n = random.randint(1,model.height/model.width)
    for r in range(model.height):
        for i in range(n):
            rancol = random.randint(0,model.width - 1)
            model.setItemValue(r,rancol,1)
```

initmine(self)函数以数字形式显示埋雷信息。

```python
def printf(self):
    print ('地图')
    for r in range(model.height):
        for c in range(model.width):
            print (model.items[r][c],end = " ")
        print ('')
```

3. 设计游戏主逻辑

初始化 10 行 10 列游戏区域的 model，用于存储雷的信息，将 model 传入继承 Frame 的 Mines 类，实现显示游戏方块。并添加含 New 和 Exit 命令项的菜单 menu 到窗口中。

```python
# -*- coding: utf-8 -*-
import random
import sys
from tkinter import *
from tkinter.messagebox import *
def new():                  # 重新开始游戏命令
    global m
    m.grid_remove()
    global model
    model = Model(10,10)
    m = Mines(model,root)
    m.printf()
    pass
# ---------------------------------------------
if __name__ == '__main__':
    model = Model(10,10)
    root = Tk()
    mineImage = PhotoImage(file = 'mine.gif')
    flagImage = PhotoImage(file = 'flag.gif')
    askImage = PhotoImage(file = 'ask.gif')
    # menu
    menu = Menu(root)
    root.config(menu = menu)
    filemenu = Menu(menu)
    menu.add_cascade(label = "File", menu = filemenu)
    filemenu.add_command(label = "New", command = new)              # New 命令项
    filemenu.add_separator()
    filemenu.add_command(label = "Exit", command = root.destroy)    # Exit 命令项

    # Mines 类
    m = Mines(model,root)
    m.printf()
    root.mainloop()
```

至此完成扫雷游戏的程序设计。

第 16 章

中 国 象 棋

中国象棋和五子棋一样,也是一种家喻户晓的棋类游戏,其玩法的多变吸引了无数的玩家。在信息化的今天,再用纸棋盘、木棋子下象棋有点太落伍,能否来点创新精神,把古老的象棋也融入计算机呢?本章将介绍计算机实现"中国象棋"游戏的原理和过程。

16.1 中国象棋介绍

中国象棋是一种棋类游戏,包括棋盘、棋子,其走法与胜负规则将在下面进行介绍。

1. 棋盘

棋子活动的场所,叫作"棋盘",在长方形的平面上,绘有 9 条平行的竖线和 10 条平行的横线,这些竖线和横线相交组成共有 90 个交叉点,棋子就摆在这些交叉点上。中间第 5、第 6 两横线之间未画竖线的空白地带,称为"河界",整个棋盘就以"河界"分为相等的两部分;两方将帅坐镇、画有"米"字方格的地方,叫作"九宫"。

2. 棋子

象棋的棋子共 32 个,分为红和黑两组,各 16 个棋子,由对弈双方各执一组,每组兵种是一样的,各分为 7 种。

- 红方:帅、仕、相、车、马、炮、兵。
- 黑方:将、士、象、车、马、炮、卒。

其中帅与将、仕与士、相与象、兵与卒的作用完全相同,仅仅是为了区分红棋和黑棋。

3. 各棋子的走法说明

(1) 将或帅的移动范围与移动规则分别如下所述。
- 移动范围:只能在九宫内移动。
- 移动规则:每一步只可以水平或垂直移动一点。

(2) 仕或士的移动范围与移动规则分别如下所述。

- 移动范围：只能在九宫内移动。
- 移动规则：每一步只可以沿对角线方向移动一点。

（3）相或象的移动范围与移动规则分别如下所述。
- 移动范围：在河界的一侧移动。
- 移动规则：每一步只可以沿对角线方向移动两点，另外，在移动的过程中不能够穿越障碍。

（4）马的移动范围和移动规则分别如下所述。
- 移动范围：任何位置都可移动。
- 移动规则：每一步只可以水平或垂直移动一点，再按对角线方向向左或者右移动。另外，在移动的过程中不能够穿越障碍。

（5）车的移动范围和移动规则分别如下所述。
- 移动范围：任何位置都可移动。
- 移动规则：可以在水平或垂直方向移动任意个无阻碍的点。

（6）炮的移动范围和移动规则分别如下所述。
- 移动范围：任何位置都可移动。
- 移动规则：移动起来和车很相似，但它必须跳过一个棋子来吃掉对方的一个棋子。

（7）兵或卒的移动范围和移动规则分别如下所述。
- 移动范围：任何位置都可移动。
- 移动规则：每步只能向前移动一点。过河以后，便增加了向左右移动的能力，兵或卒不允许向后移动。

4．关于胜、负、和

在对局中，出现下列情况之一，算本方输，对方赢。
（1）己方的帅（将）被对方棋子吃掉；
（2）己方发出认输请求；
（3）己方走棋超出时间限制。
如果出现以下情况之一，则为和局。
（1）轮到己方走棋时，己方提议作和，对方同意；
（2）双方一直将军，且双方都不愿变着，符合中国象棋的"不变作和"规则。

16.2 关键技术

在中国象棋游戏中，要实现棋子的移动，就需要在程序设计中能够移动指定的图形对象，并且能够删除指定的图形对象。

1．移动指定图形对象

使用 move()方法可以修改图形对象（例如一个棋子）的坐标，具体方法如下：

Canvas 对象.move(图形对象,x 坐标偏移量,y 坐标偏移量)

例如，将"帅"的棋子图片向右移动 150 像素，向下移动 150 像素，从矩形左上角移到右下角。

```
from tkinter import *
def callback():                              #事件处理函数
    cv.move(rt1,150,150)                     #移动棋子
root = Tk()
root.title('移动"帅"棋子')                    #设置窗口标题
#创建一个Canvas,设置其背景色为白色
cv = Canvas(root, bg = 'white', width = 260, height = 220)
img1 = PhotoImage(file = '红帅.png')
cv.create_rectangle(40,40,190,190,outline = 'red',fill = 'green')
rt1 = cv.create_image((40,40),image = img1)  #绘制"帅"棋子图片
cv.pack()
button1 = Button(root, text = "移动棋子",command = callback,fg = "red")
button1.pack()
root.mainloop()
```

为了对比图形对象的移动效果,程序在(40,40,190,190)位置绘制了1个矩形(由绿色填充),单击"移动棋子"按钮后,"帅"棋子 rt1 通过 move()方法移动到了矩形右下角,出现如图16-1所示效果。

图 16-1 移动指定"帅"棋子图形对象

2. 删除指定图形对象

使用 delete()方法可以删除图形对象(例如选中棋子的提示框),具体方法如下:

```
Canvas 对象. delete (图形对象)
```

上例中最后1行改成如下5行:

```
def callback2():      #事件处理函数
    cv.delete(rt1)    #删除棋子
button2 = Button(root, text = "删除棋子",command = callback2,fg = "red")
button2.pack()
root.mainloop()
```

单击"删除棋子"按钮后,"帅"棋子即可消失,则出现如图16-2所示的效果。

 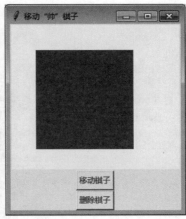

图 16-2　删除指定棋子图形对象

16.3　中国象棋设计思路

在了解了中国象棋的游戏规则与关键技术后,要实现其程序设计思路,还需要了解程序中棋盘、棋子的表示,以及游戏中走棋规则的设计思路。

1. 棋盘表示

对于游戏中棋盘的表示,可使用一种数据结构来描述棋盘及棋盘上的棋子,这里使用一个二维列表 Map。一个典型的中国象棋棋盘是使用 9×10 的二维列表(数组)表示。每一个元素代表棋盘上的一个交点,一个没有棋子的交点所对应的元素是 −1。一个二维列表(数组)Map 保存了当前棋盘的布局,当 Map[x][y]=i 时说明(x,y)处是棋子图像 i,否则,Map[x][y]=−1,即此处为空(无棋子)。

程序中下棋的棋盘界面通过 DrawBoard()函数在一个 Canvas 对象 cv 上画出"棋盘.png"图片。

```
img1 = PhotoImage(file = 'bmp\\棋盘.png')
def DrawBoard():                              #画棋盘
    p1 = cv.create_image((0,0),image = img1)
    cv.coords(p1,(360,400))                   #指定棋盘图像中心点坐标(360,400)
```

2. 棋子表示

棋子的显示需要图片,每种棋子图案和棋盘使用对应的图片资源如图 16-3 所示。游戏中红方在南,黑方在北。

3. 走棋规则

对于象棋来说,有马走日、象走田等一系列复杂的规则。走法的产生在博弈程序中相当复杂而且耗费运算时间。不过,通过良好的数据结构,可以显著地提高生成的速度。

判断是否能走棋算法如下,根据棋子名称的不同,按相应规则判断。

(1)如果为"车",检查是否走直线及中间是否有棋子。

图 16-3 棋子图片资源

(2) 如果为"马",检查是否走"日"字,是否"蹩马腿"。

(3) 如果为"炮",检查是否走直线,判断是否吃子,如是吃子,则检查中间是否只有一个棋子,如果不吃则检查中间是否有棋子。

(4) 如果为"兵"或"卒",检查是否走直线,走一步及向前走,根据是否过河,检查是否横走。

(5) 如果为"将"或"帅",检查是否走直线,走一步及是否超过范围。

(6) 如果为"士"或"仕",检查是否走斜线,走一步及是否超出范围。

(7) 如果为"象"或"相",检查是否走"田"字,是否"蹩象腿",及是否超出范围。

在程序设计中如何分辨棋子?程序中采用了棋子图形对象来获取。

程序中 IsAbleToPut(id,x,y,oldx,oldy)函数实现判断是否能走棋并返回逻辑值,其代码最复杂。其中参数含义如下:

参数 id 代表走的棋子图形对象;而因为 dict_ChessName 字典中存储的是 id 对应的棋子名(例如"红马"),如果 qi_name=dict_ChessName[id],获取棋子名含颜色信息,而字符串[1]可以获取字符串第二个字符,所以 dict_ChessName[id][1]意味取字符串第二个字符,例如"红马"取第二个字符得到"马"。

参数 x 和 y 代表走棋的目标位置。走动棋子的原始位置为(oldx,oldy)。

IsAbleToPut(id,x,y,oldx,oldy)函数实现走棋规则判断:

对于"将"或"帅"走棋规则,该棋子只能走一格,所以原 x 坐标与新位置 x 坐标之差不能大于1,原 y 坐标与新位置 y 坐标之差不能大于1。

```
if (abs(x - oldx) > 1 or abs(y - oldy) > 1):
    return False;
```

由于不能走出九宫,所以 x 坐标为3、4 或 5 且 0<=y<=2 或 7<=y<=9(因为走棋时自己的"将"或"帅"只能在九宫中),否则此步违规,将返回 False。

```
if (x < 3 or x > 5 or (y >= 3 and y <= 6)):
    return False;
```

"将"或"帅"走棋规则的最终代码如下：

```
#"将"或"帅"走棋判断
if (qi_name == "将" or qi_name == "帅"):
    if ((x - oldx) * (y - oldy) != 0):           #斜线走棋
        return False;
    if (abs(x - oldx) > 1 or abs(y - oldy) > 1):
        return False;
    if (x < 3 or x > 5 or (y >= 3 and y <= 6)):
        return False;
    return True;
```

对于棋子"士"或"仕"的走棋规则，其只能走斜线一格，所以原 x 坐标(oldx)与新位置 x 坐标之差为 1 且原 y 坐标(oldy)与新位置 y 坐标之差也同时为 1。

```
if (qi_name == "士" or qi_name == "仕"):
    if ((x - oldx) * (y - oldy) == 0):
        return False;
    if (abs(x - oldx) > 1 or abs(y - oldy) > 1):
        return False;
```

由于不能走出九宫，所以 x 坐标为 3、4 或 5 且 0＜＝y＜＝2 或 7＜＝y＜＝9，否则此步违规，将返回 False。

```
if (x < 3 or x > 5 or (y >= 3 and y <= 6)):
    return False;
```

对于棋子"炮"的走棋规则，"炮"只能走直线，所以 x 和 y 不能同时改变，即(x−oldx)*(y−oldy)=0 保证走直线。如果 x 坐标改变了，然后判断原位置 oldx 到目标位置 x 之间是否有棋子，如果有子则累加其间棋子个数 c。通过 c 是否为 1 且目标处非己方棋子，可以判断是否可以走棋。同样方法也可判断"炮"的 y 坐标改变时是否可以走棋。

对于"兵"或"卒"的走棋规则，棋子只能向前走一步，根据是否过河，检查是否横走。所以 x 与原坐标 oldx 改变的值不能大于 1，同时 y 与原坐标 oldy 改变的值也不能大于 1。例如红兵如果过河即是 y＜5(游戏时红方在南)。

```
#"卒"和"兵"走棋判断
if (qi_name == "卒" or qi_name == "兵"):              #红方在南,黑方在北
    if ((x - oldx) * (y - oldy) != 0):               #不是直线走棋
        return False;
    if (abs(x - oldx) > 1 or abs(y - oldy) > 1):     #走多步,不符合兵仅能走一步
        return False;
    if (y >= 5 and (x - oldx) != 0 and qi_name == "兵"):   #红兵未过河且横向走棋
        return False;
    if (y < 5 and (x - oldx) != 0 and qi_name == "卒"):    #黑卒未过河且横向走棋
        return False;
    if (y - oldy > 0 and qi_name == "兵"):           #兵后退
        return False;
```

```
    if (y - oldy < 0 and qi_name == "卒"):         #卒后退
        return False;
    return True;
```

其余的棋子判断方法类似,这里不再一一介绍。

4. 坐标转换

对于整个棋盘,左上角棋盘坐标为(0,0),右下角棋盘坐标为(8,9),如图 16-4 所示。例如"黑车"初始的位置即为(0,0),"黑将"初始的位置即为(4,0),"红帅"初始的位置即为(4,9)。走棋过程中,需要将鼠标像素坐标转换成棋盘坐标,棋盘方格的大小是 76 像素,通过整除 76 解析出棋盘坐标(x, y)。

```
x = (event.x - 14)//76         #换算棋盘坐标
y = (event.y - 14)//76
```

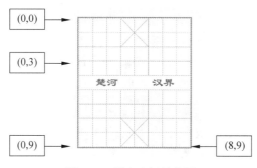

图 16-4　棋盘坐标示意图

16.4　中国象棋实现的步骤

对于中国象棋游戏的实现,首先导入 tkinter 库。

```
from tkinter import *
from tkinter.messagebox import *
```

创建一个 Canvas 对象,设置其背景色为白色,用 Canvas 显示棋盘所有和棋子。Imgs 是 PhotoImage 对象列表,获取所有的棋子图片。

```
dict_ChessName = {}         #定义一个字典
```

例如,本游戏中字典 dict_ChessName 存储内容如下:

```
{2:'黑车', 3:'黑马', 4:'黑象', 5:'黑士', 6:'黑将', 7:'黑士', 8:'黑象', 9:'黑马', 10:'黑车', 11:'黑卒', 12:'黑卒', 13:'黑卒', 14:'黑卒', 15:'黑卒', 16:'黑炮', 17:'黑炮', 18:'红车', 19:'红马', 20:'红相', 21:'红仕', 22:'红帅', 23:'红仕', 24:'红相', 25:'红马', 26:'红车', 27:'红兵', 28:'红兵', 29:'红兵', 30:'红兵', 31:'红兵', 32:'红炮', 33:'红炮'}
```

字典的 Key 为每个棋子图像的 id，Value 是棋子种类名。例如图像对象 11 对应的是黑卒。因为首先建立 Canvas 对象 id=0 和棋盘对象 id=1，所以棋子图像的 id 从 2 开始。

```
root = Tk()
#创建一个 Canvas 对象,设置其背景色为白色
cv = Canvas(root, bg = 'white', width = 720, height = 800)
chessname = ["黑车","黑马","黑象","黑士","黑将","黑士","黑象","黑马","黑车","黑卒","黑炮",
            "红车","红马","红相","红仕","红帅","红仕","红相","红马","红车","红兵","红炮"]
imgs = [PhotoImage(file = 'bmp\\' + chessname[i] + '.png')for i in range(0,22) ]
chessmap =  [[-1,-1,-1,-1,-1,-1,-1,-1,-1]for y in range(10)]
dict_ChessName = {}            #定义一个字典
LocalPlayer = "红"              #LocalPlayer 记录自己是红方还是黑方
first = True                   #区分第 1 次还是第 2 次选中的棋子 IsMyTurn = True
rect1 = 0
rect2 = 0
firstChessid = 0
```

程序运行时，首先调用 DrawBoard()和 LoadChess()加载棋盘图片和棋子到 Canvas 对象中。LoadChess()初始化游戏区中各个棋子的位置，红方在南，黑方在北，并且在 chessmap 列表中按坐标记录每个棋子图像的 id。最后绑定 Canvas 对象鼠标事件函数 callback()，也就是鼠标单击游戏画面时处理函数，在此函数中处理游戏的走棋吃子过程。

```
img1 = PhotoImage(file = 'bmp\\棋盘.png')
def DrawBoard():                        #画棋盘
    p1 = cv.create_image((0,0),image = img1)
    cv.coords(p1,(360,400))
def LoadChess():                        #加载棋子
    global chessmap
    #黑方 16 个棋子
    for i in range(0,9):                #黑车、黑马、黑象、黑士、黑将、黑士、黑象、黑马、黑车
        img = imgs[i]
        id = cv.create_image((60 + 76 * i,54),image = img)    #76×76 棋盘格子大小
        dict_ChessName[id] = chessname[i];                    #图像对应的是哪种棋子
        chessmap[i][0] = id                                   #图像的 id
    for i in range(0,5):                                      #5 个卒
        img = imgs[9]                                         #卒图像
        id = cv.create_image((60 + 76 * 2 * i,54 + 3 * 76),image = img)   #76×76 棋盘格子大小
        chessmap[i * 2][3] = id
        dict_ChessName[id] = "黑卒";                          #图像对应的是哪种棋子
    img = imgs[10]                                            #黑方炮
    id = cv.create_image((60 + 76 * 1,54 + 2 * 76),image = img)#76×76 棋盘格子大小
    chessmap[1][2] = id
    dict_ChessName[id] = "黑炮";                              #图像对应的是哪种棋子
    id = cv.create_image((60 + 76 * 7,54 + 2 * 76),image = img)#76×76 棋盘格子大小
    chessmap[7][2] = id
    dict_ChessName[id] = "黑炮";                              #图像对应的是哪种棋子
```

```
    #红方16个棋子
    for i in range(0,9):                    #红车、红马、红相、红仕、红帅、红仕、红相、红马、红车
        img = imgs[i + 11]
        id = cv.create_image((60 + 76 * i,54 + 9 * 76),image = img)    #76×76 棋盘格子大小
        dict_ChessName[id] = chessname[i + 11];                        #图像对应的是哪种棋子
        chessmap[i][9] = id                                            #图像的 id
    for i in range(0,5):                    #5 个兵
        img = imgs[20]                      #兵的图像
        id = cv.create_image((60 + 76 * 2 * i,54 + 6 * 76),image = img)  #76×76 棋盘格子大小
        chessmap[i * 2][6] = id                                        #图像的 id
        dict_ChessName[id] = chessname[20];                            #图像对应的是哪种棋子
    img = imgs[21]                                                     #红方炮
    id = cv.create_image((60 + 76 * 1,54 + 7 * 76),image = img)        #76×76 棋盘格子大小
    chessmap[1][7] = id
    dict_ChessName[id] = "红炮";                                        #图像对应的是哪种棋子
    id = cv.create_image((60 + 76 * 7,54 + 7 * 76),image = img)        #76×76 棋盘格子大小
    chessmap[7][7] = id
    dict_ChessName[id] = "红炮";                                        #图像对应的是哪种棋子
#————————————————————————————
DrawBoard()                                                            #画棋盘
LoadChess()                                                            #加载棋子
#————————————————————————————
print(dict_ChessName)
cv.bind("<Button - 1>", callback)
cv.pack()
lable1 = Label(root, fg = 'red', bg = 'white',text = "红方先走")         #提示信息标签
lable1['text'] = "红方先走 1"
lable1.pack()root.mainloop()
```

游戏区的单击事件用来处理用户走棋过程。用户走棋时，首先须选中自己的棋子(第 1 次选择棋子)，所以有必要判断是否单击成对方棋子了。如果是自己的棋子，则 firstChessid 记录用户选择的棋子，同时棋子被加上红色框线 rect1 示意被选中。

当用户选过己方棋子后，单击对方棋子(secondChessid 记录用户第 2 次选择的棋子，被加上黄色框线 rect2)，则是吃子，如果将或帅被吃掉，则游戏结束。当然第 2 次选择棋子有可能是用户改变主意，选择自己的另一棋子，则 firstChessid 重新记录用户选择的己方棋子。

当用户选过己方棋子后，再单击的位置无棋子，则处理没有吃子的走棋过程。调用 IsAbleToPut(CurSelect，x，y)判断是否能走棋，如果符合走棋规则，则移动棋子，并修改 chessmap 记录的棋子信息。

```
def callback(event):                       #走棋 picBoard_MouseClick
    global LocalPlayer
    global chessmap
    global rect1,rect2                     #选中框图像 id
    global firstChessid,secondChessid
    global x1,x2,y1,y2
```

```python
    global first
    print ("clicked at", event.x, event.y,LocalPlayer)
    x = (event.x - 14)//76                    #换算棋盘坐标
    y = (event.y - 14)//76
    print ("clicked at", x, y,LocalPlayer)

    if (first):                               #第1次单击棋子
        x1 = x;
        y1 = y;
        firstChessid = chessmap[x1][y1]
        if not(chessmap[x1][y1] == -1):       #此位置不空,有棋子
            player = dict_ChessName[firstChessid][0]  #获取单击棋子的颜色,例如"红马"取"红"
            if (player != LocalPlayer):       #颜色不同
                print ( "单击成对方棋子了!");
                return
        print("第1次单击",firstChessid)
        first = False;
        rect1 = cv.create_rectangle(60 + 76 * x - 40,54 + y * 76 - 38,60 + 76 * x + 80 - 40,
                    54 + y * 76 + 80 - 38,outline = "red")   #画选中标记框
    else:                                     #第2次单击
        x2 = x;
        y2 = y;
        secondChessid = chessmap[x2][y2]
        #目标处如果是自己的棋子,则换上次选择的棋子
        if not(chessmap[x2][y2] == -1):       #此位置不空,有棋子
            player = dict_ChessName[secondChessid][0]#获取单击棋子的颜色
            if (player == LocalPlayer):       #如果是自己的棋子,则换上次选择的棋子
                firstChessid = chessmap[x2][y2]
                print("第2次单击",firstChessid)
                cv.delete(rect1);             #取消上次选择的棋子标记框
                x1 = x;
                y1 = y;
                #设置选择的棋子颜色
                rect1 = cv.create_rectangle(60 + 76 * x - 40,54 + y * 76 - 38,60 + 76 * x + 80 - 40,
                            54 + y * 76 + 80 - 38,outline = "red")   #画选中标记框
                print("第2次单击",firstChessid)
                return;
            else:                             #在落子目标处画框
                rect2 = cv.create_rectangle(60 + 76 * x - 40,54 + y * 76 - 38,60 + 76 * x + 80 - 40,
                            54 + y * 76 + 80 - 38,outline = "yellow")   #目标处画框
        #目标处没棋子,移动棋子
        print("kkkkk",firstChessid)
        if (chessmap[x2][y2] == " " or chessmap[x2][y2] == -1):   #目标处没棋子,移动棋子
            print("目标处没棋子,移动棋子",firstChessid,x2,y2,x1,y1)
            if (IsAbleToPut(firstChessid, x2, y2,x1,y1)):         #判断是否可以走棋
                print ("can 移动棋子",x1,y1)
                cv.move(firstChessid,76 * (x2 - x1),76 * (y2 - y1));
```

```
                #**********************************************
                #在map中去掉原棋子
                chessmap[x1][y1] = -1;
                chessmap[x2][y2] = firstChessid
                cv.delete(rect1);                    #删除选中标记框
                cv.delete(rect2);                    #删除目标标记框
                #**********************************************
                first = True;
                SetMyTurn(False); #该对方了
            else:
                #错误走棋
                print( "不符合走棋规则");
                showinfo(title = "提示",message = "不符合走棋规则")
            return;
        else:
        #目标处有棋子,可以吃子
            if (not(chessmap[x2][y2] == -1) and IsAbleToPut(firstChessid, x2, y2,x1,y1)):
                                        #可以吃子
                first = True;
                print ("can 吃子",x1,y1)
                cv.move(firstChessid,76 * (x2 - x1),76 * (y2 - y1));
                #**********************************************
                #在map中去掉原棋子
                chessmap[x1][y1] = -1;
                chessmap[x2][y2] = firstChessid
                cv.delete(secondChessid);
                cv.delete(rect1);
                cv.delete(rect2);
                #**********************************************
                if (dict_ChessName[secondChessid][1] == "将"):          #"将"
                    showinfo(title = "提示",message = "红方你赢了")
                    return;
                if (dict_ChessName[secondChessid][1] == "帅"):          #"帅"
                    showinfo(title = "提示",message = "黑方你赢了")
                    return;
                #发送提示信息
                SetMyTurn(False);                                      #该对方了
            else:                                                       #不能吃子
                print( "不能吃子");
                lable1['text'] = "不能吃子"
                cv.delete(rect2);                                       #删除目标标记框
```

SetMyTurn()用于设置该哪方走棋,LocalPlayer 记录是轮到哪方走棋,并在标签上显示提示信息。

```
def SetMyTurn(flag):
    global LocalPlayer
    IsMyTurn = flag
    if LocalPlayer == "红":
```

```
            LocalPlayer = "黑"
            lable1['text'] = "轮到黑方走"
        else:
            LocalPlayer = "红"
            lable1['text'] = "轮到红方走"
```

def IsAbleToPut(id，x，y，oldx，oldy)用于判断是否能走棋，返回逻辑值，其代码最复杂。

```
def IsAbleToPut(id, x, y,oldx,oldy):
    #oldx, oldy      棋子在棋盘原坐标
    #x, y            棋子移动到棋盘的新坐标
    #取字符串中第2个字符,如"黑将"中的"将",从而得到棋子类型
    qi_name = dict_ChessName[id][1]
    #"将"和"帅"走棋判断
    if (qi_name == "将" or qi_name == "帅"):
        if ((x - oldx) * (y - oldy) != 0):
            return False;
        if (abs(x - oldx) > 1 or abs(y - oldy) > 1):
            return False;
        if (x < 3 or x > 5 or (y >= 3 and y <= 6)):
            return False;
        return True;
    #"士"和"仕"走棋判断
    if (qi_name == "士" or qi_name == "仕"):
        if ((x - oldx) * (y - oldy) == 0):
            return False;
        if (abs(x - oldx) > 1 or abs(y - oldy) > 1):
            return False;
        if (x < 3 or x > 5 or (y >= 3 and y <= 6)):
            return False;
        return True;
    #"象"和"相"走棋判断
    if (qi_name == "象" or qi_name == "相"):
        if ((x - oldx) * (y - oldy) == 0):
            return False;
        if (abs(x - oldx) != 2 or abs(y - oldy) != 2):
            return False;
        if (y < 5 and qi_name == "相" ):         #过河
            return False;
        if (y >= 5 and qi_name == "象" ):        #过河
            return False;
        i = 0; j = 0;                           #i和j必须有初始值
        if (x - oldx == 2):
            i = x - 1;
        if (x - oldx == -2):
            i = x + 1;
        if (y - oldy == 2):
            j = y - 1;
```

```python
        if (y - oldy == -2):
            j = y + 1;
        if (chessmap[i][j] != -1):                    # 蹩象腿
            return False;
    return True;
#"马"走棋判断
if (qi_name == "马" or qi_name == "马"):
    if (abs(x - oldx) * abs(y - oldy) != 2):
        return False;
    if (x - oldx == 2):
        if (chessmap[x - 1][oldy] != -1):  # 蹩马腿
            return False;
    if (x - oldx == -2):
        if (chessmap[x + 1][oldy] != -1):  # 蹩马腿
            return False;
    if (y - oldy == 2):
        if (chessmap[oldx][y - 1] != -1):  # 蹩马腿
            return False;
    if (y - oldy == -2):
        if (chessmap[oldx][y + 1] != -1):  # 蹩马腿
            return False;
    return True;
#"车"走棋判断
if (qi_name == "车" or qi_name == "车"):
    #判断是否是直线
    if ((x - oldx) * (y - oldy) != 0):
        return False;
    #判断是否中间有棋子
    if (x != oldx):
        if (oldx > x):
            t = x;
            x = oldx;
            oldx = t;
        for i in range(oldx, x + 1):
            if (i != x and i != oldx):
                if (chessmap[i][y] != -1):
                    return False;
    if (y != oldy):
        if (oldy > y):
            t = y;
            y = oldy;
            oldy = t;
        for j in range(oldy, y + 1):
            if (j != y and j != oldy):
                if (chessmap[x][j] != -1):
                    return False;
    return True;
#"炮"走棋判断
if (qi_name == "炮" or qi_name == "炮"):
    swapflagx = False;
```

```
            swapflagy = False;
            if ((x - oldx) * (y - oldy) != 0):
                return False;
            c = 0;
            if (x != oldx):
                if (oldx > x):
                    t = x;
                    x = oldx;
                    oldx = t;
                    swapflagx = True;
                for i in range(oldx, x + 1):            # for (i = oldx; i <= x; i += 1):
                    if (i != x and i != oldx):
                        if (chessmap[i][y] != -1):
                            c = c + 1;
            if (y != oldy):
                if (oldy > y):
                    t = y;
                    y = oldy;
                    oldy = t;
                    swapflagy = True;
                for j in range(oldy, y + 1):            # for (j = oldy; j <= y; j += 1):
                    if (j != y and j != oldy):
                        if (chessmap[x][j] != -1):
                            c = c + 1;
            if (c > 1):
                return False;                           # 与目标处间隔 1 个以上棋子
            if (c == 0):                                # 与目标处无间隔棋子
                if (swapflagx == True):
                    t = x;
                    x = oldx;
                    oldx = t;
                if (swapflagy == True):
                    t = y;
                    y = oldy;
                    oldy = t;
                if (chessmap[x][y] != -1):
                    return False;
            if (c == 1):                                # 与目标处间隔 1 个棋子
                if (swapflagx == True):
                    t = x;
                    x = oldx;
                    oldx = t;
                if (swapflagy == True):
                    t = y;
                    y = oldy;
                    oldy = t;
                if (chessmap[x][y] == -1):              # 如果目标处无棋子,则不能走此步
                    return False;
            return True;
        # "卒"和"兵"走棋判断
```

```
if (qi_name == "卒" or qi_name == "兵"):
    if ((x - oldx) * (y - oldy) != 0):              #不是直线走棋
        return False;
    if (abs(x - oldx) > 1 or abs(y - oldy) > 1):    #走多步,不符合"兵"仅能走一步
        return False;
    if (y >= 5 and (x - oldx) != 0 and qi_name == "兵"):  #未过河且横向走棋
        return False;
    if (y < 5 and (x - oldx) != 0 and qi_name == "卒"):   #未过河且横向走棋
        return False;
    if (y - oldy > 0 and qi_name == "兵"):          #后退
        return False;
    if (y - oldy < 0 and qi_name == "卒"):          #后退
        return False;
    return True;
return True;
```

至此,中国象棋游戏的运行界面如图 16-5 和图 16-6 所示。这个游戏中双方在本机轮流走棋,读者可以根据网络五子棋的 UDP 通信知识完善本游戏,从而实现网络版对战中国象棋。

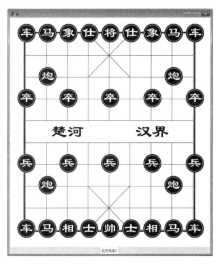
图 16-5 中国象棋运行初始界面

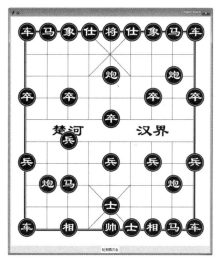
图 16-6 中国象棋运行界面

第17章

21点扑克牌游戏

17.1 21点扑克牌游戏介绍

对于21点游戏,玩家要取得比庄家更大的点数总和,但点数超过21则输牌,并输掉注码。J、Q、K算10点,A可算1点或11点,其余按牌面值计点数。开始时每人发两张牌,一张明,一张暗,凡点数不足21点,玩家可选择继续要牌。

本章介绍21点扑克牌游戏的开发过程。游戏运行界面如图17-1所示。为简化起见,只设置两方玩家,一方为Dealer(庄家),另一方为Player(玩家),且都发明牌,无下注过程。Dealer(庄家)的要牌过程由程序自动实现,并要求游戏能够判断输赢。

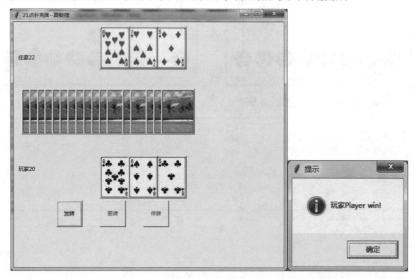

图17-1　21点扑克牌游戏运行界面

17.2 关键技术

21点扑克牌游戏编程关键技术有两点：一是扑克牌面的设计；二是扑克牌游戏规则的算法实现。

1. 扑克牌设计

在21点游戏中，一张牌要有4个属性说明：Face 牌面大小，值为 0,1,2,…,12(代表 A,2,3,4,5,6,7,8,9,10,J,Q,K)；suitType 牌面花色，值为 0~3(代表梅花、方块、黑桃、红桃)；Count 计算点数，FaceUp 显示牌面是否向上(False 是背面，True 是正面)。此处用 Card 类设计扑克牌。

为了绘制扑克牌牌面，使用 Button 组件显示图片的功能实现，所以这里 Card 类继承 Button 组件从而具有显示扑克牌牌面的功能。

```
if self.faceup:                # 牌面是否向上
    self["image"] = bm         # 显示牌面图形 bm
else:
    self["image"] = back       # 显示背面图形 back
```

2. 游戏规则的算法实现

游戏开始时，生成52张牌，添加到 Deck 列表(代表一副牌)中，并将 Deck 列表中元素打乱，达到洗牌目的。TopCard 指定从第几张牌开始发起，每发一张牌 TopCard 加1，游戏过程中通过 Deck[TopCard]可以确定是哪张牌。

```
for i in range(0,4):           # 0~3(代表梅花、方块、黑桃、红桃)
    for j in range(0,13):      # 0--12(代表A,2,3,4,5,6,7,8,9,10,J,Q,K)
        card = Card((j+1) + 13 * i,0,j,i,win,imgs[i + 4 * j])
        Deck.append(card)
random.shuffle(Deck)           # 将列表中元素打乱，达到洗牌的目的
TopCard = 0                    # 发第几张牌
```

庄家游戏过程中，为简化起见，仅仅判断庄家(计算机)牌的点数是否超过18点，如果不到则继续要牌。dealerPlay()实现庄家选牌并判断庄家输赢。

```
while True:
    if (dealerCount < 18):
        Deck[TopCard].DrawCard(200 + 65 * idcard, 10);
        dealerCount += Deck[TopCard].count
        if (dealerCount > 21 and dealerAce >= 1):
            dealerCount -= 10
            dealerAce -= 1;
        if (Deck[TopCard].face == 0 and dealerCount <= 11):   # face == 0 则是 A 牌且庄家点
                                                              # 数小于 11
            dealerCount += 10                                 # 则 A 当 11，A 本身点数为 1
        TopCard += 1;
    else:
        break
```

玩家游戏过程中,通过单击"要牌"按钮实现要牌过程,当玩家不需要牌时,单击"停牌"按钮即可,并且游戏判断玩家的输赢。

17.3 程序设计的步骤

1. 设计扑克牌类

扑克牌类继承 Button 组件,从而解决牌的显示问题。DrawCard(self,x,y)函数指定在位置(x,y)处显示 Button(即扑克牌)。RemoveCard(self)函数指定在位置(x=-100,y=-100)处显示 Button(即扑克牌),即将已发过的扑克牌移到窗口外,达到不可见的目的。

```python
from tkinter import *
from tkinter.messagebox import *
import random
class Card(Button):                         #扑克牌类
    '''构造函数
    '''
    def __init__(self,x,y,face,suitType,master,bm):
        Button.__init__(self,master)
        self.X = x
        self.Y = y
        self.face = face          #牌面大小,值为 0,1,…,12(代表 A,2,3,4,5,6,7,8,9,10,J,Q,K)
        self.suitType = suitType  #牌面花色,值为 0~3(代表梅花、方块、黑桃、红桃)
        #self.bind("<ButtonPress>",btn_MouseDown)
        #self.bind("<ButtonRelease>",btn_Realse)
        self.place(x = self.X * 18,y = self.Y * 20 + 150)
        if (face < 10):
            self.count = face + 1    # self.count 是点数
        else:  #J,Q,K
            self.count = 10
        self.faceup = False          #牌面向下
        self.img = bm
        if self.faceup:              #牌面是否向上
            self["image"] = bm       #显示牌面图形 bm
        else:
            self["image"] = back     #显示背面图形 back
    def DrawCard(self,x,y):          #在指定位置显示扑克牌
        self.place(x = x,y = y)
        self["image"] = self.img
    def RemoveCard(self):            #移到窗口外,达到不可见目的
        self.place(x = -100,y = -100)
```

2. 主程序

在游戏界面中,添加 3 个命令按钮和 2 个标签。bt1 为"发牌",bt2 为"要牌",bt3 为"停牌";label1 记录玩家点数,label2 记录庄家点数。

```
win = Tk()                                    #创建窗口对象
win.title("21点扑克牌 -- 夏敏捷")              #设置窗口标题
win.geometry("995x550")
#52张扑克牌的正面图片
imgs = [PhotoImage(file = 'D:\\python\\image-1\\' + str(i) + '.gif')for i in range(1,53)]
#扑克牌背面图片
back = PhotoImage(file = 'D:\\python\\image-1\\0.gif')
Deck = []
TopCard = 0                                   #发第几张牌
dealerAce = 0                                 #庄家A牌个数
playerAce = 0                                 #玩家A牌个数
dealerCount = 0                               #庄家点数
playerCount = 0                               #玩家点数
ipcard = 0
idcard = 0
bt1 = Button(win, text = '发牌', width = 60, height = 60)
bt1.place(x = 100, y = 400, width = 60, height = 60)

bt2 = Button(win, text = '要牌', width = 60, height = 60)
bt2.place(x = 200, y = 400, width = 60, height = 60)

bt3 = Button(win, text = '停牌', width = 60, height = 60)
bt3.place(x = 300, y = 400, width = 60, height = 60)
bt1.focus_set()                               #将焦点设置到bt1上
bt1.bind("<ButtonPress>", callback1)          #发牌按钮事件
bt2.bind("<ButtonPress>", callback2)          #要牌按钮事件
bt3.bind("<ButtonPress>", callback3)          #停牌按钮事件
bt1["state"] = NORMAL
bt2["state"] = DISABLED
bt3["state"] = DISABLED
label1 = Label(win, text = '玩家', width = 60, height = 60)    #玩家点数提示信息标签
label1.place(x = 0, y = 300, width = 60, height = 60)
label2 = Label(win, text = '计算机', width = 60, height = 60)  #计算机庄家点数提示信息标签
label2.place(x = 0, y = 50, width = 60, height = 60)
list = [i for i in range(0,53)]
for i in range(0,4):            #0--3(代表梅花、方块、黑桃、红桃)
    for j in range(0,13):       #0--12(代表A,2,3,4,5,6,7,8,9,10,J,Q,K)
        card = Card((j + 1) + 13 * i,0,j,i,win, imgs[i + 4 * j])
        Deck.append(card)
random.shuffle(Deck)            #将列表中元素打乱,洗牌目的
win.mainloop()
```

3. 发牌按钮事件代码

发牌意味着重新开始一局游戏,因此需要把上局玩家和庄家的扑克牌移出窗口外,然后给玩家和庄家分别发两张牌,并计算出玩家和庄家各自的点数。

```
def callback1(event):                         #发牌按钮事件
    global TopCard, ipcard, idcard
```

```python
    global dealerAce, playerAce, dealerCount, playerCount
    dealerAce = 0                          # 庄家A牌个数
    playerAce = 0                          # 玩家A牌个数
    dealerCount = 0                        # 庄家点数
    playerCount = 0                        # 玩家点数
    if(TopCard > 0):
        for i in range(0,TopCard):
            Deck[i].RemoveCard()           # 已发过的牌移到窗口外
    # 画出玩家第一张牌面
    Deck[TopCard].DrawCard(200, 300)       # 绘制到屏幕的坐标为(200,300)
    playerCount = playerCount + Deck[TopCard].count
    if (Deck[TopCard].face == 0):          # A牌
        playerCount += 10
        playerAce += 1
    TopCard += 1


    # 画出庄家第一张牌面
    Deck[TopCard].DrawCard(200, 10)        # 绘制到屏幕的坐标为(200,10)
    dealerCount += Deck[TopCard].count
    if (Deck[TopCard].face == 0):          # A牌
        dealerCount += 10
        dealerAce += 1
    TopCard += 1
    # ****************************************
    # 画出玩家第二张牌面
    Deck[TopCard].DrawCard(265, 300)
    playerCount += Deck[TopCard].count
    if (Deck[TopCard].face == 0 and playerAce == 0):
        playerCount += 10
        playerAce += 1
    TopCard += 1


    # 画出庄家第二张牌面
    Deck[TopCard].DrawCard(265, 10)
    dealerCount += Deck[TopCard].count
    if (Deck[TopCard].face == 0 and dealerAce == 0):
        dealerCount += 10
        dealerAce += 1
    TopCard += 1

    ipcard = 2                             # 记录玩家已有牌的数量
    idcard = 2                             # 记录庄家已有牌的数量
    if (TopCard >= 52):
        showinfo(title = "提示",message = "一副牌完了!!")
        return
    label1["text"] = "玩家" + str(playerCount)
    label2["text"] = "庄家" + str(dealerCount)
    bt1["state"] = DISABLED
    bt2["state"] = NORMAL
    bt3["state"] = NORMAL
```

4. 要牌按钮事件代码

"要牌"是玩家根据自己的点数,决定是否继续给玩家发新牌。当发 A 牌时,点数加 10,且记录玩家 A 牌数量,最后计算出玩家的点数。如果超过 21 点则提示玩家输了。

```python
def callback2(event):                           #要牌
    global TopCard, ipcard
    global dealerAce, playerAce, dealerCount, playerCount
    Deck[TopCard].DrawCard(200 + 65 * ipcard, 300)
    playerCount += Deck[TopCard].count
    if (Deck[TopCard].face == 0):               #A 牌
        playerCount += 10
        playerAce += 1
    TopCard += 1
    if (TopCard >= 52):
        showinfo(title = "提示", message = "一副牌完了!!")
        return
    ipcard += 1
    label1["text"] = "玩家" + str(playerCount)
    if (playerCount > 21):
        if (playerAce >= 1):
            playerCount -= 10
            playerAce -= 1
            label1["text"] = "玩家" + str(playerCount)
        else:
            showinfo(title = "提示", message = "玩家 Player loss!")
            bt1["state"] = NORMAL
            bt2["state"] = DISABLED
            bt3["state"] = DISABLED
```

5. 停牌按钮事件代码

"停牌"是玩家根据自己的点数,决定停止给玩家发新牌。这时轮到给庄家(计算机)发牌,dealerPlay()函数处理庄家选牌过程。为简化选牌过程,仅仅判断庄家(计算机)牌的点数是否超过 18 点,不到则继续发牌。dealerPlay()函数实现庄家选牌并判断庄家输赢。

```python
def callback3(event):                           #停牌
    dealerPlay()                                #庄家选牌
def dealerPlay():                               #庄家选牌
    #实现庄家选牌
    global TopCard, idcard
    global dealerAce, playerAce, dealerCount, playerCount
    while True:
        if (dealerCount < 18):
            Deck[TopCard].DrawCard(200 + 65 * idcard, 10);
            dealerCount += Deck[TopCard].count
            if (dealerCount > 21 and dealerAce >= 1):
                dealerCount -= 10
                dealerAce -= 1;
```

```
                    if (Deck[TopCard].face == 0 and dealerCount <= 11):        #A 牌
                        dealerCount += 10
                        dealerAce += 1;
                TopCard += 1;
                if (TopCard >= 52):
                    showinfo(title = "提示",message = "一副牌完了!!")
                    return
                idcard += 1
            else:
                break
    label2["text"] = "庄家" + str(dealerCount)
    if (dealerCount <= 21):                                  #庄家点数未超过 21 点
        if (playerCount > dealerCount):                      #玩家点数超过庄家点数
            showinfo(title = "提示",message = "玩家 Player win!");
        else:
            showinfo(title = "提示",message = "庄家 win!")
    else:                                                    #庄家超过 21 点,玩家赢
        showinfo(title = "提示",message = "玩家 Player win!")
    bt1["state"] = NORMAL
    bt2["state"] = DISABLED
    bt3["state"] = DISABLED
```

至此,就完成 21 点扑克牌的游戏设计。在上述编程过程中,我们用 Card 类描述扑克牌,对 Card 的牌面大小 Face 取值(A,2,…,K)和花色 suitType 取值(梅花、方块、黑桃、红桃)分别用了数值 0~12 和 0~3 表示。游戏规则也做了简化,只设置了两个玩家,也未对玩家属性(如财富、下注、所持牌、持牌点数等)进行描述,读者可以在编程中逐步地添加、完善。

第 18 章

华容道游戏

18.1 华容道游戏介绍

华容道是比较古老的一个游戏,模仿三国时赤壁之战中的一段故事。游戏起始时曹操被围在华容道最里层,玩家需要移动其他角色,使曹操顺利地到达出口。游戏界面初始时如图 18-1 所示。

图 18-1 游戏开始时的界面

玩家选中需要移动的角色,然后拖动鼠标,被选中的角色就会向鼠标拖动的方向移动。最后,当成功地将曹操移动至出口时,游戏结束。

18.2 华容道游戏设计思路

在游戏中,不同的角色可用数据结构来存储,角色的移动可通过 Button 控件移动来实现。

1. 数据结构

华容道游戏整体可以看成 5×4 的游戏棋盘表格,如图 18-2(a)所示,其中张飞、关羽、马超、黄忠、赵云各占 2 个格子,兵占 1 个格子,曹操最大,占 4 个格子。为了计算方便,人物方块设计成继承 Button 的 Block 类,内部存储所占领的格子。例如初始时,带有曹操头像的 Button 控件位于(1,0)、(2,0)、(1,1)和(2,1)4 个红色格子中,如图 18-2(b)所示。在游戏过程中,移动人物方块时要判断与别的方块是否有交叉(格子重叠),无交叉才能移动。游戏的目标就是将 4 个红色格子中曹操头像的 Button 控件移到下方出口,如图 18-3 所示,也就是游戏结束时曹操头像的 Button 控件位置在(1,3)处。

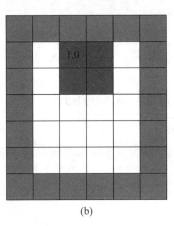

图 18-2 储存结构示意图

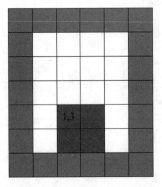

图 18-3 游戏结束时示意图

2. 内部逻辑

程序代码的主要任务是根据用户的鼠标拖动实现头像 Button 控件(组件)移动。在拖动控件的过程中,首先要判断用户的拖动方向,此外,还要判断此 Button 控件能否拖动到用户希望的位置。如果能拖动到希望的位置,则将此控件的位置属性设置到目标位置。例如,当用户拖动带有曹操头像的 Button 时,首先要判断用户是向上拖、向下拖、向左拖,还是向右拖。当确定方向以后,要判断用户希望的位置能否放置此控件。

18.3 程序设计的步骤

华容道游戏中的方块有 4 种类型:正方形大块,正方形小块,长方形竖块,长方形横块。因此用 4 个数值表示这 4 种方块。值 One 表示小正方形,TwoH 表示横长方形,TwoV 表示竖长方形，Four 表示大正方形。

```
from tkinter import *
from tkinter.messagebox import *
#One 表示小正方形,TwoH 表示横长方形,TwoV 表示竖长方形,Four 表示大正方形
One = 1
TwoH = 2
TwoV = 3
Four = 4
```

1. 设计点类 Point

点类 Point 比较简单，主要存储方块所在棋盘坐标(x,y)。

```
class Point:              #点类
    def __init__(self,x,y):
        self.x = x
        self.y = y
```

2. 建立一个 Block 类表示每一个方块

每一个方块实际就是一个按钮，所以继承 Button 类。每一个方块的基本数据，除了方块的类型以外还有其左上角的坐标（见图 18-2），一旦确定方块类型和左上角的坐标后，就可以确定一个块了。左上角坐标用一个 Point 类对象 Location 表示。

Block 类的 GetPoints()方法返回一个该方块所占据的所有坐标位置的列表（集合）。通过方块类型和左上角的坐标就可以确定一个方块所占据的所有坐标位置。

Block 类的 IsValid()方法可以判定这个方块是否在游戏区域内，如果有任何部分出界了就返回 False。这同样可以通过方块类型和左上角坐标判定。

Block 类的 Intersects(block)方法判定一个方块是否和另外一个方块 block 有交叉部分。如果有交叉部分则返回 True。通过获取两个块各自所占据的点，判定是否有交集就可以了。

```
# ----------------------- Block 类
class Block(Button):  #块类
    '''构造函数创建一个块,一旦确定方块类型和左上角的坐标后,就可以确定一个块了
    <param name = "p">左上角棋盘位置</param>
    <param name = "blockType">方块类型</param>
    <param name = " r ">角色名</param>
    <param name = " bm ">角色图像</param>
    '''
    def __init__(self,p,blockType,master,r,bm):
        Button.__init__(self,master)
        self.Location = p              #方块左上角棋盘位置
        self.BType = blockType         #方块类型
```

```python
        self["text"] = r
        self["image"] = bm
        self.bind("<ButtonPress>",btn_MouseDown);
        self.bind("<ButtonRelease>",btn_Realse);
        self.place(x = self.Location.X * 80,y = self.Location.Y * 80)
'''
  GetPoints()方法获取块中所有点
  GetPoints()方法返回一个该方块所占据的所有坐标位置的列表(集合)
  通过方块类型和左上角的坐标就可以确定一个方块所占据的所有坐标位置
'''
def GetPoints(self):
    pList = []
    if self.BType == One:
        pList.append(self.Location)
    elif self.BType == TwoH:
        pList.append(self.Location);
        pList.append(Point(self.Location.X + 1, self.Location.Y))
    elif self.BType == TwoV:
        pList.append(self.Location)
        pList.append( Point(self.Location.X, self.Location.Y + 1))
    elif self.BType == Four:
        pList.append(self.Location)
        pList.append( Point(self.Location.X + 1, self.Location.Y))
        pList.append( Point(self.Location.X, self.Location.Y + 1))
        pList.append( Point(self.Location.X + 1, self.Location.Y + 1))
    return pList;

'''块中是否包含某个点
<param name = "point">点</param>
<returns>是否包含</returns>
'''
def Contains(self,point):
    pList = self.GetPoints()
    for i in range(len(pList)):
        if pList[i].x == point.x and pList[i].y == point.y:
            return True
    return False
'''是否和另一个块交叉
<param name = "block">另一个块</param>
'''
def Intersects(self,block):
    myPoints = self.GetPoints()            # List<Point>
    otherPoints = block.GetPoints()        # List<Point>
    for i in range(len(otherPoints)):      # foreach (Point p in otherPoints)
        p = otherPoints[i]
        for j in range(len(myPoints)):     # if p in myPoints:
            if p.X == myPoints[j].X and p.Y == myPoints[j].Y:
                return True
    return False
```

```
def IsValid(self, width, height):                #块是否在界限内
    points = self.GetPoints()
    for i in range(len(points)):
        p = points[i]
        if (p.X < 0 or p.X >= width or p.Y < 0 or p.Y >= height):
            return False
    return True
```

3. 游戏控制类 Game

Game 类首先包含场地的宽度和高度，在华容道中宽度为 4 格，高度为 5 格，代码如下：

```
#在华容道中宽度为 4 格,高度为 5 格
Width = 4
Height = 5
```

Game 类中包含一个块的列表，表示游戏中所有的方块，代码如下：

```
#Game 类中包含一个块的列表,表示游戏中所有的方块
Blocks = []
```

Game 类中还有表示结束点（即要移出的方块左上角坐标最终要到达的位置）的属性：

```
private Point finishPoint = new Point(1, 3);
```

Game 类的 AddBlock(self, block)方法用于向列表中添加方块，可用于编辑游戏。AddBlock 方法添加一个方块，要判断新添加的方块是否已经在列表中，是否在界内，以及是否和任何已在列表中的方块有交叉部分。都符合条件的才允许添加。

```
class Game():                                    #游戏控制类
    #在华容道中宽度为 4 格,高度为 5 格
    Width = 4
    Height = 5
    WinFlag = False                              #是否胜利
    #Game 类中包含一个块的列表,表示游戏中所有的方块
    Blocks = []
    #表示结束点(即要移出的方块左上角坐标最终要到达的位置)的属性
    finishPoint = Point(1, 3)
    #Game 类的 GetBlockByPos 方法获取 p 位置方块
    def GetBlockByPos(self, p):
        for i in range(len(self.Blocks)):
            if (self.Blocks[i].Location.X == p.X and self.Blocks[i].Location.Y == p.Y):
                return self.Blocks[i]
        return False
    #Game 类的 AddBlock 方法用于向列表中添加方块,可用于编辑游戏
    def AddBlock(self,block):
        if block in self.Blocks:
            return False
        if not block.IsValid(self.Width,self.Height):
```

```
            return False
    for i in range(len(self.Blocks)):
        if (self.Blocks[i].Intersects(block)):
            return False
    self.Blocks.append(block)
    return True
```

Game 类最重要的是移动方块的方法 MoveBlock(self,block,direction)。根据这段代码可以看出,MoveBlock()方法所做的是将要移动的方块先朝指定方向移动,然后判断该方块是否出界,是否与其他方块有交叉,如果是则再将其移回原位,否则保留移动后状态。

```
def MoveBlock(self,block, direction):
    if block not in self.Blocks:
        print("非此游戏中的块!")
        return
    oldx = block.Location.X                        #记录原来位置
    oldy = block.Location.Y
    #试移动
    if direction == "Up":
        block.Location.Y -= 1
    elif direction == "Down":
        block.Location.Y += 1
    elif direction == "Left":
        block.Location.X -= 1
    elif direction == "Right":
        block.Location.X += 1
    #判断是否需要回到原位置
    moveOK = True;                                 #可以移动
    if ( not block.IsValid(self.Width,self.Height)):   #是否越界
        moveOK = False                             #不能移动
    else:
        for i in range(len(self.Blocks)):          #遍历所有方块
            if (block is not self.Blocks[i] and block.Intersects(self.Blocks[i])):
                                                   #碰到其他方块
                moveOK = False                     #不能移动
                break
    if not moveOK:                                 #如果不能移动则恢复到原来位置
        print("不能移动!")
        print(block.Location.X,block.Location.Y)
        block.Location = Point(oldx,oldy)          #恢复到原来位置
        print(block.Location.X,block.Location.Y)
    if moveOK == True:                             #能移动判断是否成功
        print (block["text"],block.Location.X,block.Location.Y)
        #"曹操"方块移到目标位置(1,3)处
        if block["text"] == "曹操" and block.Location.X == 1 and block.Location.Y == 3:
            self.WinFlag = True                    #胜利标志 self.WinFlag 为真
    return moveOK
```

GameWin(self)方法根据标志 self.WinFlag 判断是否成功。

```
def GameWin(self):
    if self.WinFlag == True:
        return True
    else:
        return False
```

4. 创建游戏界面的主程序

在窗口上加入 9 个继承 Button 按钮控件,按照如图 18-1 所示设置它们的属性。调整含头像的按钮控件到游戏界面中的初始位置。由于关羽是横向占两个格子,另 4 位将军(张飞、马超、黄忠、赵云)是竖向占两个格子,所以关羽的 blockType 类为 TwoH,另 4 位将军的 blockType 类为 TwoV,而曹操的 blockType 类为 Four,兵的 blockType 类为 One。

```
win = Tk()                           #创建窗口对象
win.title("华容道游戏")                #设置窗口标题
win.geometry("320x400")

game = Game()
bm = [PhotoImage(file = 'bmp\\曹操.png'),
      PhotoImage(file = 'bmp\\关羽.png'),
      PhotoImage(file = 'bmp\\黄忠.png'),
      PhotoImage(file = 'bmp\\马超.png'),
      PhotoImage(file = 'bmp\\张飞.png'),
      PhotoImage(file = 'bmp\\赵云.png'),
      PhotoImage(file = 'bmp\\兵.png')]
b0 = Block(Point(1,0),Four,win,"曹操",bm[0])
b1 = Block(Point(1,2),TwoH,win,"关羽",bm[1])
b2 = Block(Point(3,2),TwoV,win,"黄忠",bm[2])
b3 = Block(Point(0,0),TwoV,win,"马超",bm[3])
b4 = Block(Point(0,2),TwoV,win,"张飞",bm[4])
b5 = Block(Point(3,0),TwoV,win,"赵云",bm[5])
b6 = Block(Point(0,4),One,win,"兵",bm[6])
b7 = Block(Point(1,3),One,win,"兵",bm[6])
b8 = Block(Point(2,3),One,win,"兵",bm[6])
b9 = Block(Point(3,4),One,win,"兵",bm[6])
game.AddBlock(b0);
game.AddBlock(b1);
game.AddBlock(b2);
game.AddBlock(b3);
game.AddBlock(b4);
game.AddBlock(b5);
game.AddBlock(b6);
game.AddBlock(b7);
game.AddBlock(b8);
game.AddBlock(b9);
win.mainloop();
```

5. 游戏事件处理

```python
from tkinter import *
from tkinter.messagebox import *
BlockSize = 80                          # 游戏中块的显示大小
mouseDownPoint = Point(0,0)             # 鼠标按下的位置
mouseDown = False                       # 标记鼠标是否按下
```

btn_MouseDown(event)为鼠标按下事件处理函数。

```python
def btn_MouseDown(event):
    global mouseDownPoint,mouseDown
    mouseDownPoint = Point(event.x,event.y)    # 鼠标按下位置的像素坐标
    mouseDown = True
```

在btn_Realse(event)鼠标松开事件处理函数中,根据鼠标拖动的水平方向或垂直方向,偏移量超过格子大小的1/3,则朝此方向移动。

```python
def btn_Realse(event):
    global mouseDownPoint,mouseDown
    print(event.x,event.y)              # (event.x,event.y)是鼠标松开时所在像素坐标
    if not mouseDown:
        return
    moveH = event.x - mouseDownPoint.X  # 水平方向偏移量
    moveV = event.y - mouseDownPoint.Y  # 垂直方向偏移量
    x = int(event.widget.place_info()["x"])//80
    y = int(event.widget.place_info()["y"])//80
    block = game.GetBlockByPos(Point(x,y))    # 获取Point(x,y)棋盘坐标处方块
    if (moveH >= BlockSize * 1 / 3):
        game.MoveBlock(block, "Right")  # 右移方块
    elif (moveH <= - BlockSize * 1 / 3):
        game.MoveBlock(block, "Left")   # 左移方块
    elif (moveV >= BlockSize * 1 / 3):
        game.MoveBlock(block, "Down")   # 下移方块
    elif (moveV <= - BlockSize * 1 / 3):
        game.MoveBlock(block, "Up")     # 上移方块
    else:
        return
    event.widget.place(x = block.Location.X * 80, y = block.Location.Y * 80)
                                        # 单击的方块移动到目标处
    if (game.GameWin()):
        print("游戏胜利!")
        msgbox.showinfo("Info", "游戏胜利!")
    mouseDown = False
```

至此,华容道游戏就设计完成了。

提 高 篇

第19章

基于Pygame游戏设计

Pygame 最初由 Pete Shinners 开发，它是一个跨平台的 Python 模块，专为电子游戏设计，包含图像、声音功能和网络支持，这些功能使开发者很容易用 Python 编写一个游戏。虽然不使用 Pygame 也可以编写游戏，但如果能充分利用 Pygame 库中已经写好的代码，开发要容易得多。Pygame 能把游戏设计者从低级语言如 C 语言的束缚中解放出来，专注于游戏逻辑本身。

19.1 Pygame 基础知识

在使用 Pygame 开发游戏之前，要先了解一下 Pygame 的基础知识，如如何安装 Pygame 库，以及了解 Pygame 中的模块。

19.1.1 安装 Pygame 库

在开发 Pygame 程序之前，需要安装 Pygame 库。用户可以通过 Pygame 的官方网站 http://www.pygame.org/ download.shtml 下载源文件。安装指导也可以在相应页面找到。用户也可以直接在命令行状态下输入"pip install pygame"安装。

一旦安装了 Pygame，就可以在 IDLE 交互模式中输入以下语句检验是否安装成功：

```
>>> import pygame
>>> print(pygame.ver)
2.0.1
```

2.0.1 是笔者编写本书时 Pygame 的最新版本，读者也可以找一找更新的版本。

19.1.2 Pygame 的模块

Pygame 有大量可以被独立使用的模块。对于计算机的常用设备，都有对应的模块进行控制,例如,pygame.display 是显示模块,pygame.keyboard 是键盘模块,pygame.mouse 是鼠标模块。同时 Pygame 还具有一些用于特定功能的模块,如表 19-1 所示。

表 19-1　Pygame 软件包中的模块

模 块 名	功　　能
pygame.cdrom	访问光驱
pygame.cursors	加载光标
pygame.display	访问显示设备
pygame.draw	绘制形状、线和点
pygame.event	管理事件
pygame.font	使用字体
pygame.image	加载和存储图片
pygame.joystick	使用游戏手柄或者类似的东西
pygame.key	读取键盘按键
pygame.mixer	声音
pygame.mouse	鼠标
pygame.movie	播放视频
pygame.music	播放音频
pygame.overlay	访问高级视频叠加
pygame.rect	管理矩形区域
pygame.sndarray	操作声音数据
pygame.sprite	操作移动图像
pygame.surface	管理图像和屏幕
pygame.surfarray	管理点阵图像数据
pygame.time	管理时间和帧信息
pygame.transform	缩放和移动图像

建立 Pygame 项目和其他 Python 项目的方法一样,在 IDLE 或文本编辑器中新建一个空文档,需要告诉 Python 该程序用到了 Pygame 模块。

为了实现此目的,用一条 import 指令,该指令告诉 Python 载入外部模块。例如输入下边两行以在新项目中引入必要的模块:

```
import pygame, sys, time, random
from pygame.locals import *
```

第一行引入 Pygame 的主要模块、sys 模块、time 模块和 random 模块,

第二行告诉 Python 载入 pygame.locals 的所有指令使它们成为原生指令。这样,使用这些指令时就不需要使用全名调用。

由于硬件和游戏的兼容性或是请求的驱动没有安装的问题,但有些模块可能在某些平台上不存在,可以用 None 来测试一下。例如测试字体是否载入:

```
if pygame.font is None:
    print("The font module is not available!")
    pygame.quit()            # 如果没有则退出 pygame 的应用环境
```

下面对常用模块进行简要说明。

1. pygame.surface

pygame.surface 模块中有一个 surface() 函数, surface() 函数的一般格式为:

```
pygame.surface((width, height), flags = 0, depth = 0, masks = none)
```

它返回一个新的 surface 对象。这里的 surface 对象是一个有确定大小尺寸的空图像, 可以用它来进行图像绘制与移动。

2. pygame.locals

pygame.locals 模块中定义了 Pygame 环境中用到的各种常量, 而且包括事件类型、按键和视频模式等的名字。在导入所有内容(from pygame.locals import *)时用起来是很安全的。

如果知道需要的内容, 也可以导入具体的内容, 比如: from pygame.locals import FULLSCREEN。

3. pygame.display

pygame.display 模块包括处理 Pygame 显示方式的函数, 其中包括普通窗口和全屏模式。游戏程序通常需要使用 pygame.display 模块中的以下几种函数。

(1) flip / update 更新显示。

- flip: 更新显示。一般说来, 修改当前屏幕的时候要经过两步, 首先需要对 get_surface() 函数返回的 surface 对象进行修改, 然后调用 pygame.display.flip() 更新显示以反映所做的修改。
- update: 在只想更新屏幕一部分的时候使用 update() 函数, 而不是 flip() 函数。

(2) set_mode() 函数建立游戏窗口, 返回 surface 对象。它有 3 个参数, 第 1 个参数是元组, 指定窗口的尺寸; 第 2 个参数是标志位, 具体含义如表 19-2 所示。例如, FULLSCREEN 表示全屏, 默认值为不对窗口进行设置, 读者可根据需要选用。第 3 个参数为色深, 指定窗口的色彩位数。

表 19-2 set_mode 的窗口标志位参数取值

窗口标志位	功 能
FULLSCREEN	创建一个全屏窗口
DOUBLEBUF	创建一个"双缓冲"窗口, 建议在 HWSURFACE 或者 OPENGL 时使用
HWSURFACE	创建一个硬件加速的窗口, 必须和 FULLSCREEN 同时使用
OPENGL	创建一个 OPENGL 渲染的窗口
RESIZABLE	创建一个可以改变大小的窗口
NOFRAME	创建一个没有边框的窗口

(3) set_caption() 函数设定游戏程序标题。当游戏以窗口模式(对应于全屏)运行时尤其有用, 因为该标题会作为窗口的标题。

(4) get_surface() 函数返回一个可用来画图的 surface 对象。

4. pygame.font

pygame.font 模块用于表现不同的字体，可以用于文本。

5. pygame.sprite

pygame.sprite 模块有两个非常重要的类：sprite 精灵类和 group 精灵组。

（1）sprite 精灵类是所有可视游戏的基类。为了实现自己的游戏对象，需要子类化 sprite，覆盖它的构造函数以设定 image 和 rect 属性（决定 Sprite 的外观和放置的位置），再覆盖 update() 方法。在 sprite 需要更新的时候可以调用 update() 方法。

（2）group 精灵组的实例用作精灵 sprite 对象的容器。在一些简单的游戏中，只要创建名为 sprites、allsprite 或是其他类似的组，然后将所有 sprite 精灵对象添加到上面即可。group 精灵组对象的 update() 方法被调用时，就会自动调用所有 sprite 精灵对象的 update() 方法。group 精灵组对象的 clear() 方法用于清理它包含的所有 sprite 对象（使用回调函数实现清理），group 精灵组对象 draw() 方法用于绘制所有的 sprite 对象。

6. pygame.mouse

pygame.mouse 模块用来管理鼠标。其中，pygame.mouse.set_visible(false/true) 隐藏/显示鼠标光标，pygame.mouse.get_pos() 获取鼠标位置。

7. pygame.event

pygame.event 模块会追踪鼠标单击、鼠标移动、按键按下和释放等事件。其中，pygame.event.get() 可以获取最近事件列表。

8. pygame.image

pygame.image 模块用于处理保存在 GIF、PNG 或者 JPEG 内的图形。可用 load() 函数来读取图像文件。

19.2 Pygame 的使用

本节主要讲解用 Pygame 开发游戏的逻辑、鼠标事件的处理、键盘事件的处理、字体的使用和声音的播放等基础知识。最后以一个"移动的坦克"例子来体现这些基础知识的应用。

19.2.1 Pygame 开发游戏的主要流程

Pygame 开发游戏的基础是创建游戏窗口，核心是处理事件、更新游戏状态和在屏幕上绘图。游戏状态可理解为程序中所有变量值的列表。在有些游戏中，游戏状态包括存放人物体力值和位置的变量、物体或图形位置的变化，这些值可以在屏幕上显示。

物体或图形位置的变化只有通过在屏幕上绘图才能看出来。

可以简单地抽象出 Pygame 开发游戏的主要流程，如图 19-1 所示。

下面举一个具体例子来说明如何用 Pygame 开发游戏。

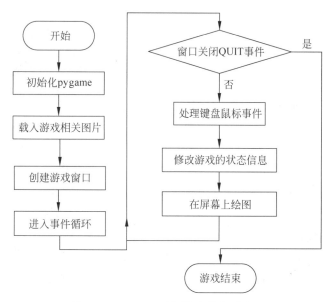

图 19-1 Pygame 开发游戏的主要流程

【例 19-1】 使用 Pygame 开发一个显示"Hello World!"标题的游戏窗口。

```
import pygame                              #导入 pygame 模块
from pygame.locals import *
import sys
def hello_world():
    pygame.init()                          #任何 pygame 程序均需要执行此句进行模块初始化
    #设置窗口的模式,(680,480)表示窗口像素,即宽度、高度
    #此函数返回一个 surface 对象,本程序不使用它,故没保存到对象变量中
    pygame.display.set_mode((680, 480))
    pygame.display.set_caption('Hello World!')  #设置窗口标题

    #无限循环,直到接收到窗口关闭事件
    while True:
        #处理事件
        for event in pygame.event.get():
            if event.type == QUIT:         #接收到窗口关闭事件
                pygame.quit()
                sys.exit()                 #退出
        #将 surface 对象绘制在屏幕上
        pygame.display.update()
if __name__ == "__main__":
    hello_world()
```

程序运行后,仅仅见到黑色的游戏窗口,标题是"Hello World!",如图 19-2 所示。

导入 Pygame 模块后,任何 Pygame 游戏程序均需要执行 pygame.init()语句进行模块初始化。它必须在进入游戏的无限循环之前被调用。这个函数会自动初始化其他所有模块(如 pygame.font 和 pygame.image),通过它载入驱动和硬件请求,游戏程序才可以使用计

图 19-2　Pygame 开发的游戏窗口

算机上的所有设备，它比较费时间。如果只使用少量模块，应该分别初始化这些模块以节省时间，例如 pygame.sound.init()仅仅初始化声音模块。

代码中有一个无限循环，每个 Pygame 程序均需要用到。在无限循环中可以做以下工作：

(1) 处理事件，如鼠标、键盘、关闭窗口等事件；

(2) 更新游戏状态，如坦克位置变化、数量变化等；

(3) 在屏幕上绘图，如绘制新的敌方坦克等。

不断重复上面的 3 个步骤，从而完成游戏逻辑。

本例中仅仅处理关闭窗口事件，也就是玩家关闭窗口时通过 pygame.quit()退出游戏。

19.2.2　Pygame 的图像图形绘制

1. Pygame 的图像图形绘制概述

Pygame 支持多种存储图像的方式(也就是图片格式)，比如 JPEG、PNG 等，具体支持的格式有 JPEG(一般后缀名为.jpg 或者.jpeg，数码相机、网上的图片基本都是这种格式。这是一种有损压缩方式，尽管对图片质量有些损坏，但对于减小文件尺寸非常棒。优点很多但不支持透明)、PNG(支持透明，无损压缩)、GIF(网上使用的很多，支持透明和动画，只有 256 种颜色，软件和游戏中使用很少)及 BMP、PCX、TGA、TIF 等。

Pygame 使用 surface 对象来加载绘制图像。对于 Pygame 加载图像就是使用 pygame.image.load()函数，给它一个文件名就会返回一个 surface 对象。尽管读入的图像格式各不相同，但 surface 对象隐藏了这些不同。用户可以对一个 surface 对象进行涂画、变形、复制等各种操作。事实上，游戏屏幕也只是一个 surface 对象，pygame.display.set_mode()返回一个屏幕 surface 对象。

对于任何一个 surface 对象,可以用 get_width(),get_height()和 gei_size()函数来获得它的尺寸,用 get_rect()函数获取它的区域形状。

【例 19-2】 使用 Pygame 开发一个显示坦克自由移动的游戏窗口。

```python
import pygame
from pygame.locals import *
import sys
def play_tank():
    pygame.init()
    window_size = (width, height) = (600, 400)      #窗口大小
    speed = [1, 1]                                   #坦克运行偏移量(水平,垂直),值越大,移动越快
    color_black = (255, 255, 255)                    #窗口背景色 RGB 值(白色)
    screen = pygame.display.set_mode(window_size)    #设置窗口模式
    pygame.display.set_caption('自由移动的坦克')      #设置窗口标题
    tank_image = pygame.image.load('tankU.bmp')      #加载坦克图片,返回一个 surface 对象
    tank_rect = tank_image.get_rect()                #获取坦克图片的区域形状
    while True:                                      #无限循环
        for event in pygame.event.get():
            if event.type == pygame.QUIT:            #退出事件处理
                pygame.quit()
                sys.exit()

        #使坦克移动,速度由 speed 变量控制
        tank_rect = tank_rect.move(speed)
        #当坦克移动出窗口时,重新设置偏移量
        if (tank_rect.left < 0) or (tank_rect.right > width):     #水平方向
            speed[0] = - speed[0]                    #水平方向反向
        if (tank_rect.top < 0) or (tank_rect.bottom > height):   #垂直方向
            speed[1] = - speed[1]                    #垂直方向反向
        screen.fill(color_black)                     #填充窗口背景
        screen.blit(tank_image, tank_rect)           #在窗口 surface 指定区域 tank_rect 上绘制坦克
        pygame.display.update()                      #更新窗口显示内容

if __name__ == '__main__':
    play_tank()
```

程序运行后,可以看到白色背景的游戏窗口,标题是"自由移动的坦克",如图 19-3 所示。

游戏中通过修改坦克图像(surface 对象)区域的 Left 属性(可以认为是 x 坐标),以及 surface 对象的 Top 属性(可以认为是 y 坐标)来改变坦克位置,从而显示出坦克自由移动的效果。在窗口(窗口也是 surface 对象)使用 blit()函数绘制坦克图像,最后注意需要更新窗口显示内容。

设置 fpsClock 变量的值即可控制游戏速度。

```
fpsClock = pygame.time.Clock()
```

在无限循环中写入 fpsClock.tick(50),可以按指定帧频 50 更新游戏画面(即每秒刷新

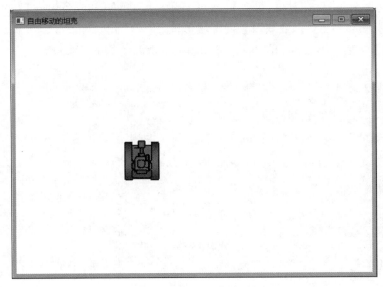

图 19-3　自由移动的坦克游戏窗口

50 次屏幕)。

2. Pygame 的图形绘制

利用 Pygame 可以在屏幕上绘制各种图形,这些绘制工作是由 pygame.draw 模块中的一些函数完成的。事实上,Pygame 不加载任何图片就可以用图形来制作一个游戏。

pygame.draw 中函数的第一个参数总是 surface,第二个是颜色,后面的参数是一系列的坐标等。其中,(0,0)坐标代表左上角,水平向右为 x 正方向,垂直向下为 y 正方向。函数返回值是一个 Rect 对象(表示受影响的 surface 区域),包含了绘制的区域。pygame.draw 中的函数如表 19-3 所示。

表 19-3　pygame.draw 中的函数

函　　数	作　　用
rect	绘制矩形
polygon	绘制多边形(3 条或 3 条以上的边)
circle	绘制圆
ellipse	绘制椭圆
arc	绘制圆弧
line	绘制线
lines	绘制一系列的线
aaline	绘制一根平滑的线
aalines	绘制一系列平滑的线

下面举例来详细说明 pygame.draw 中各个函数的使用。

1) pygame.draw.rect

格式:pygame.draw.rect(surface, color, Rect, width=0)

pygame.draw.rect 在 surface 上画一个矩形,除了 surface 和 color,rect 接受一个矩形

的坐标和线宽参数,如果线宽是 0 或省略,则填充。

2) pygame.draw.polygon

格式:pygame.draw.polygon(surface,color,pointlist,width=0)

polygon 就是多边形,用法类似 rect,第 1、第 2 和第 4 个参数都是相同的,只不过 polygon 会接受一系列坐标的列表,代表了各个顶点坐标。

3) pygame.draw.circle

格式:pygame.draw.circle(surface,color,pos,radius,width=0)

circle 用来画一个圆,它接收一个圆心坐标和半径参数。

4) pygame.draw.ellipse

格式:pygame.draw.ellipse(surface,color,rect,width=0)

可以把一个 ellipse 想象成一个被压扁的圆,事实上,它是可以被一个矩形装起来的。pygame.draw.ellipse 的第 3 个参数就是这个椭圆的外接矩形。

5) pygame.draw.arc

格式:pygame.draw.arc(surface,color,rect,start_angle,stop_angle,width=1)

arc 是椭圆的一部分,所以它的参数会比椭圆多一点。但它是不封闭的,因此没有 fill 方法。start_angle 和 stop_angle 分别为开始和结束的角度。

6) pygame.draw.line

格式:pygame.draw.line(surface,color,start_pos,end_pos,width=1)

line 表示画一条线段,start_pos 和 end_pos 分别是线段起点和终点坐标。

7) pygame.draw.lines

格式:pygame.draw.lines(surface,color,closed,pointlist,width=1)

closed 是一个布尔变量,指明是否需要多画一条线来使这些线条闭合(和 polygon 一样),pointlist 是一个顶点坐标的数组。

19.2.3 Pygame 的键盘和鼠标事件的处理

所谓事件(event)就是程序上发生的事,例如用户敲击键盘上某一个键或是单击、移动鼠标。而对于这些事件,游戏程序需要做出反应。在例 19-2 的程序中,程序会一直运行下去直到用户关闭窗口而产生了一个 QUIT 事件,Pygame 会接收用户的各种操作(比如按键盘、移动鼠标等)产生事件。事件随时可能发生,而且量也可能会很大,Pygame 的做法是把一系列的事件存放到一个队列里,逐个地进行处理。

在例 19-2 的程序中,使用了 pygame.event.get()来处理所有的事件,如果使用 pygame.event.wait(),Pygame 就会等到发生一个事件才继续下去,一般游戏中不太使用,因为游戏往往是需要动态运作的。Pygame 常用事件如表 19-4 所示。

表 19-4 Pygame 常用事件

事件	产生途径	参数
QUIT	用户按下关闭按钮	none
ATIVEEVENT	Pygame 被激活或者隐藏	gain, state
KEYDOWN	键盘被按下	unicode, key, mod

续表

事　件	产 生 途 径	参　数
KEYUP	键盘被放开	key, mod
MOUSEMOTION	鼠标移动	pos, rel, buttons
MOUSEBUTTONDOWN	鼠标按下	pos, button
MOUSEBUTTONUP	鼠标放开	pos, button

1. Pygame 的键盘事件的处理

用 pygame.event.get()获取所有的事件,当 event.type==KEYDOWN 时,这时是键盘事件,再判断按键 event.key 的种类,即 K_a、K_b、K_LEFT 等形式。也可以通过 pygame.key.get_pressed()来获得所有按下的键值,它会返回一个元组。这个元组的索引就是键值,对应的就是按键是否被按下。

```
pressed_keys = pygame.key.get_pressed()
if pressed_keys[K_SPACE]:
    #空格键被按下
    fire()    #发射子弹
```

key 模块下有很多函数:

(1) key.get_focused()函数:返回当前的 pygame 窗口是否激活。

(2) key.get_pressed()函数:获得所有按下的键值。

(3) key.get_mods()函数:按下的组合键,如 Alt、Ctrl 和 Shift 的组合。

(4) key.set_mods()函数:模拟按下组合键的效果(KMOD_ALT,KMOD_CTRL,KMOD_SHIFT)。

【例 19-3】 使用 Pygame 开发一个用户控制坦克移动的游戏。在例 19-2 基础上增加通过方向键控制坦克运动的功能,并为游戏增加了背景图片。程序运行效果如图 19-4 所示。

```
import os
import sys
import pygame
from pygame.locals import *
def control_tank(event):              #控制坦克运动函数
    speed = [x, y] = [0, 0]           #相对坐标
    speed_offset = 1                  #速度
    #当方向键按下时,进行位置计算
    if event.type == pygame.KEYDOWN:
        if event.key == pygame.K_LEFT:
            speed[0] -= speed_offset
        if event.key == pygame.K_RIGHT:
            speed[0] = speed_offset
        if event.key == pygame.K_UP:
            speed[1] -= speed_offset
        if event.key == pygame.K_DOWN:
```

```python
                speed[1] = speed_offset
            # 当方向键释放时,相对偏移为 0,即不移动
            if event.type in (pygame.KEYUP, pygame.K_LEFT, pygame.K_RIGHT, pygame.K_DOWN):
                speed = [0, 0]
    return speed

def play_tank():
    pygame.init()
    window_size = Rect(0, 0, 600, 400)          # 窗口大小
    speed = [1, 1]                              # 坦克运行偏移量(水平,垂直),值越大,移动越快
    color_black = (255, 255, 255)               # 窗口背景色 RGB 值(白色)
    screen = pygame.display.set_mode(window_size.size)      # 设置窗口模式
    pygame.display.set_caption('用户方向键控制坦克移动')      # 设置窗口标题
    tank_image = pygame.image.load('tankU.bmp')              # 加载坦克图片
    # 加载窗口背景图片
    back_image = pygame.image.load('back_image.jpg')
    tank_rect = tank_image.get_rect()           # 获取坦克图片的区域形状

    while True:
        # 退出事件处理
        for event in pygame.event.get():        # pygame.event.get()获取事件序列
            if event.type == pygame.QUIT:
                pygame.quit()
                sys.exit()

            # 使坦克移动,速度由 speed 变量控制
            cur_speed = control_tank(event)
            # Rect 的 clamp 方法使用移动范围限制在窗口内
            tank_rect = tank_rect.move(cur_speed).clamp(window_size)
            screen.blit(back_image, (0, 0))              # 设置窗口背景图片
            screen.blit(tank_image, tank_rect)           # 在窗口 surface 上绘制坦克
            pygame.display.update()                       # 更新窗口显示内容
if __name__ == '__main__':
    play_tank()
```

图 19-4　方向键控制坦克运动的程序运行效果

当用户按下方向键时,计算出相对位置 cur_speed 后,使用 tank_rect.move(cur_speed) 函数向指定方向移动坦克。释放方向键时,坦克停止移动。

2. Pygame 的鼠标事件的处理

pygame.mouse 鼠标事件处理的函数有以下几种。

(1) pygame.mouse.get_pressed()函数:返回按键按下情况,返回的是一元组(分别为左键,中键,右键),如按下则为 True。

(2) pygame.mouse.get_rel()函数:返回相对偏移量(x 方向偏移量,y 方向偏移量)的一元组。

(3) pygame.mouse.get_pos()函数:返回当前鼠标位置(x, y),例如以下代码。

```
x, y = pygame.mouse.get_pos()        #获得鼠标位置
```

(4) pygame.mouse.set_pos()函数:设置鼠标位置。
(5) pygame.mouse.set_visible()函数:设置鼠标光标是否可见。
(6) pygame.mouse.get_focused()函数:如果鼠标在 Pygame 窗口内有效,返回 True。
(7) pygame.mouse.set_cursor()函数:设置鼠标的默认光标式样。
(8) pyGame.mouse.get_cursor()函数:返回鼠标的光标式样。

【例 19-4】 演示鼠标事件处理的程序。程序运行效果如图 19-5 所示。

```
import pygame
from pygame.locals import *
from sys import exit
from random import *
from math import pi
pygame.init()
screen = pygame.display.set_mode((640, 480), 0, 32)
points = []
while True:
    for event in pygame.event.get():
        if event.type == QUIT:
            pygame.quit()
            exit()
        if event.type == KEYDOWN:
            #按任意键可以清屏并把点恢复到原始状态
            points = []
            screen.fill((255,255,255))              #白色填充窗口背景
        if event.type == MOUSEBUTTONDOWN:           #鼠标按下
            screen.fill((255,255,255))
            #画随机矩形
            rc = (255, 0, 0)                        #红色
            rp = (randint(0,639), randint(0,479))
            rs = (639 - randint(rp[0], 639), 479 - randint(rp[1], 479))
            pygame.draw.rect(screen, rc, Rect(rp, rs))
            #画随机圆形
            rc = (0,255, 0)                         #绿色
```

```
            rp = (randint(0,639), randint(0,479))
            rr = randint(1, 200)
            pygame.draw.circle(screen, rc, rp, rr)
            #获得当前鼠标单击位置
            x, y = pygame.mouse.get_pos()
            points.append((x, y))
            #根据单击位置画弧线
            angle = (x/639.) * pi * 2.
            pygame.draw.arc(screen, (0,0,0), (0,0,639,479), 0, angle, 3)
            #根据单击位置画椭圆
            pygame.draw.ellipse(screen, (0, 255, 0), (0, 0, x, y))
            #从左上和右下画两根线连接到单击位置
            pygame.draw.line(screen, (0, 0, 255), (0, 0), (x, y))
            pygame.draw.line(screen, (255, 0, 0), (640, 480), (x, y))
            #画单击轨迹图
            if len(points) > 1:
                pygame.draw.lines(screen, (155, 155, 0), False, points, 2)
            #和轨迹图基本一样,只不过是闭合的,因为会覆盖,所以这里注释了
            # if len(points) >= 3:
            #     pygame.draw.polygon(screen, (0, 155, 155), points, 2)
            #把每个点画得明显一些
            for p in points:
                pygame.draw.circle(screen, (155, 155, 155), p, 3)
    pygame.display.update()
```

运行这个程序,在窗口上面单击鼠标就会有图形显示出来,按任意键可以重新开始。

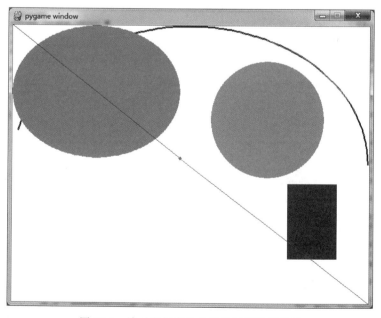

图 19-5　演示鼠标事件处理的程序运行效果

19.2.4 Pygame 的字体使用

Pygame 可以直接调用系统字体，也可以调用 ttf 字体。为了使用字体，首先应该创建一个 Font 对象，对于系统自带的字体，应该这样调用：

```
font1 = pygame.font.SysFont('arial', 16)
```

第 1 个参数是字体名，第 2 个参数是字号。正常情况下系统里都会有 arial 字体，如果没有则会使用默认字体，使用的默认字体和系统有关。

可以使用 pygame.font.get_fonts() 来获得当前系统所有可用字体：

```
>>> pygame.font.get_fonts()
'gisha', 'fzshuti', 'simsunnsimsun', 'estrangeloedessa', 'symboltigerexpert', 'juiceitc', 'onyx',
'tiger', 'webdings', 'franklingothicmediumcond', 'edwardianscriptitc'
```

还有一种调用方法是使用自己的 ttf 字体：

```
my_font = pygame.font.Font("my_font.ttf", 16)
```

这个方法的好处是可以把字体文件和游戏一起打包分发，避免玩家计算机上没有这个字体而无法显示的问题。一旦有了 Font 对象，就可以用 render 方法来设置文字内容，然后通过 blit 方法写到屏幕上：

```
text = font1.render("坦克大战",True,(0,0,0),(255,255,255))
```

render 方法的第 1 个参数是写入的文字内容；第 2 个是布尔值，说明是否开启抗锯齿；第 3 个是字体本身的颜色；第 4 个是背景的颜色。如果不想有背景色，也就是让背景透明的话，可以不加第 4 个参数。

例如，自己定义一个文字处理函数 show_text()，其中的参数包括：surface_handle 用于设置 surface 句柄，pos 用于设置文字显示位置，color 用于设置文字颜色，font_bold 用于设置是否加粗，font_size 用于设置字体大小，font_italic 用于设置是否斜体。

```
def show_text(surface_handle, pos, text, color, font_bold = False, font_size = 13, font_italic = False):
    # cur_font = pygame.font.SysFont("宋体", font_size)          # 获取系统字体
    cur_font = pygame.font.Font('simfang.ttf', 30)              # 获取字体,并设置文字大小
    cur_font.set_bold(font_bold)                                # 设置是否加粗属性
    cur_font.set_italic(font_italic)                            # 设置是否斜体属性
    text_fmt = cur_font.render(text, 1, color)                  # 设置文字内容
    surface_handle.blit(text_fmt, pos)                          # 绘制文字
```

在更新窗口内容 pygame.display.update() 之前加入以下代码：

```
text_pos = u "坦克大战"
show_text(screen, (20, 220), text_pos, (255, 0, 0), True)
text_pos = u"坦克位置:(%d,%d)" % (tank_rect.left, tank_rect.top)
show_text(screen, (20, 420), text_pos, (0, 255, 255), True)
```

代码运行后会在屏幕(20，220)处显示红色的"坦克大战"文字，同时在(20，420)处显示当前坦克所处位置坐标。移动坦克，位置坐标和文字会同时改变。

19.2.5 Pygame 的声音播放

1. Sound 对象

在初始化声音设备后，就可以读取一个音乐文件到一个 Sound 对象中了。pygame.mixer.Sound()接受一个文件名，或者也可以使一个文件对象，不过这个文件必须是 WAV 或者 OGG。

```
hello_sound = Pygame.mixer.Sound("hello.ogg")    #建立 Sound 对象
hello_sound.play()                                #声音播放一次
```

一旦这个 Sound 对象被读取，可以使用 play()方法来播放它。play(loop，maxtime)可以接受两个参数，loop 是重复的次数（取 1 是重复两次而不是播放两次，−1 意味着无限循环）；maxtime 是指多少毫秒后结束。

当不使用任何参数调用的时候，意味着把这个声音播放一次。一旦 play()方法调用成功，就会返回一个 Channel 对象，否则返回一个 None。

2. music 对象

Pygame 中另外提供了一个 pygame.mixer.music 类来控制背景音乐的播放。pygame.mixer.music 用来播放 MP3 和 OGG 音乐文件，不过并不是所有的系统都支持 MP3，如 Linux 默认就不支持 MP3 播放。使用 pygame.mixer.music.load()来加载一个文件，然后使用 pygame.mixer.music.play()来播放，不播放的时候就用 stop()方法来停止，当然也有类似录影机上的 pause()和 unpause()方法。

```
#加载背景音乐
pygame.mixer.music.load("hello.mp3")
pygame.mixer.music.set_volume(music_volume/100.0)
#循环播放，从音乐第 30s 开始
pygame.mixer.music.play(-1, 30.0)
```

在游戏退出事件中加入停止音乐播放代码：

```
#停止音乐播放
pygame.mixer.music.stop()
```

pygame.mixer.music 类提供了丰富的函数方法，有以下几种。
（1）pygame.mixer.music.load()：加载音乐文件。

格式：pygame.mixer.music.load(filename)

(2) pygame.mixer.music.play()：播放音乐。

格式：pygame.mixer.music.play(loops=0, start=0.0)

其中 loops 表示循环次数，如设置为－1，表示不停地循环播放；如 loops＝5，则播放 5+1=6 次，start 参数表示从音乐文件的哪一秒开始播放，设置为 0 表示从开头部分完整播放。

(3) pygame.mixer.music.rewind()：重新播放。

格式：pygame.mixer.music.rewind()

(4) pygame.mixer.music.stop()：停止播放。

格式：pygame.mixer.music.stop()

(5) pygame.mixer.music.pause()：暂停播放。

格式：pygame.mixer.music.pause()

可通过 pygame.mixer.music.unpause() 恢复播放。

(6) pygame.mixer.music.set_volume()：设置音量。

格式：pygame.mixer.music.set_volume(value)

其中 value 取值为 0.0～1.0。

(7) pygame.mixer.music.get_pos()：获取当前播放的时间。

格式：pygame.mixer.music.get_pos()

19.2.6　Pygame 的精灵使用

pygame.sprite.Sprite 是 Pygame 里面用来实现精灵的一个类，使用时并不需要对它实例化，只需要继承它，然后按需写出自己的类，因此非常简单实用。

1. 精灵

精灵可以认为是一个个小图片(帧)序列(如人物行走)，它可在屏幕上移动，并且可以与其他图形对象交互。精灵图片可以是使用 Pygame 绘制形状函数绘制的形状，也可以是图像文件。图 19-6 是由 16 帧图片组成的人物行走的画面。

图 19-6　精灵图片序列

2. Sprite 类的成员

pygame.sprite.Sprite 用来实现精灵类，Sprite 的数据成员和函数方法主要有以下几种。

（1）self.image：负责显示什么图形。如 self.image=pygame.Surface([x,y])说明该精灵是一个长 x 宽 y 大小的矩形，self.image=pygame.image.load(filename)说明该精灵显示 filename 这个图片文件。

self.image.fill([color])，负责对 self.image 着色，如：

```
self.image = pygame.Surface([x,y])
self.image.fill([255,0,0])        #对 x×y 大小的矩形填充红色
```

（2）self.rect：负责在哪里显示。一般来说，先用 self.rect=self.image.get_rect()获得 image 矩形大小，然后给 self.rect 设定显示的位置，一般用 self.rect.topleft 确定左上角显示位置，当然也可以用 topright、bottomrigh、bottomleft 来分别确定其他几个角的位置。

另外，self.rect.top、self.rect.bottom、self.rect.right、self.rect.left 分别表示上、下、左、右。

（3）self.update()：负责使精灵行为生效。
（4）Sprite.add()：添加精灵到 group 中去。
（5）Sprite.remove()：从精灵组 group 中删除。
（6）Sprite.kill()：从精灵组 groups 中删除全部精灵。
（7）Sprite.alive()：判断某个精灵是否属于精灵组 groups。

3. 建立精灵

所有精灵在建立时都是从 pygame.sprite.Sprite 中继承的。建立精灵要设计自己的精灵类。

【例 19-5】 建立 Tank 精灵。

```
import pygame,sys
pygame.init()
class Tank(pygame.sprite.Sprite):
    def __init__(self,filename,initial_position):
        pygame.sprite.Sprite.__init__(self)
        self.image = pygame.image.load(filename)
        self.rect = self.image.get_rect()              #获取 self.image 大小
        #self.rect.topleft = initial_position           #确定左上角显示位置
        self.rect.bottomright = initial_position       #坦克右下角的显示位置是(150,100)

screen = pygame.display.set_mode([640,480])
screen.fill([255,255,255])
fi = 'tankU.jpg'
b = Tank(fi,[150,100])
while True:
    for event in pygame.event.get():
```

```
            if event.type == pygame.QUIT:
                sys.exit()
    screen.blit(b.image,b.rect)
    pygame.display.update()
```

【例 19-6】 使用图 19-6 的精灵图片序列建立动画效果的人物行走精灵。

在游戏动画中,人物行走是基本动画,在精灵中不断切换人物行走图片,从而达到动画的效果。

```
import pygame
from pygame.locals import *
class MySprite(pygame.sprite.Sprite):
    def __init__(self, target):
        pygame.sprite.Sprite.__init__(self)
        self.target_surface = target
        self.image = None
        self.master_image = None
        self.rect = None
        self.topleft = 0,0
        self.frame = 0
        self.old_frame = -1
        self.frame_width = 1
        self.frame_height = 1
        self.first_frame = 0      #第一帧序号
        self.last_frame = 0       #最后一帧序号
        self.columns = 1          #列数
        self.last_time = 0
```

在加载一个精灵图片序列的时候,需要告知程序一帧的大小(传入帧的宽度和高度,文件名,列数)。

```
    def load(self, filename, width, height, columns):
        self.master_image = pygame.image.load(filename).convert_alpha()
        self.frame_width = width
        self.frame_height = height
        self.rect = 0,0,width,height
        self.columns = columns
        rect = self.master_image.get_rect()
        self.last_frame = (rect.width // width) * (rect.height // height) - 1
```

一个循环动画通常是这样工作的:从第一帧不断地加载直到最后一帧,然后再折返回第一帧,并不断重复这个操作。

但是如果只是这样做的话,程序会一股脑地将动画播放完,要想让它根据时间间隔一张一张地播放,因此要加入定时的代码。将帧速率 ticks 传递给 Sprite 的 update()函数,这样就可以轻松让动画按照帧速率来播放。

```python
    def update(self, current_time, rate = 60):
        if current_time > self.last_time + rate:     #如果时间超过上次时间 + 60ms
            self.frame += 1                          #帧号加1,意为显示下一帧图像
            if self.frame > self.last_frame:         #帧号超过最后一帧
                self.frame = self.first_frame        #回到第一帧
            self.last_time = current_time
        if self.frame != self.old_frame:
            #首先需要计算单个帧左上角的 x 和 y 位置值
            frame_x = (self.frame % self.columns) * self.frame_width
            frame_y = (self.frame // self.columns) * self.frame_height
            #然后将计算好的 x,y 值传递给位置 rect 属性
            rect = ( frame_x, frame_y, self.frame_width, self.frame_height )    #要显示区域
            self.image = self.master_image.subsurface(rect)                      #截取要显示区域图像
            self.old_frame = self.frame
pygame.init()
screen = pygame.display.set_mode((800,600),0,32)
pygame.display.set_caption("精灵类测试")
font = pygame.font.Font(None, 18)
#启动一个定时器,然后调用tick(num)函数就可以让游戏以 num 帧来运行
framerate = pygame.time.Clock()
cat = MySprite(screen)
cat.load("sprite2.png", 92, 95, 4)         #精灵图片,每帧大小为 92×95,共 4 列
group = pygame.sprite.Group()
group.add(cat)
while True:
    framerate.tick(10)                     #指定帧速率
    ticks = pygame.time.get_ticks()        #获取运行时间
    for event in pygame.event.get():
        if event.type == pygame.QUIT:
            pygame.quit()
            exit()
    key = pygame.key.get_pressed()
    if key[pygame.K_ESCAPE]:               #Esc 键
        exit()

    screen.fill((0,0,100))
    #cat.draw(screen)                      #没有此方法
    cat.update(ticks)
    screen.blit(cat.image,cat.rect)
    #group.update(ticks)
    #group.draw(screen)
    pygame.display.update()
```

运行后可以看到一个人物行走的动画。也可以使用精灵组 update()和 draw()函数实现精灵动画。

```
group.update(ticks)  #将帧速率 ticks 传递给 Sprite 的 update()函数,让动画按照帧速率来播放
group.draw(screen)
```

4. 建立精灵组

当程序中有大量的实体时，操作这些实体将会是一件相当麻烦的事，那么有没有什么容器可以将这些精灵放在一起统一管理呢？答案就是精灵组。

Pygame 使用精灵组来管理精灵的绘制和更新，精灵组是一个简单的容器。

使用 pygame.sprite.Group() 函数可以创建一个精灵组：

```
group = pygame.sprite.Group()
group.add(sprite_one)
```

精灵组也有 update() 和 draw() 函数：

```
group.update()
group.draw()
```

Pygame 还提供精灵与精灵之间的冲突检测，以及精灵与组之间的碰撞检测。这些碰撞检测技术将在 19.4 节的飞机大战游戏中使用。

5. 精灵与精灵之间碰撞检测

1) 两个精灵之间的矩形检测

在只有两个精灵的时候可以使用 pygame.sprite.collide_rect() 函数来进行一对一的冲突检测。这个函数需要传递两个精灵，并且每个精灵都是需要继承自 pygame.sprite.Sprite。

举个例子：

```
spirte_1 = MySprite("sprite_1.png",200,200,1)    #MySprite是例19-6创建的精灵类
sprite_2 = MySprite("sprite_2.png",50,50,1)
result = pygame.sprite.collide_rect(sprite_1,sprite_2)
if result:
    print("精灵碰撞上了")
```

2) 两个精灵之间的圆检测

矩形冲突检测并不适用于所有形状的精灵，因此 Pygame 还有圆形冲突检测功能。pygame.sprite.collide_circle() 函数是基于每个精灵的半径值来进行检测的，可以自己指定精灵半径，或者让函数自己计算精灵半径。

```
result = pygame.sprite.collide_circle(sprite_1,sprite_2)
if result:
    print("精灵碰撞上了")
```

3) 两个精灵之间的像素遮罩检测

如果矩形检测和圆形检测都不能满足需求，Pygame 还为我们提供了一个更加精确的检测：

```
pygame.sprite.collide_mask()
```

这个函数接收两个精灵作为参数,返回值是一个 bool 变量。

```
if pygame.sprite.collide_mask(sprite_1,sprite_2):
    print("精灵碰撞上了")
```

4) 精灵和组之间的矩形冲突检测

调用 pygame.sprite.spritecollide(sprite,sprite_group,bool)函数时,一个组中的所有精灵都会逐个地对另外一个单个精灵进行冲突检测,发生冲突的精灵会作为一个列表返回。

这个函数的第 1 个参数就是单个精灵,第 2 个参数是精灵组,第 3 个参数是一个 bool 值,最后这个参数起了很大的作用。当为 True 的时候,会删除组中所有冲突的精灵,False 的时候不会删除冲突的精灵。

```
list_collide = pygame.sprite.spritecollide(sprite,sprite_group,False);
```

另外这个函数也有一个变体:pygame.sprite.spritecollideany()。这个函数在判断精灵组和单个精灵冲突的时候,会返回一个 bool 值。

5) 精灵组之间的矩形冲突检测

利用 pygame.sprite.groupcollide()函数可以检测两个组之间的冲突,它返回一个字典(键-值对)。

常用的几种冲突检测函数学习过后,在 19.4 节的飞机大战游戏实例中会实际运用上面学到的知识。

19.3　基于 Pygame 设计贪吃蛇游戏

贪吃蛇游戏通过玩家控制蛇移动,蛇不断吃到食物(本节中是红色草莓)而增长,直到蛇身碰到边界则游戏结束。游戏的运行效果如图 19-7 所示。

```
import pygame, sys, time, random
from pygame.locals import *
```

输入下边两行代码来启用 Pygame,这样 Pygame 在该程序中就可用了:

```
pygame.init()
fpsClock = pygame.time.Clock()
```

第 1 行告诉 Pygame 初始化,第 2 行创建一个名为 fpsClock 的变量,该变量用来控制游戏的速度。然后,用下面两行代码新建一个 Pygame 显示层(游戏元素画布)。

```
playSurface = pygame.display.set_mode((640, 480))
pygame.display.set_caption('Raspberry Snake')
```

接下来,应该定义一些颜色。虽然这一步并不是必需的,但它会减少代码量。下面的代码定义了程序中用到的颜色。

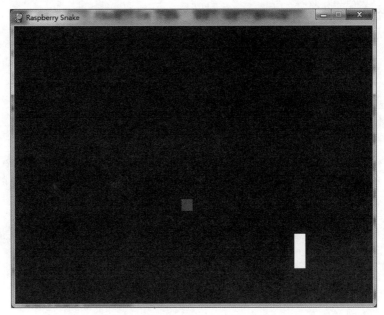

图 19-7 基于 Pygame 设计贪吃蛇游戏运行效果

```
redColour = pygame.Color(255, 0, 0)
blackColour = pygame.Color(0, 0, 0)
whiteColour = pygame.Color(255, 255, 255)
greyColour = pygame.Color(150, 150, 150)
```

下面几行代码初始化了一些程序中用到的变量。这是很重要的一步，因为如果游戏开始时这些变量为空，Python 将无法正常运行。

```
snakePosition = [100,100]                           #蛇头位置
snakeSegments = [[100,100],[80,100],[60,100]]       #蛇身序列
raspberryPosition = [300,300]                       #草莓位置
raspberrySpawned = 1                                #是否吃到草莓,1是没有吃到,0是吃到
direction = 'right'                                 #运动方向,初始向右
changeDirection = direction
```

上面代码可以看出 3 个变量 snakePosition、snakeSegments 和 raspberry Position 是被设置为用逗号分隔的列表。

用下边几行代码来定义函数 gameOver():

```
def gameOver():
    gameOverFont = pygame.font.Font ('freesansbold.ttf', 72)
    gameOverSurf = gameOverFont.render ('Game Over', True, greyColour)
    gameOverRect = gameOverSurf.get_rect()
    gameOverRect.midtop = (320, 10)
    playSurface.blit(gameOverSurf, gameOverRect)
    pygame.display.flip()
```

```
        time.sleep(5)
        pygame.quit()
        sys.exit()
```

gameOver()函数用了一些 Pygame 命令来完成一个简单的任务：用大号字体将 Game Over 打印在屏幕上，停留 5 秒，然后退出 Pygame 和 Python 程序。在游戏开始之前就定义了结束函数，这看起来有点奇怪，但是所有的函数都应该在被调用前定义。Python 是不会自己执行 gameOver()函数的，直到调用该函数。

程序的开头部分已经完成，接下来进入主要部分。该程序运行在一个无限循环（一个永不退出的 while 循环）中，直到蛇撞到了墙或者撞到了自己才会导致游戏结束。用下边的代码开始程序主循环：

```
while True:
```

如果没有其他的比较条件，Python 会检测 True 是否为真。因为 True 一定为真，循环会一直进行，直到调用 gameOver()函数告诉 Python 退出该循环。

```
    for event in pygame.event.get():
        if event.type == QUIT:
            pygame.quit()
            sys.exit()
        elif event.type == KEYDOWN:
            if event.key == K_RIGHT or event.key == ord('d'):
                changeDirection = 'right'
            if event.key == K_LEFT or event.key == ord('a'):
                changeDirection = 'left'
            if event.key == K_UP or event.key == ord('w'):
                changeDirection = 'up'
            if event.key == K_DOWN or event.key == ord('s'):
                changeDirection = 'down'
            if event.key == K_ESCAPE:
                pygame.event.post(pygame.event.Event(QUIT))
```

for 循环用来检测例如按键等 Pygame 事件。

第 1 个检测 if event.type==QUIT 告诉 Python 如果 Pygame 发出了 QUIT 信息（当用户按下 Esc 键），则执行下边缩进的代码。之后的两行类似于 gameOver()函数，通知 Pygame 和 Python 程序结束并退出。

第 2 个检测 elif 开头的行用来检测 Pygame 是否发出 KEYDOWN 事件，该事件在用户按下键盘时产生。

KEYDOWN 事件修改变量 changeDirection 的值，该变量用于控制蛇的运动方向。在本例中，提供了两种控制蛇的方法。用鼠标或者键盘的 W、D、A 和 S 键，来让蛇向上、右、下和左移动。程序开始时，蛇会按照 changeDirection 预设的值向右移动，直到用户按下键盘改变其方向。

程序开始的初始化部分，有一个叫 direction 的变量。这个变量协同 changeDirection 检测用户发出的命令是否有效。蛇不应该立即向后运动,如果发生该情况,蛇会死亡,同时游戏结束。为了防止这样的情况发生,将用户发出的请求(存储在 changeDirection 里)和目前的方向(存储在 direction 里)进行比较,如果方向相反,忽略该命令,蛇会继续按原方向运动。用下面几行代码来进行比较。

```
if changeDirection == 'right' and not direction == 'left':
    direction = changeDirection
if changeDirection == 'left' and not direction == 'right':
    direction = changeDirection
if changeDirection == 'up' and not direction == 'down':
    direction = changeDirection
if changeDirection == 'down' and not direction == 'up':
    direction = changeDirection
```

这样就保证了用户输入的合法性,蛇(屏幕上显示为一系列连续的块)就能够按照用户的输入进行移动。每次转弯时,蛇会向转弯的方向移动一小节(每小节为 20 像素)。

```
if direction == 'right':
    snakePosition[0] += 20
if direction == 'left':
    snakePosition[0] -= 20
if direction == 'up':
    snakePosition[1] -= 20
if direction == 'down':
    snakePosition[1] += 20
```

snakePosition 为蛇头新位置,程序开始处另一个列表变量 snakeSegments 却不是这样。该列表存储蛇身体的位置(头部后边)。随着蛇吃掉草莓导致蛇身长度增加,列表会增加长度并同时提高游戏难度。随着游戏进行,避免蛇头撞到身体的难度变大。如果蛇头撞到身体,蛇会死亡,同时游戏结束。用下边的代码实现蛇身体的增长。

```
snakeSegments.insert(0,list(snakePosition))
```

此处使用 insert()方法向 snakeSegments 列表(存有蛇的当前的位置)中添加新项目。每当 Python 运行到这行语句时,蛇的身体将增加一节,同时将增加的这节放在蛇的头部。当然,只有当蛇吃到"草莓"时才增加一节。输入下面几行代码:

```
if snakePosition[0] == raspberryPosition[0] and snakePosition[1] == raspberryPosition[1]:
    raspberrySpawned = 0
else:
    snakeSegments.pop()
```

上述代码中的 if 语句检查蛇头部的 X 和 Y 坐标是否等于草莓(玩家的目标点)的坐标。如果等于,该草莓就会被蛇吃掉,同时 raspberrySpawned 变量置为 0。else 语句告诉 Python 如果草莓没有被吃掉要做的事,将 snakeSegments 列表中最早的项目 pop 出来。

pop 语句简单易用。它返回列表中末尾的项目并从列表中删除，使列表缩短一项。在 snakeSegments 列表里，它使 Python 删掉距离头部最远的一部分。在玩家看来，蛇整体在移动而不会增长。实际上，它在一端增加小节，在另一端删除小节。由于有 else 语句，pop 语句只有在没吃到草莓时执行。如果吃到了草莓，列表中最后一项不会被删掉，所以蛇会增加一小节。

现在，蛇就可以通过吃草莓来让自己变长了。但是游戏中只有一个草莓的话有些无聊，所以如果蛇吃了一个草莓，则用下面的代码增加一个新的草莓到游戏界面中。

```
if raspberrySpawned == 0:
    x = random.randrange(1,32)
    y = random.randrange(1,24)
    raspberryPosition = [int(x * 20),int(y * 20)]
raspberrySpawned = 1
```

这部分代码通过判断变量 raspberrySpawned 是否为 0 来判断草莓是否被吃掉了，1 为没有被吃掉，0 为被吃掉。如果被吃掉，使用程序开始引入的 random 模块获取一个随机的位置。然后将这个位置和蛇的每个小节的长度（宽 20 像素，高 20 像素）相乘来确定它在游戏界面中的位置。随机地放置草莓是很重要的，以防止用户预先知道下一个草莓出现的位置。最后，将 raspberrySpawned 变量置 1，以此保证每个时刻界面上只有一个草莓。

现在有了让蛇移动和生长的必需代码，包括草莓的被吃和新建操作（游戏中称为草莓重生），但是还没有在界面上画东西。输入下面的代码可以实现背景颜色填充和游戏对象颜色填充。

```
playSurface.fill(blackColour)
for position in snakeSegments:      # 画蛇（一系列方块）
    pygame.draw.rect(playSurface,whiteColour,Rect(position[0], position[1], 20, 20))
pygame.draw.rect(playSurface, redColour, Rect(raspberryPosition[0], raspberryPosition[1], 20, 20))   # 草莓
pygame.display.flip()
```

这些代码让 Pygame 填充背景色为黑色，蛇的头部和身体为白色，草莓为红色。最后一行的 pygame.display.flip()语句提示 Pygame 更新界面（如果没有这条语句，用户将看不到任何东西）。每当在界面上画完对象时，记得使用 pygame.display.flip()语句来让用户看到更新。

现在，还没有涉及蛇死亡的代码。如果游戏中角色永远死不了，玩家很快会感觉无聊，所以用下边的代码来设置一些让蛇死亡的场景。

```
if snakePosition[0] > 620 or snakePosition[0] < 0:
    gameOver()
if snakePosition[1] > 460 or snakePosition[1] < 0:
    gameOver()
```

第 1 个 if 语句检查蛇是否已经走出了界面的上下边界，而第 2 个 if 语句检查蛇是否已经走出了左右边界。这两种情况都会导致蛇死亡，触发前边定义的 gameOver()函数，打印

游戏结束信息并退出游戏。如果蛇头撞到了自己身体的任何部分,也会让蛇死亡,其代码如下:

```
for snakeBody in snakeSegments[1:]:
    if snakePosition[0] == snakeBody[0] and
    snakePosition[1] == snakeBody[1]:
        gameOver()
```

上面代码中的 for 语句遍历蛇的每一个小节的位置(从列表的第 2 项开始到最后 1 项),同时和当前蛇头的位置比较。这里用 snakeSegments[1:]来保证从列表第 2 项开始遍历。列表第 1 项为头部的位置,如果从第 1 项开始比较,那么游戏一开始蛇就死亡了。

最后,只需要设置 fpsClock 变量的值即可控制游戏速度,代码如下。

```
fpsClock.tick(20)
```

使用 IDLE 的 Run Module 选项或者在终端中输入 python snake.py 来运行程序。贪吃蛇 snake.py 的完整源代码如下:

```
import pygame, sys, time, random
from pygame.locals import *
pygame.init()
fpsClock = pygame.time.Clock()
playSurface = pygame.display.set_mode((640, 480))
pygame.display.set_caption('Raspberry Snake')
# 定义一些颜色
redColour = pygame.Color(255, 0, 0)
blackColour = pygame.Color(0, 0, 0)
whiteColour = pygame.Color(255, 255, 255)
greyColour = pygame.Color(150, 150, 150)
# 初始化了一些程序中用到的变量
snakePosition = [100,100]
snakeSegments = [[100,100],[80,100],[60,100]]
raspberryPosition = [300,300]          # 草莓位置
raspberrySpawned = 1                   # 是否吃到草莓,1 为没有吃到,0 是吃到
direction = 'right'                    # 蛇的运动方向
changeDirection = direction
def gameOver():
    gameOverFont = pygame.font.Font('simfang.ttf', 72)
    gameOverSurf = gameOverFont.render('Game Over', True, greyColour)
    gameOverRect = gameOverSurf.get_rect()
    gameOverRect.midtop = (320, 10)
    playSurface.blit(gameOverSurf, gameOverRect)
    pygame.display.flip()
    time.sleep(5)
    pygame.quit()
    sys.exit()
while True:
    for event in pygame.event.get():
```

```python
            if event.type == QUIT:
                pygame.quit()
                sys.exit()
            elif event.type == KEYDOWN:
                if event.key == K_RIGHT or event.key == ord('d'):
                    changeDirection = 'right'
                if event.key == K_LEFT or event.key == ord('a'):
                    changeDirection = 'left'
                if event.key == K_UP or event.key == ord('w'):
                    changeDirection = 'up'
                if event.key == K_DOWN or event.key == ord('s'):
                    changeDirection = 'down'
                if event.key == K_ESCAPE:
                    pygame.event.post(pygame.event.Event(QUIT))
        if changeDirection == 'right' and not direction == 'left':
            direction = changeDirection
        if changeDirection == 'left' and not direction == 'right':
            direction = changeDirection
        if changeDirection == 'up' and not direction == 'down':
            direction = changeDirection
        if changeDirection == 'down' and not direction == 'up':
            direction = changeDirection
        if direction == 'right':
            snakePosition[0] += 20
        if direction == 'left':
            snakePosition[0] -= 20
        if direction == 'up':
            snakePosition[1] -= 20
        if direction == 'down':
            snakePosition[1] += 20
        #将蛇的身体增加一节,同时将这节放在蛇的头部
        snakeSegments.insert(0,list(snakePosition))
        #检查蛇头部的X和Y坐标是否等于草莓(玩家的目标点)的坐标
        if snakePosition[0] == raspberryPosition[0] and snakePosition[1] == raspberryPosition[1]:
            raspberrySpawned = 0
        else:
            snakeSegments.pop()
        #增加一个新的草莓到游戏界面中
        if raspberrySpawned == 0:
            x = random.randrange(1,32)
            y = random.randrange(1,24)
            raspberryPosition = [int(x * 20),int(y * 20)]
        raspberrySpawned = 1
        playSurface.fill(blackColour)
        for position in snakeSegments:              #画蛇(一系列方块)
            pygame.draw.rect(playSurface,whiteColour,Rect(position[0], position[1], 20, 20))
        #画草莓
        pygame.draw.rect(playSurface,redColour,Rect(raspberryPosition[0], raspberryPosition[1], 20, 20))
        pygame.display.flip()
```

```
        if snakePosition[0] > 620 or snakePosition[0] < 0:
            gameOver()
        if snakePosition[1] > 460 or snakePosition[1] < 0:
            gameOver()
        for snakeBody in snakeSegments[1:]:
            if snakePosition[0] == snakeBody[0] and snakePosition[1] == snakeBody[1]:
                gameOver()
        fpsClock.tick(10)
```

19.4 基于 Pygame 设计飞机大战游戏

对于飞机大战游戏，这里将游戏规则做了简化。飞机的速度固定，子弹的速度固定，基本操作是通过键盘移动玩家的飞机，敌机随机从屏幕上方出现并匀速落到下方，玩家从飞机发出子弹并射击目标飞机，如果击中则目标飞机被击毁，如果目标飞机碰到玩家飞机，则游戏结束，显示 GAME OVER 并显示分数。飞机大战游戏的运行效果如图 19-8 所示。

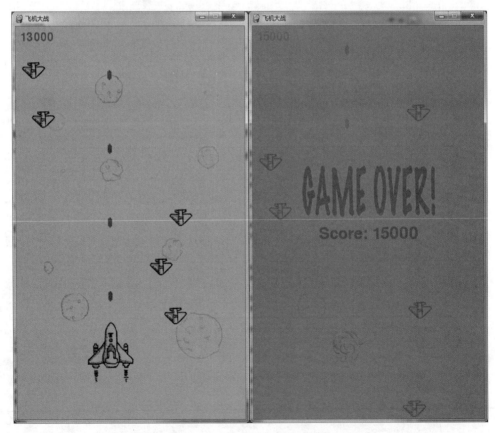

图 19-8　飞机大战游戏运行效果

19.4.1 游戏角色

本游戏中所需的角色包括玩家飞机、敌机及子弹。用户可以通过键盘移动玩家飞机在屏幕上的位置来打击不同位置的敌机。因此设计以下玩家类 Player、敌机类 Enemy 和子弹类 Bullet 这 3 个类对应 3 种游戏角色。

（1）对于玩家类 Player，需要的操作有射击和移动两种，移动又分为上、下、左、右 4 种情况。

（2）对于敌机类 Enemy，则比较简单，只需要移动即可，从屏幕上方出现并移动到屏幕下方。

（3）对于子弹类 Bullet，与飞机相同，仅需要以一定速度移动即可。

玩家、子弹、敌机都可以写成一个类，继承 Pygame 的 Sprite 类，来实现一些动画效果，以及检测碰撞。

```python
import pygame
from sys import exit
from pygame.locals import *
#from gameRole import *
import random

SCREEN_WIDTH = 480
SCREEN_HEIGHT = 800
TYPE_SMALL = 1
TYPE_MIDDLE = 2
TYPE_BIG = 3

#子弹类
class Bullet(pygame.sprite.Sprite):            #继承 Sprite 精灵类
    def __init__(self, bullet_img, init_pos):
        pygame.sprite.Sprite.__init__(self)
        self.image = bullet_img
        self.rect = self.image.get_rect()
        self.rect.midbottom = init_pos
        self.speed = 10
    def move(self):
        self.rect.top -= self.speed

#玩家类
class Player(pygame.sprite.Sprite):            #继承 Sprite 精灵类
    def __init__(self, plane_img, player_rect, init_pos):
        pygame.sprite.Sprite.__init__(self)
        self.image = []                        #用来存储玩家对象精灵图片的列表
        for i in range(len(player_rect)):
            self.image.append(plane_img.subsurface(player_rect[i]).convert_alpha())
        self.rect = player_rect[0]             #初始化图片所在的矩形
        self.rect.topleft = init_pos           #初始化矩形的左上角坐标
```

```python
        self.speed = 8                                    #初始化玩家飞机速度,这里是一个确定的值
        self.bullets = pygame.sprite.Group()              #玩家飞机所发射的子弹的集合
        self.img_index = 0                                #玩家精灵图片索引
        self.is_hit = False                               #玩家飞机是否被击中

    def shoot(self, bullet_img):
        bullet = Bullet(bullet_img, self.rect.midtop)
        self.bullets.add(bullet)
    def moveUp(self):
        if self.rect.top <= 0:
            self.rect.top = 0
        else:
            self.rect.top -= self.speed
    def moveDown(self):
        if self.rect.top >= SCREEN_HEIGHT - self.rect.height:
            self.rect.top = SCREEN_HEIGHT - self.rect.height
        else:
            self.rect.top += self.speed
    def moveLeft(self):
        if self.rect.left <= 0:
            self.rect.left = 0
        else:
            self.rect.left -= self.speed
    def moveRight(self):
        if self.rect.left >= SCREEN_WIDTH - self.rect.width:
            self.rect.left = SCREEN_WIDTH - self.rect.width
        else:
            self.rect.left += self.speed

#敌机类
class Enemy(pygame.sprite.Sprite):                        #继承Sprite精灵类
    def __init__(self, enemy_img, enemy_down_imgs, init_pos):
        pygame.sprite.Sprite.__init__(self)
        self.image = enemy_img
        self.rect = self.image.get_rect()
        self.rect.topleft = init_pos
        self.down_imgs = enemy_down_imgs
        self.speed = 2
        self.down_index = 0

    def move(self):
        self.rect.top += self.speed
```

在以上代码中设计了游戏中的类、玩家类和敌机类3个角色。

19.4.2 游戏界面显示

游戏画面中使用了一些飞机、子弹的图像,这里使用shoot.png文件存储所有飞机、子弹、爆炸等图像,如图19-9所示,在程序中需要分割出来显示。当然也可以用图像处理软件

分解成一个个独立文件,这样处理后开发程序简单些。

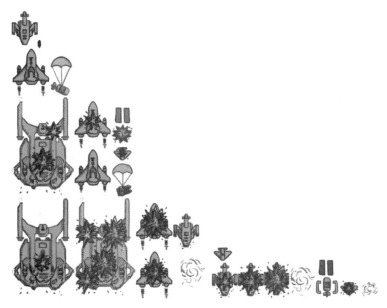

图 19-9　飞机大战游戏的图像文件 shoot.png

所有的飞机都在 shoot.png 一张图片中。在游戏中显示的元素(包括飞机、子弹等)在 Pygame 中都是一个 surface 对象,这时可以利用 Pygame 提供的 subsurface 方法,首先 load 一张大图,然后调用 subsurface 方法选取其中的一小部分生成一个新的 surface 对象。

```
# 载入飞机图片
plane_img = pygame.image.load('resources/image/shoot.png')
# 选择飞机在大图片中的位置,并生成 subsurface,然后初始化飞机开始的位置
player_rect = pygame.Rect(0, 99, 102, 126)
player1 = plane_img.subsurface(player_rect)        # 获取飞机图片
player_pos = [200, 600]
screen.blit(player1, player_pos)                   # 绘制飞机
```

初始化游戏时并根据设置好的大小生成游戏窗口,载入游戏音乐、背景图片 background.png、游戏结束画面 gameover.png 及飞机、子弹图像 shoot.png,并设置相关参数。最后是定义存储敌人飞机的精灵组 enemies1 和用来渲染击毁精灵动画的爆炸飞机精灵组 enemies_down。

```
# 初始化游戏
pygame.init()
screen = pygame.display.set_mode((SCREEN_WIDTH, SCREEN_HEIGHT))
pygame.display.set_caption('飞机大战')

# 载入游戏音乐
bullet_sound = pygame.mixer.Sound('resources/sound/bullet.wav')
enemy1_down_sound = pygame.mixer.Sound('resources/sound/enemy1_down.wav')
game_over_sound = pygame.mixer.Sound('resources/sound/game_over.wav')
```

```python
bullet_sound.set_volume(0.3)
enemy1_down_sound.set_volume(0.3)
game_over_sound.set_volume(0.3)
pygame.mixer.music.load('resources/sound/game_music.wav')
pygame.mixer.music.play(-1, 0.0)
pygame.mixer.music.set_volume(0.25)

background = pygame.image.load('resources/image/background.png').convert()  # 载入背景图
# 载入游戏结束图 gameover.png
game_over = pygame.image.load('resources/image/gameover.png')
filename = 'resources/image/shoot.png'
plane_img = pygame.image.load(filename)                    # 载入飞机和子弹图 shoot.png

# 设置玩家相关参数
player_rect = []
player_rect.append(pygame.Rect(0, 99, 102, 126))           # 玩家精灵图片区域
player_rect.append(pygame.Rect(165, 360, 102, 126))
player_rect.append(pygame.Rect(165, 234, 102, 126))        # 玩家爆炸精灵图片区域
player_rect.append(pygame.Rect(330, 624, 102, 126))
player_rect.append(pygame.Rect(330, 498, 102, 126))
player_rect.append(pygame.Rect(432, 624, 102, 126))
player_pos = [200, 600]
player = Player(plane_img, player_rect, player_pos)

# 定义子弹对象使用的 surface 相关参数
bullet_rect = pygame.Rect(1004, 987, 9, 21)
bullet_img = plane_img.subsurface(bullet_rect)

# 定义敌机对象使用的 surface 相关参数
enemy1_rect = pygame.Rect(534, 612, 57, 43)
enemy1_img = plane_img.subsurface(enemy1_rect)
enemy1_down_imgs = []
enemy1_down_imgs.append(plane_img.subsurface(pygame.Rect(267, 347, 57, 43)))
enemy1_down_imgs.append(plane_img.subsurface(pygame.Rect(873, 697, 57, 43)))
enemy1_down_imgs.append(plane_img.subsurface(pygame.Rect(267, 296, 57, 43)))
enemy1_down_imgs.append(plane_img.subsurface(pygame.Rect(930, 697, 57, 43)))

enemies1 = pygame.sprite.Group()            # 存储敌人的飞机
enemies_down = pygame.sprite.Group()        # 存储被击毁的飞机,用来渲染击毁精灵动画

shoot_frequency = 0
enemy_frequency = 0

player_down_index = 16
score = 0
clock = pygame.time.Clock()
running = True
```

19.4.3 游戏逻辑实现

下面进入飞机大战游戏的主循环。在主循环中,进行了以下工作。

(1) 处理键盘输入的事件(上、下、左、右按键的操作),增加游戏操作交互(玩家飞机的上、下、左、右移动)。

```
key_pressed = pygame.key.get_pressed()
#若玩家飞机被击中,则无效
if not player.is_hit:
    if key_pressed[K_w] or key_pressed[K_UP]:        #处理键盘事件(移动飞机的位置)
        player.moveUp()
    if key_pressed[K_s] or key_pressed[K_DOWN]:      #处理键盘事件(移动飞机的位置)
        player.moveDown()
    if key_pressed[K_a] or key_pressed[K_LEFT]:      #处理键盘事件(移动飞机的位置)
        player.moveLeft()
    if key_pressed[K_d] or key_pressed[K_RIGHT]:     #处理键盘事件(移动飞机的位置)
        player.moveRight()
```

(2) 处理子弹:这里控制发射子弹频率,并发射子弹。移动已发射过的子弹,若超出窗口范围则删除。

```
#控制发射子弹频率,并发射子弹
if not player.is_hit:                           #1.首先确认玩家飞机没有被击中
    if shoot_frequency % 15 == 0:
        bullet_sound.play()
        player.shoot(bullet_img)
    shoot_frequency += 1
    if shoot_frequency >= 15:
        shoot_frequency = 0
#移动已发射过的子弹,若超出窗口范围则删除
for bullet in player.bullets:
    bullet.move()                               #2.以固定速度移动子弹
    if bullet.rect.bottom < 0:                  #3.子弹移动出屏幕后,删除子弹
        player.bullets.remove(bullet)           #删除子弹
```

(3) 敌机处理:敌机需要随机在界面上方随机产生,并以一定速度向下移动。详细步骤如下:

① 生成敌机,需要控制生成频率;
② 移动敌机;
③ 敌机与玩家飞机碰撞效果处理;
④ 移动出屏幕后删除敌机;
⑤ 敌机被子弹击中后的效果处理。

(4) 得分显示:在游戏界面固定位置显示消灭了多少目标敌机。

```python
score_font = pygame.font.Font(None, 36)
score_text = score_font.render(str(score), True, (128, 128, 128))text_rect = score_text.get_rect()
text_rect.topleft = [10, 10]
screen.blit(score_text, text_rect)
```

游戏主循环完整代码如下：

```python
while running:
    clock.tick(60)                                          #控制游戏最大帧率为60
    #控制发射子弹频率,并发射子弹
    if not player.is_hit:
        if shoot_frequency % 15 == 0:
            bullet_sound.play()
            player.shoot(bullet_img)
        shoot_frequency += 1
        if shoot_frequency >= 15:
            shoot_frequency = 0
    #移动子弹,若超出窗口范围则删除
    for bullet in player.bullets:
        bullet.move()
        if bullet.rect.bottom < 0:
            player.bullets.remove(bullet)

    #生成敌机
    if enemy_frequency % 50 == 0:                           #1.生成敌机,需要控制生成频率
        enemy1_pos = [random.randint(0, SCREEN_WIDTH - enemy1_rect.width), 0]
        enemy1 = Enemy(enemy1_img, enemy1_down_imgs, enemy1_pos)
        enemies1.add(enemy1)
    enemy_frequency += 1
    if enemy_frequency >= 100:
        enemy_frequency = 0

    #移动敌机,若超出窗口范围则删除
    for enemy in enemies1:
        enemy.move()                                        #2.移动敌机
        #判断玩家飞机是否被击中
        if pygame.sprite.collide_circle(enemy, player):     #3.敌机与玩家飞机碰撞效果处理
            enemies_down.add(enemy)
            enemies1.remove(enemy)
            player.is_hit = True
            game_over_sound.play()
            break
        if enemy.rect.top > SCREEN_HEIGHT:                  #4.移出屏幕后删除飞机
            enemies1.remove(enemy)
    #5.敌机被子弹击中效果处理
    #将被击中的敌机对象添加到击毁敌机Group中,用来渲染击毁动画
    enemies1_down = pygame.sprite.groupcollide(enemies1, player.bullets, 1, 1)
    for enemy_down in enemies1_down:
```

```python
        enemies_down.add(enemy_down)

# 绘制背景
screen.fill(0)
screen.blit(background, (0, 0))

# 绘制玩家飞机
if not player.is_hit:
    screen.blit(player.image[player.img_index], player.rect)
    # 更换图片索引使飞机有动画效果
    player.img_index = shoot_frequency // 8
else:
    player.img_index = player_down_index // 8
    screen.blit(player.image[player.img_index], player.rect)
    player_down_index += 1
    if player_down_index > 47:
        running = False

# 绘制击毁动画
for enemy_down in enemies_down:
    if enemy_down.down_index == 0:
        enemy1_down_sound.play()
    if enemy_down.down_index > 7:
        enemies_down.remove(enemy_down)
        score += 1000
        continue
    screen.blit(enemy_down.down_imgs[enemy_down.down_index // 2], enemy_down.rect)
    enemy_down.down_index += 1

# 绘制子弹和敌机
player.bullets.draw(screen)
enemies1.draw(screen)

# 绘制得分
score_font = pygame.font.Font(None, 36)
score_text = score_font.render(str(score), True, (128, 128, 128))
text_rect = score_text.get_rect()
text_rect.topleft = [10, 10]
screen.blit(score_text, text_rect)

# 更新屏幕显示
pygame.display.update()

for event in pygame.event.get():
    if event.type == pygame.QUIT:
        pygame.quit()
        exit()

# 监听键盘事件
key_pressed = pygame.key.get_pressed()
```

```python
        #若玩家飞机被击中,则无效
        if not player.is_hit:
            if key_pressed[K_w] or key_pressed[K_UP]:
                player.moveUp()
            if key_pressed[K_s] or key_pressed[K_DOWN]:
                player.moveDown()
            if key_pressed[K_a] or key_pressed[K_LEFT]:
                player.moveLeft()
            if key_pressed[K_d] or key_pressed[K_RIGHT]:
                player.moveRight()

font = pygame.font.Font(None, 48)
text = font.render('Score: ' + str(score), True, (255, 0, 0))
text_rect = text.get_rect()
text_rect.centerx = screen.get_rect().centerx
text_rect.centery = screen.get_rect().centery + 24
screen.blit(game_over, (0, 0))
screen.blit(text, text_rect)

while 1:
    for event in pygame.event.get():
        if event.type == pygame.QUIT:
            pygame.quit()
            exit()
    pygame.display.update()
```

目前基本实现了玩家移动并发射子弹、随机生成敌机、击中敌机并爆炸、玩家飞机被击毁、背景音乐及音效、游戏结束并显示分数这几项功能,程序设计已经是一个简单可玩的游戏。整个游戏的实现不到 300 行代码,可以看出 Python 代码是多么的简洁和高效。

19.5 基于 Pygame 设计黑白棋游戏

由于黑白棋的游戏介绍及其设计的思路已经在前面章节做了详细讲解,下面重点介绍基于 Pygame 的黑白棋游戏逻辑的实现。

1. 绘制棋盘

```python
import pygame, sys, random
from pygame.locals import *
BACKGROUNDCOLOR = (255, 255, 255)
FPS = 40
#初始化
pygame.init()
mainClock = pygame.time.Clock()
#加载图片
boardImage = pygame.image.load('board.png')
boardRect = boardImage.get_rect()
```

```
blackImage = pygame.image.load('black.png')
blackRect = blackImage.get_rect()
whiteImage = pygame.image.load('white.png')
whiteRect = whiteImage.get_rect()

#设置窗口
windowSurface = pygame.display.set_mode((boardRect.width, boardRect.height))
pygame.display.set_caption('黑白棋')
```

2. 绘制棋子

(1) 按照黑白棋的规则,开局时先放置黑、白各两个棋子在棋盘中间。

(2) 用一个 8×8 的列表保存棋子信息。

```
CELLWIDTH = 80
CELLHEIGHT = 80
PIECEWIDTH = 78
PIECEHEIGHT = 78
BOARDX = 40
BOARDY = 40
#重置棋盘
def resetBoard(board):
    for x in range(8):
        for y in range(8):
            board[x][y] = 'none'
    #Starting pieces:
    board[3][3] = 'black'
    board[3][4] = 'white'
    board[4][3] = 'white'
    board[4][4] = 'black'

#开局时建立新棋盘
def getNewBoard():
    board = []
    for i in range(8):
        board.append(['none'] * 8)
    return board
mainBoard = getNewBoard()
resetBoard(mainBoard)
for x in range(8):
    for y in range(8):
        rectDst = pygame.Rect(BOARDX + x * CELLWIDTH + 2, BOARDY + y * CELLHEIGHT + 2, PIECEWIDTH, PIECEHEIGHT)
        if mainBoard[x][y] == 'black':
            windowSurface.blit(blackImage, rectDst, blackRect)        #画黑棋
        elif mainBoard[x][y] == 'white':
            windowSurface.blit(whiteImage, rectDst, whiteRect)        #画白棋
```

3. 随机决定哪一方先走棋

在黑白棋游戏中,可以随机决定哪一方先走棋,代码如下:

```python
#谁先走
def whoGoesFirst():
    if random.randint(0, 1) == 0:
        return 'computer'
    else:
        return 'player'

turn = whoGoesFirst()
if turn == 'player':
    playerTile = 'black'
    computerTile = 'white'
else:
    playerTile = 'white'
    computerTile = 'black'
```

4. 鼠标事件

主程序的事件消息中如果有鼠标事件,则获取用户的鼠标位置,换算成棋盘坐标(col, row),调用makeMove(mainBoard, playerTile, col, row)完成玩家走棋,将一个棋子放到(col, row)处。同时判断计算机是否有位置可走,如果有位置则轮到计算机走棋。

```python
for event in pygame.event.get():
    if event.type == QUIT:
        terminate()
    #玩家走棋
    if turn == 'player' and event.type == MOUSEBUTTONDOWN and event.button == 1:
        x, y = pygame.mouse.get_pos()                          #获取鼠标位置
        col = int((x - BOARDX)/CELLWIDTH)                      #换算棋盘坐标
        row = int((y - BOARDY)/CELLHEIGHT)
        if makeMove(mainBoard, playerTile, col, row) == True:
            if getValidMoves(mainBoard, computerTile) != []:   #如果计算机有位置可走
                turn = 'computer'                              #轮到计算机走棋
#将一个tile棋子放到(xstart, ystart)
def makeMove(board, tile, xstart, ystart):
    tilesToFlip = isValidMove(board, tile, xstart, ystart)
    if tilesToFlip == False:
        return False
    board[xstart][ystart] = tile
    for x, y in tilesToFlip:                                   #tilesToFlip是需要翻转的棋子列表
        board[x][y] = tile                                     #翻转棋子
#计算机走棋
if (gameOver == False and turn == 'computer'):
    x, y = getComputerMove(mainBoard, computerTile)
    makeMove(mainBoard, computerTile, x, y)
    savex, savey = x, y
    #玩家没有可行的走法了,则计算机继续,否则切换到玩家走
    if getValidMoves(mainBoard, playerTile) != []:
```

```
            turn = 'player'         #轮到玩家走棋
windowSurface.fill(BACKGROUNDCOLOR)
windowSurface.blit(boardImage, boardRect, boardRect)
```

5．游戏规则实现

（1）是否允许落子。

（2）落子后的翻转。

```
#是否是合法走法,如果合法返回需要翻转的棋子列表
def isValidMove(board, tile, xstart, ystart):
    #如果该位置已经有棋子或者出界了,返回 False
    if not isOnBoard(xstart, ystart) or board[xstart][ystart] != 'none':
        return False
    #临时将 tile 放到指定的位置
    board[xstart][ystart] = tile
    if tile == 'black':
        otherTile = 'white'
    else:
        otherTile = 'black'
    #要被翻转的棋子
    tilesToFlip = []
    for xdirection, ydirection in [ [0, 1], [1, 1], [1, 0], [1, -1], [0, -1], [-1, -1], [-1, 0], [-1, 1] ]:
        x, y = xstart, ystart
        x += xdirection
        y += ydirection
        if isOnBoard(x, y) and board[x][y] == otherTile:
            x += xdirection
            y += ydirection
            if not isOnBoard(x, y):
                continue
            #一直走到出界或不是对方棋子的位置
            while board[x][y] == otherTile:
                x += xdirection
                y += ydirection
                if not isOnBoard(x, y):
                    break
            #出界了,则没有棋子要翻转 OXXXXX
            if not isOnBoard(x, y):
                continue
            #是自己的棋子 OXXXXXXO
            if board[x][y] == tile:
                while True:
                    x -= xdirection
                    y -= ydirection
                    #回到了起点则结束
                    if x == xstart and y == ystart:
                        break
                    #需要翻转的棋子
```

```python
                    tilesToFlip.append([x, y])
    # 将前面临时放上的棋子去掉,即还原棋盘
    board[xstart][ystart] = 'none'  # restore the empty space
    # 没有要被翻转的棋子,则走法不合法
    if len(tilesToFlip) == 0:         # 若没有要被翻转的棋子,则走法是不合法的
        return False
    return tilesToFlip

# 是否出界
def isOnBoard(x, y):
    return x >= 0 and x <= 7 and y >= 0 and y <= 7

# 获取可落子的位置
def getValidMoves(board, tile):
    validMoves = []
    for x in range(8):
        for y in range(8):
            if isValidMove(board, tile, x, y) != False:
                validMoves.append([x, y])
    return validMoves
```

6. 计算机 AI 走法

如果计算机在所有落子的选择中,有 4 个边角,可落子在边角,因为边角的棋子无法被翻转。如果没有边角,则选择可以翻转对手最多的位置进行落子。

```python
def getComputerMove(board, computerTile):
    # 获取所有合法走法
    possibleMoves = getValidMoves(board, computerTile)
    # 打乱所有合法走法
    random.shuffle(possibleMoves)
    # [x, y]在角上,则优先走,因为角上的不会被再次翻转
    for x, y in possibleMoves:
        if isOnCorner(x, y):
            return [x, y]
    bestScore = -1
    for x, y in possibleMoves:
        dupeBoard = getBoardCopy(board)
        makeMove(dupeBoard, computerTile, x, y)
        # 按照分数选择走法,优先选择翻转后分数最多的走法
        score = getScoreOfBoard(dupeBoard)[computerTile]
        if score > bestScore:
            bestMove = [x, y]
            bestScore = score
    return bestMove
```

7. 游戏结束判断

判断棋盘上是否有空位,如果没有则游戏结束。

```python
# 是否游戏结束
def isGameOver(board):
    for x in range(8):
        for y in range(8):
            if board[x][y] == 'none':
                return False
    return True
```

8. 游戏结束,获取黑白双方棋子数量

```python
def getScoreOfBoard(board):
    xscore = 0
    oscore = 0
    for x in range(8):
        for y in range(8):
            if board[x][y] == 'black':
                xscore += 1
            if board[x][y] == 'white':
                oscore += 1
    return {'black':xscore, 'white':oscore}
```

9. 主程序

本游戏的主程序是一个无限循环的过程,如果发生鼠标事件,则获取玩家走棋位置,并轮到计算机走棋。计算机调用 getComputerMove(mainBoard, computerTile)实现 AI 走棋。每一方走棋后均判断对方是否有可下位置,如果没有则不切换走棋角色 turn,原走棋方可以继续走棋。游戏结束时,显示黑白双方棋子数量。

```python
# 游戏主循环
while True:
    for event in pygame.event.get():
        if event.type == QUIT:
            terminate()
        # 鼠标事件,玩家走棋
        if gameOver == False and turn == 'player' and event.type == MOUSEBUTTONDOWN and event.button == 1:
            x, y = pygame.mouse.get_pos()          # 获取鼠标位置
            col = int((x - BOARDX)/CELLWIDTH)      # 换算棋盘坐标
            row = int((y - BOARDY)/CELLHEIGHT)
            if makeMove(mainBoard, playerTile, col, row) == True:
                if getValidMoves(mainBoard, computerTile) != []:
                    turn = 'computer'
    # 计算机走棋
    if (gameOver == False and turn == 'computer'):
        x, y = getComputerMove(mainBoard, computerTile)     # 计算机 AI 走法
        makeMove(mainBoard, computerTile, x, y)
        savex, savey = x, y
        # 如果玩家没有可行的走法,则计算机继续走棋,否则切换到玩家走棋
        if getValidMoves(mainBoard, playerTile) != []:
```

```python
            turn = 'player'
    windowSurface.fill(BACKGROUNDCOLOR)
    windowSurface.blit(boardImage, boardRect, boardRect)
    #重画所有的棋子
    for x in range(8):
        for y in range(8):
            rectDst = pygame.Rect(BOARDX + x * CELLWIDTH + 2, BOARDY + y * CELLHEIGHT + 2,
PIECEWIDTH, PIECEHEIGHT)
            if mainBoard[x][y] == 'black':
                windowSurface.blit(blackImage, rectDst, blackRect)
            elif mainBoard[x][y] == 'white':
                windowSurface.blit(whiteImage, rectDst, whiteRect)
    #游戏结束,显示黑白双方棋子数量
    if isGameOver(mainBoard):
        scorePlayer = getScoreOfBoard(mainBoard)[playerTile]
        scoreComputer = getScoreOfBoard(mainBoard)[computerTile]
        outputStr = gameoverStr + str(scorePlayer) + ":" + str(scoreComputer)
        text = basicFont.render(outputStr, True, BLACK, BLUE)
        textRect = text.get_rect()
        textRect.centerx = windowSurface.get_rect().centerx
        textRect.centery = windowSurface.get_rect().centery
        windowSurface.blit(text, textRect)

    pygame.display.update()
    mainClock.tick(FPS)
```

至此,完成了基于 Pygame 的黑白棋游戏设计。游戏运行效果如图 19-10 所示。

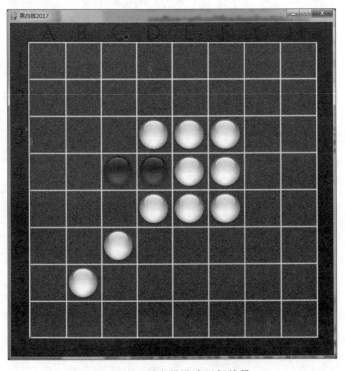

图 19-10　黑白棋游戏运行效果

第 20 章

Flappy Bird 游戏

20.1 Flappy Bird 游戏介绍

Flappy Bird(又称笨鸟先飞)是一款来自 iOS 平台的小游戏,该游戏是由越南一名游戏制作者独自开发而成的,玩法极为简单。游戏中玩家需要控制一只胖乎乎的小鸟,跨越由各种不同长度水管所组成的障碍。玩家上手容易,但是想通关可不简单。

本章设计的这款计算机版 Flappy Bird 游戏中,玩家只需要用空格键和鼠标来操控,以不断控制小鸟的飞行高度和降落速度,让小鸟顺利地通过画面中的管道,如果小鸟不小心碰到了管道,游戏便宣告结束。单击屏幕或按空格键,小鸟就会往上飞,不断地单击或按空格键就会不断地往高处飞。松开鼠标或释放按键则会快速下降。游戏的得分原则是,小鸟安全穿过一个管道且不撞上就加 1 分。如果撞上管道障碍物就直接结束游戏。游戏运行初始界面和游戏结束界面如图 20-1 所示。

(a) 游戏运行初始界面　　　　(b) 游戏结束界面

图 20-1　Flappy Bird 游戏运行初始和游戏结束界面

20.2 Flappy Bird 游戏设计的思路

20.2.1 游戏素材

在游戏的设计中会用到不同状态的小鸟、上管道、下管道、死亡小鸟的图片等,所用素材如图 20-2 所示。

图 20-2 相关图片素材

20.2.2 地图滚动的原理实现

游戏中地图滚动的原理和坐火车一样。大家都坐过火车,有时自己坐的火车明明是停止的,但是旁边轨道上的火车在向后行驶,就会有一种错觉感觉自己坐的火车在向前行驶。飞行射击类游戏的地图原理和这个一样。玩家控制飞机在屏幕中飞行的位置,背景图片一直向后滚动,从而给玩家一种错觉自己控制的飞机在向前飞行,Flappy Bird 游戏设计中采用类似飞机射击游戏方法,背景中管道在不断左移,小鸟水平位置不变仅仅上下移动。为了简化游戏难度,仅有一对上下管道不断左移;当从左侧移出游戏画面时,再重新在屏幕右侧绘制下一组管道,给玩家一种不断有新管道的感觉。

在每次刷新屏幕时,不断移动上下管道,以及根据玩家是否单击屏幕或按空格键来移动小鸟位置并判断是否碰到了管道,如果碰到管道或小鸟落地则游戏结束。

20.2.3 小鸟和管道的实现

在 Flappy Bird 游戏中,主要有两个对象:小鸟和管道。可以创建 Bird 类和 Pineline 类来分别表示这两个对象。小鸟可以通过上下移动来躲避管道,所以在 Bird 类中创建一个 birdUpdate()方法,实现小鸟的上下移动。为了体现小鸟向前飞行的特征,可以使管道一直向左移动,这样在窗口中就好像小鸟在向前飞行。所以在 Pineline 类中也创建一个 pineLineUpdate()方法,以实现管道的向左移动。

20.3 Flappy Bird 游戏设计的步骤

在 Flappy Bird 游戏的设计中,需要创建两个类,即 Bird 类和 Pineline 类,这两个类的创建与实现过程如下。

20.3.1　Bird 类

首先创建小鸟类。该类需要初始化多个参数，所以定义一个__init__()方法，用来初始化各种参数，包括鸟的飞行状态、鸟所在 X 轴坐标和 Y 轴坐标、跳跃高度、重力等。

```python
class Bird(object):
    """定义一个鸟类"""
    def __init__(self):
        """定义初始化方法"""
        self.birdRect = pygame.Rect(65, 50, 50, 50)    # 鸟所在的矩形空间
        # 定义鸟的3种状态列表
        self.birdStatus = [pygame.image.load("assets/1.png"),
                           pygame.image.load("assets/2.png"),
                           pygame.image.load("assets/dead.png")]
        self.status = 0                                # 默认飞行状态
        self.birdX = 120                               # 鸟所在X轴坐标,即向右飞行的速度
        self.birdY = 350                               # 鸟所在Y轴坐标,即上下飞行的高度
        self.jump = False                              # 默认情况小鸟自动降落
        self.jumpSpeed = 10                            # 跳跃高度
        self.gravity = 5                               # 重力
        self.dead = False                              # 默认小鸟生命状态为活着
```

在 Bird 类中设置了 birdStatus 属性，该属性是一个小鸟图片列表，列表中显示小鸟的3 种飞行状态，根据小鸟的不同状态 self.status 可以加载相应的图片。

定义 birdUpdate() 方法，该方法用于实现小鸟的跳跃和坠落。

```python
def birdUpdate(self):
    if self.jump:
        # 小鸟跳跃
        self.jumpSpeed -= 1                    # 速度递减,上升越来越慢
        self.birdY -= self.jumpSpeed           # 鸟的Y轴坐标减小,小鸟上升
    else:
        # 小鸟坠落
        self.gravity += 0.2                    # 重力递增,下降越来越快
        self.birdY += self.gravity             # 鸟所在的Y轴坐标增加,小鸟下降
    self.birdRect[1] = self.birdY              # 更改鸟的矩形中Y轴位置
```

在 birdUpdate() 方法中，为了达到较好的动画效果，使 jumpSpeed 和 gravity 两个属性逐渐变化模拟重力加速度和飞行效果。

20.3.2　Pipeline 类

下面创建管道类，该类同样定义一个__init__()方法，用来初始化多个参数，包括设置管道的坐标、加载上下管道的图片等。

```python
class Pipeline(object):
    """定义一个管道类"""
    def __init__(self):
        """定义初始化方法"""
        self.wallx = 400                                      # 管道所在 X 轴坐标
        self.wally_Up = random.random() * 100 - 350           # 上管道所在 Y 轴坐标
        self.wally_Down = 500 - random.random() * 100         # 下管道所在 Y 轴坐标
        self.pineUp = pygame.image.load("assets/top.png")
        self.pineDown = pygame.image.load("assets/bottom.png")
```

定义 pineLineUpdate()方法,该方法用于实现管道向左移动,并且当管道移出屏幕时,重新在屏幕右侧绘制下一组管道。

```python
def pineLineUpdate (self):
    """管道移动方法"""
    self.wallx -= 5                                           # 管道 X 轴坐标递减,即管道向左移动
    # 当管道移动到一定位置,即小鸟飞越管道,分数加 1,并且重置管道
    if self.wallx < -80:
        global score
        score += 1                                            # 分数加 1
        self.wallx = 400
        self.wally_Up = random.random() * 100 - 350           # 上管道所在 Y 轴坐标
        self.wally_Down = random.random() * 50 + 350          # 下管道所在 Y 轴坐标
```

当小鸟飞越管道时,玩家的得分加 1。这里对于小鸟飞过管道的逻辑做了简化处理:当管道移出游戏窗体左侧一定距离后(这里设置为 80 像素),默认为小鸟飞过了管道,使分数加 1。

20.3.3 主程序

主程序实现游戏的逻辑。Flappy Bird 游戏有两个对象:小鸟和管道。先来实例化创建这两个对象 Pipeline 和 Bird。然后在游戏循环中,判断是否是按键事件和单击鼠标事件,如果是则设置小鸟的 jump 属性为 True,表示是跳跃状态,同时重置重力和跳跃速度。循环中不断检测小鸟生命状态,如果小鸟死亡,则显示游戏总分数,否则更新游戏背景并重新显示管道位置。

```python
import pygame
import sys
import random
if __name__ == '__main__':
    """主程序"""
    pygame.init()                                             # 初始化 pygame
    pygame.font.init()                                        # 初始化字体
    font = pygame.font.SysFont("Arial", 50)                   # 设置字体和大小
    size = width, height = 400, 650                           # 设置窗口
    screen = pygame.display.set_mode(size)                    # 显示窗口
    clock = pygame.time.Clock()                               # 设置时钟
```

```python
        Pipeline = Pipeline()              # 实例化管道类
        Bird = Bird()                      # 实例化鸟类
        score = 0
        while True:
            clock.tick(30)                 # 每秒执行 30 次,控制游戏的速度
            # 轮询事件
            for event in pygame.event.get():
                if event.type == pygame.QUIT:
                    sys.exit()
                # 按键事件和鼠标单击事件
                if (event.type == pygame.KEYDOWN or event.type == pygame.MOUSEBUTTONDOWN) and not Bird.dead:
                    Bird.jump = True       # 跳跃
                    Bird.gravity = 5       # 重力
                    Bird.jumpSpeed = 10    # 跳跃速度

            background = pygame.image.load("assets/background.png")   # 加载背景图片
            if checkDead():                # 检测小鸟生命状态
                getResutl()                # 如果小鸟死亡,显示游戏总分数
            else:
                createMap()                # 创建地图
        pygame.quit()
```

用 checkDead() 函数来检测小鸟的生命状态,判断小鸟是否碰到上方管道或下方管道,当小鸟碰到管道时,小鸟的颜色变成灰色,游戏结束并显示分数。在 checkDead() 函数中通过 Rect() 方法来获取小鸟的矩形区域和管道的矩形对象,对于矩形对象通过 colliderect() 函数可以判断两个矩形区域是否碰撞。如果相撞,设置 Bird.dead 为 True。checkDead() 函数同时检测小鸟是否飞出窗体上下边界,当小鸟飞出时也设置 Bird.dead 为 True,代表小鸟死亡。

```python
def checkDead():
    # 上方管道的矩形位置
    upRect = pygame.Rect(Pipeline.wallx, Pipeline.wally_Up,
                         Pipeline.pineUp.get_width() - 10,
                         Pipeline.pineUp.get_height())
    # 下方管道的矩形位置
    downRect = pygame.Rect(Pipeline.wallx, Pipeline.wally_Down,
                           Pipeline.pineDown.get_width() - 10,
                           Pipeline.pineDown.get_height())
    # 检测小鸟与上下方管道是否碰撞
    if upRect.colliderect(Bird.birdRect) or downRect.colliderect(Bird.birdRect):
        Bird.dead = True          # 小鸟死亡
    # 检测小鸟是否飞出上下边界
    if not 0 < Bird.birdRect[1] < height:
        Bird.dead = True          # 小鸟死亡
        return True
    else:
        return False
```

createMap()函数用来显示背景图片、管道和小鸟。根据小鸟是否起飞(用户按键或单击鼠标时起飞)、撞到管道设置不同的状态值,从而显示出不同的小鸟图片。同时调用 Bird.birdUpdate()方法实现小鸟的移动,最后显示分数。

```python
def createMap():
    """定义创建地图的方法"""
    screen.fill((255, 255, 255))          # 填充颜色
    screen.blit(background, (0, 0))       # 填入到背景
    # 显示管道
    screen.blit(Pipeline.pineUp,(Pipeline.wallx,Pipeline.wally_Up));    # 上管道坐标位置
    screen.blit(Pipeline.pineDown,(Pipeline.wallx,Pipeline.wally_Down));  # 下管道坐标位置
    Pipeline.pineLineUpdate()             # 管道移动
    # 显示小鸟
    if Bird.dead:                         # 撞管道状态
        Bird.status = 2
    elif Bird.jump:                       # 起飞状态
        Bird.status = 1
    screen.blit(Bird.birdStatus[Bird.status], (Bird.birdX, Bird.birdY))   # 显示小鸟图片
    Bird.birdUpdate()                     # 小鸟移动
    # 显示分数
    screen.blit(font.render('Score:' + str(score), -1,(255, 255, 255)),(100, 50))
                                          # 设置颜色及位置
    pygame.display.update()               # 更新显示
```

小鸟死亡后,调用 getResult()函数实现游戏结束的画面。

```python
def getResult():
    final_text1 = "Game Over"
    final_text2 = "Your final score is: " + str(score)
    ft1_font = pygame.font.SysFont("Arial", 70)                  # 设置第一行文字字体
    ft1_surf = font.render(final_text1, 1, (242,3,36))           # 设置第一行文字颜色
    ft2_font = pygame.font.SysFont("Arial", 50)                  # 设置第二行文字字体
    ft2_surf = font.render(final_text2, 1, (253, 177, 6))        # 设置第二行文字颜色
    screen.blit(ft1_surf, [screen.get_width()/2 - ft1_surf.get_width()/2, 100])
                                                                 # 设置第一行文字显示位置
    screen.blit(ft2_surf, [screen.get_width()/2 - ft2_surf.get_width()/2, 200])
                                                                 # 设置第二行文字显示位置
    pygame.display.flip()    # 更新整个待显示的 Surface 对象到屏幕上
```

本实例已经实现 Flappy Bird 游戏的基本功能,但还有其他一些功能读者可以进行完善,如设置游戏的难度、飞行速度等,读者可以自行来尝试完善该游戏的设计,以达到举一反三的目的。

参 考 文 献

[1] 刘浪,等.Python 基础教程[M].北京:人民邮电出版社,2015.
[2] 江红,余青松.Python 程序设计教程[M].北京:北京交通大学出版社,清华大学出版社,2014.
[3] 菜鸟教程.Python 3 教程[EB/OL].http://www.runoob.com/python3.
[4] 廖雪峰.Python 教程[EB/OL].http://www.liaoxuefeng.com.
[5] 陈锐,李欣,夏敏捷.Visual C♯经典游戏编程开发[M].北京:科学出版社,2011.
[6] 郑秋生,夏敏捷.Java 游戏编程开发教程[M].北京:清华大学出版社,2016.

图书资源支持

感谢您一直以来对清华版图书的支持和爱护。为了配合本书的使用,本书提供配套的资源,有需求的读者请扫描下方的"书圈"微信公众号二维码,在图书专区下载,也可以拨打电话或发送电子邮件咨询。

如果您在使用本书的过程中遇到了什么问题,或者有相关图书出版计划,也请您发邮件告诉我们,以便我们更好地为您服务。

我们的联系方式:

地　　址:北京市海淀区双清路学研大厦 A 座 714

邮　　编:100084

电　　话:010-83470236　　010-83470237

客服邮箱:2301891038@qq.com

QQ:2301891038(请写明您的单位和姓名)

资源下载:关注公众号"书圈"下载配套资源。

书圈

获取最新书目

观看课程直播